U0272586

区块链

技术原理与应用实践

唐毅◎编著

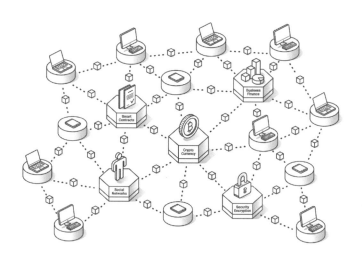

清華大学出版社

北 京

内 容 简 介

本书以全景方式介绍了区块链的过去与未来，从历史背景、基础知识、技术原理、产业应用、发展趋势等方面，讲述了区块链是怎样不断发展、变化并对社会产生影响的。

从区块链 1.0 时代的数字货币，到区块链 2.0 时代的数字金融，再到如今的区块链 3.0，我们从信息互联网走向了价值互联网。如何用法律法规约束和监管区块链，如何推动区块链应用落地，如何将区块链与 5G、大数据、人工智能等技术协同利用，充分发挥新一代信息技术的价值，是当下区块链行业发展的难题。这些在本书中都能得到解答。

区块链发展至今，在如密码学、智能合约、超级账本等关键技术上取得了重大突破，涌现了一大批诸如 DAO、DeFi、NFT 等优秀应用场景。面向未来，区块链在新能源、碳中和、知识产权、工业互联网等领域，会产生什么样的效应，催生什么样的应用，本书也做了详细探讨。本书对想了解区块链技术的普通用户以及想更深入理解区块链技术的专业人士都是大有裨益的。

本书适合想要系统性、全局性了解当前区块链技术的从业者，想要学习和实践区块链技术的传统 IT 从业者，研究和探索区块链技术的高校与研究机构人士，以及其他对区块链技术感兴趣的读者。

图书在版编目(CIP)数据

区块链：技术原理与应用实践 / 唐毅编著 . —北京：清华大学出版社，2022.6
ISBN 978-7-302-61012-0

Ⅰ . ①区… Ⅱ . ①唐… Ⅲ . ①区块链技术 Ⅳ . ① TP311.135.9

中国版本图书馆 CIP 数据核字 (2022) 第 092162 号

责任编辑： 杨迪娜
封面设计： 杨玉兰
版式设计： 方加青
责任校对： 徐俊伟
责任印制： 朱雨萌

出版发行： 清华大学出版社
  网 址： http://www.tup.com.cn，http://www.wqbook.com
  地 址： 北京清华大学学研大厦 A 座   **邮 编：** 100084
  社 总 机： 010-83470000   **邮 购：** 010-62786544
  投稿与读者服务： 010-62776969，c-service@tup.tsinghua.edu.cn
  质 量 反 馈： 010-62772015，zhiliang@tup.tsinghua.edu.cn
印 装 者： 大厂回族自治县彩虹印刷有限公司
经 销： 全国新华书店
开 本： 170mm×240mm **印 张：** 16.25 **字 数：** 258 千字
版 次： 2022 年 6 月第 1 版 **印 次：** 2022 年 6 月第 1 版
定 价： 65.00 元

产品编号：096693-01

前　言

　　提到区块链，绝大部分人第一时间想到的就是比特币，更深一层可能还会想到数字货币和银行的加密算法。我们之所以要了解区块链，是因为我们正站在一个时代的分水岭上——工业4.0。和前几次的工业革命不同，工业4.0是利用信息化技术促进产业变革的时代。信息和信用在这个时代变得格外重要，无论是人工智能还是物联网系统，都必须在非常准确的信息中才能发挥它应有的作用。

　　但事实并没有那么美好，由于过去信息都被存储在中心化的数据库中，掌握数据库的人就有了修改它的权利。信息被篡改的情况时有发生而且防不胜防，即使是银行这样高度依赖信用体系的机构，也经常出现算错账或者错误划扣的现象。这就意味着现在社会急需一个技术的出现，能让我们在互联网上的信息被层层加密，甚至是点对点地掌握信息，最终做到不可篡改。而加密技术、点对点去中心化传输、不可篡改等这些都正是区块链技术的合集。

　　区块链技术作为具有革命性意义的新一代信息技术，是各类技术的有机结合体，其涉及内容多、迭代速度快，全面掌握该技术并非易事。但是从某种程度上讲，中本聪所创建的比特币和区块链技术不仅仅是一次技术革命，更是一场伟大的思想革命，这种思想革命对于每个人来说都具有认知升级的作用。

　　同时，区块链的发展历程折射出了人类的一种现实处境——很多复杂事情，不存在所谓的终极解决方案。技术没有边界，思想也没有边界，这就是区块链世界乃至全人类都无法逃避的宿命。在探索区块链技术的道路上，无数天才投入其中。了解它，就如同置身一场顶尖的智力追逐赛。这些天才们是如何从简单的问题中探索出了巨大的世界，又是如何在相互碰撞和相互质疑的过程中找到了新的方向？

纵观区块链的发展历程，区块链技术发展经历了多少次的尝试已经没有人能数得清了：从 1992 年密码朋克组织的诞生，到哈希算法的出现，再到比特币、以太坊等。本书详细讲解了区块链发展的 30 年历程，精细化拆解了区块链技术的工作原理、技术构成以及对应的方法论等。除了区块链技术和加密法的碰撞之外，本书以日常生活中的事例出发，带来大量系统有趣的知识。

通过本书，可以即刻收获以下知识：

（1）**了解数字货币的核心价值，防止上当受骗。** 本书讲解了比特币的概念和工作原理，数字资产钱包的概念，以及矿工、挖矿等术语。带领读者了解这些技术的细节和背后的核心价值，这些稳固的知识，会帮助读者分辨出什么是真正的数字资产，什么又是骗局。

（2）**了解区块链的构成，以及智能合约和以太坊的技术原理。** 本书系统地讲解了区块链是如何构成的，它包含了哪些重要的知识点，以及这些知识点还可以被运用到什么地方等常识。只有将这些碎片化的知识构建成一个框架之后，才能令读者系统和正确地掌握区块链的核心，真正对区块链有所了解。

（3）**体会区块链技术的理论来源。** 没有理论就没办法构成技术，区块链的发展就是在一本又一本白皮书的出现之后才有了技术的发展。其实不只是区块链，任何一种引领时代的新技术都是如此。而本书可以为读者解惑什么才是区块链技术的最大推动力，从而令读者可以对区块链技术多一分敬畏。

目　录

第一章　区块链的发展历史

第二章　区块链的基本概念

第三章 区块链技术与应用

第四章　关于区块链的 20 个问题

附录　全球化 2.0 是在分布式经济状态下进行的

第一章
区块链的发展历史

本章从区块链的史前时代讲起，深入到公有链浪潮，从而帮助读者了解区块链的发展历程；同时，着重介绍了对整个区块链发展有着深远影响的人物——中本聪。

1.1 区块链的史前时代

区块链的史前时代的主要内容包括：

- 密码朋克组织
- 经济危机与比特币诞生前夜

1.1.1 密码朋克组织

1. 密码朋克与哈希算法

"知道历史就可以了解未来的发展，所以知史可以通今。"在理解区块链之前，梳理区块链的历史非常有必要。而说到区块链的历史，就一定要了解到一个关键的邮件组——密码朋克。

这个邮件组源自于三个极客——美国加州大学伯克利分校数学家埃里克·休斯、退休英特尔员工蒂姆·梅，以及计算机科学家约翰·吉尔摩组织的一次非常正式的会议。此后，为了吸引更多的密码天才加入到这个组织中探讨如何解决垃圾邮件泛滥的问题，密码朋克开放了自己的邮件组欢迎每个有想法的人进来讨论。

不久后，在这个邮件组里密码学家亚当·贝克提出了哈希算法（Hashcash）——它最初仅仅是用来防止垃圾邮件滥发的一个插件，用户和用户之间想要发送邮件必须要先用 CPU 简单地计算一个小的问题，回答对了问题之后才能顺利发送。这个概念就像如今的挖矿一样，因为题目难度非常低，对于用户来说不会影响他们的体验，但对于滥发邮件的人来说，一封邮件需要消耗几秒钟，一口气发送几千份邮件就会消耗数小时，这极大程度地增加了垃圾邮件发送方的成本。

哈希算法通过引入工作量证明成功地抵抗了分布式攻击（DDoS），这个理念后来成为了区块链发展的基石。在中本聪的《比特币白皮书》中，他提到了亚当·贝克，并说："为了能够在点对点的基础上应用分布式时间戳服务器，我们必须使用像亚当·贝克的哈希算法那样的工作量证明（PoW）系统。"

2. B-money的诞生与推动作用

此后基于密码朋克中加密无主权理念的支持，华裔计算机工程师戴伟在1998年发布了 B-money 的两个协议。

在 B-money 的第一个协议中他设计了这样一个模型：假如艾丽斯向鲍勃转账，那么艾丽斯必须向全网广播，并且使用私钥来签名。这一理念和比特币的基础理念已经非常相似，但是这个协议最终并没有成功，因为他并没有考虑双重花费问题的存在——假如艾丽斯在极短的时间里从两个网络分别发起转账，那么艾丽斯就可以把 1 美元使用两次。

于是戴伟设计了第二个协议，引入了"服务器节点"的概念——只有服务器才能记账，普通用户不能记账，随后服务器之间再用网络链接起来。用户在发出 B-money 之后，有随机的服务器节点来验证是否出现了双重花费的行为。同时他还设计了抵押功能，到这里这些想法就很像现在的 PoS（权益证明）或 DPoS（委托权益证明）了。

尽管戴伟的 B-money 并不完善，他自己也没有付诸行动，但是依然有人在尝试他所说的这种方法。在中本聪的《比特币白皮书》里第一个引用的就是戴伟的 B-money 的论文，甚至有人认为比特币的名字（Bitcoin）都受到了B-money 的影响。

B-money 的出现也推动了密码朋克们在邮件组里的其他尝试，例如尼克·萨博，他提出的智能合约技术直接推动了以太坊的诞生。

作为学者，他非常具有理想主义精神，从他在 1998—2005 年发表出来的文章中可以看出，他认为传统纸质产权非常容易被滥用或者被伪造，完全依赖于第三方公证机构，因此他非常希望能有一种强制手段来帮助每个人保护自己的产权。

于是尼克开始了对数位黄金的构想。数位黄金引入了工作量证明，每台计算机需要解答出难题，计算结束后，按照时间戳进行排序，并通过拜占庭方式防止双重花费。

这个想法已经非常接近于今天的比特币了，但是他却依然没能成功，原因是其缺少了比特币中所提到的最长链原则。

数位黄金依赖于网络中的地址数量去进行拜占庭共识，而比特币依赖于算力大小。如果地址数量被恶意节点女巫攻击，那么攻击者可以迅速得到大量地址，原因是创造新地址的成本实在是太低了。

密码朋克的成员们一次次地突破就像是一个个高大的巨人，而中本聪就是那个站在巨人肩膀上的牛顿。

3. 比特币诞生前的临门一脚

如果说，哈希算法、B-money，以及数位黄金距离真正的成功还有几步之遥，那么接下来登场的这位密码学家即将为比特币的诞生献上最后一脚。他就是 PGP（Pretty Good Privacy，"很好的隐私"的缩写）加密的最初设计者之一、RPoW（可复用工作量证明）的创作者——哈尔·芬尼。

因为邮件组中诸多前辈的影响，2004 年哈尔·芬尼设计了一种名为RPoW 的 Token（通证）。RPoW 解决了过去电子货币的很多问题，其中最重要的就是它解决了过去电子货币中不能重复使用的问题。例如哈希算法，用户计算一次就是一次，无法再次计算，而 RPoW 认为，既然用户计算出了一个难题，那它应该获得相应的奖励，例如一个 Token，于是可重复进行的挖矿就这样诞生了。这些技术加在一起，加上 20 世纪 90 年代提出的时间戳技术，区块链就将诞生了。

1.1.2　经济危机与比特币诞生前夜

1. 美国金融危机的爆发

2008 年 9 月 15 日，由于负债数千亿美元，美国顶级投资银行——雷曼兄弟正式对外宣布破产！这次破产将美国房价上涨引出的垃圾债务问题，像一颗颗定时炸弹一样，在世界的每个角落炸响。

金融危机从美国爆发，很快蔓延到全世界，英国作为美国的贸易伙伴当然损失极为惨重。英国几大银行的股价都经历了大跳水。其中苏格兰银行股价下跌40%，跌倒15年来的最低点，其他银行股价也全部急剧下跌，HBOS（一种基于多维度数据各个维度的独立性假设，对于单个数据维度，先进行数据直方图）下跌了41.54%，劳埃德TSB下跌12.93%……

时任英国财务大臣的阿利斯泰尔·达林宣布启动救市计划，由政府拿出500亿英镑来购买银行的绩优股，然后拿出2500亿英镑去承担这些银行的中长期债务。但是这个计划并没能起到实质性的作用，全球金融危机依然持续发酵。因为这完全是当时欧美国家传统银行内的体制问题，任何一个单一的国家妄想通过一己之力去改变它是根本就不可能的。

2. 比特币与区块链诞生的关系

虽然传统银行的日子并不好过，但是在密码朋克的讨论组里却迎来了值得纪念的一天。

2008年10月31日，中本聪在密码朋克里发布了自己的论文——《比特币：一种点对点的电子现金系统》。和很多人幻想的场景不同，这份白皮书一开始根本就没人重视过，大家都认为这只是在之前哈尔·芬尼的基础上再一次尝试罢了。

但事实上中本聪确实做到了，在这个过程中哈尔·芬尼给了他很多建议，后来中本聪还专门给他转了10枚比特币，完成了比特币历史上的第一次转账。

相比于密码朋克里的欢欣雀跃，现实中的世界却没有那么乐观。由于第一次救助的效果非常乏力，财政大臣阿利斯泰尔·达林不得不开始考虑第二次财政救助，于是2009年1月3日的《泰晤士报》上刊登了另一篇文章，文章的开头这样写道：财政大臣正处于第二次救助银行的边缘。中本聪看到这则新闻之后，悠闲地把它记录到了比特币的第一块创世区块上。

现如今，随着比特币技术的发展，人们发现了比特币的几个技术特点：点对点的网络、时间戳、加密技术、工作量证明等。所有的这些技术不仅可以运用到数字货币中，还能运用到其他的领域中去，把这些进行综合提炼，一个可能颠覆传统金融的新技术——区块链，就这样诞生了。而它的出现，在短时间内迅速掀起一个席卷全球的滔天巨浪。

1.2 公有链浪潮

公有链浪潮的主要内容包括：

- 比特币诞生后的历程
- 暗网与竞争币
- DPoS 机制和以太坊

1.2.1 比特币诞生后的历程

1. 区块链的应用场景

比特币并不是一个单一的技术，而是一系列技术的集合。在这里面包含了：点对点的网络、时间戳、加密技术、工作量证明等。把这些技术综合提炼出来就形成了区块链的概念。

简单来说，因为比特币的系统是通过一个个区块联系在一起的，所以把构成比特币的数据用一个叫做区块的盒子存储起来，再用哈希算法把这些链条串联起来，最终也就形成了区块链。

区块链的五个应用场景如下：

（1）第一类场景：**跟资产相关的应用**。例如，数字资产的发行是指 ICO、支付以及跨境支付、银行之间的交易和结算等。资产类相关的应用是目前使用最为广泛的领域。

（2）第二类场景：**记账方面相关的应用**。例如，股权的交易、区块链的金融、商业积分等。

（3）第三类场景：**基于区块链交易不可篡改的特点相关的应用**。例如，溯源、众筹、医疗证明、存在性证明等相关的权益证明也符合这一类的标准。

（4）第四类场景：**基于区块链点对点的特点相关的应用**。例如，应用到共享经济、物联网，通过去除第三方中心节点来提高效率等。

（5）第五类场景：**基于区块链隐私匿名的特点相关的应用**。例如，保密相关的匿名交易、信息保密等。

这些应用场景为现阶段的区块链行业发展带来了活力，无数前仆后继的人才也为从事这个行业的人带来了不可替代性。但这一切都归功于诞生于密码朋克邮件组的那一团星星之火。

2. 中本聪的星星之火

有个比喻非常好，区块链的世界是一片黑暗的、茫茫不知边际的热带雨林，中本聪第一个点亮了火种，带领着探索者们走进雨林的中央，随后探索者们以此为根据地，向各地进发。有的向右侧前行，有的向左侧前行，有的为了走得更远，先退回来一点又开始横向探索，有的探索者们走着走着，还会再分成几小股，但是无论沿哪个方向，探索者们的目标都是完全一样的：走出这片雨林，把亮光火种传递出去。

至今人们对中本聪仍然一无所知，这个名字在日本很像在中国一个叫张三的。就是这样一个完全匿名的、游离于现实世界之外的中本聪，在发布了《比特币白皮书》后，开始在黑暗中默默地探索。直到 2009 年 1 月 3 日，比特币的软件客户端终于调试完毕，中本聪挖到了高度为 0 的比特币创世区块，在黑暗的雨林里点亮了第一束火光。

| 扩展阅读 1.1 |

人类历史上第一次尝试以去中心化的方式给他人转账成功的记录

第一个帮助和认可中本聪的哈尔·芬尼在自己的回忆录里写道，他推断自己可能是第二个运行比特币客户端的人，并在后面收到了中本聪发送来的 10 枚比特币，因此他也确定自己就是第一个收到比特币的人。当然，这也是人类历史上第一次尝试以去中心化的方式给他人转账成功。这一点很关键，在比特币没有诞生的阶段，很多关于加密货币的想法都没有想到这一步。这意味着一个最基本的概念——点对点的电子现金系统被实现了。人们的资产可以自由地在链上转移，而且只受自己的私钥控制，不会受到任何干扰和审查，这件事情自然是意义非凡。

3.最早的加密货币和区块链社区

随着链上交易越来越多，更多人开始参与和交流比特币，中本聪建立了一个名为 SOURCEFORGE 的论坛，用于讨论比特币。随后 2009 年 11 月，他们把沟通的地点迁移到了 Bitcointalk.com，这一步是非常正确的，因为后面会发现更多天才一般的想法都是在论坛上被实现的。时至今日，很多人依然认为一个区块链项目要想成功一定要具备三辆马车：底层技术过关；经济模型正确；庞大的社区支持。

比特币的第一辆和第二辆马车都来源于密码朋克的灵感，而第三辆马车的出现就是从比特币论坛开始的。比特币论坛中诞生了无数可能，支持者和将信将疑者都在为论坛里的比特币模型不断地争论，经过开发者和用户群体为技术改进做出的不断尝试，区块链技术也在这个过程当中不断地改善。

4.价值10 000枚比特币的两个披萨饼

1）"披萨节"的由来

比特币论坛里的传奇故事太多，其中火出比特币圈子的当属那个用 10 000 枚比特币买两个披萨的佛罗里达小哥。

事情发生在 2010 年 5 月 18 日，一位 ID 为 Laszlo 的美国佛罗里达小哥突发奇想，他想让论坛里的网友给他订购两个披萨送到他家，作为回报，他愿意支付 10 000 枚比特币给对方。这无疑在比特币发展史上画上了一个举足轻重的符号，因为在这一天之前，从来没有人想过要用比特币购买商品。早期的一些比特币交易网站虽然也给比特币挂上了交易价格，但都无人认可。

帖子虽然发出去了，但是 Laszlo 只得到了少数人的回复，更是没有人愿意给他做这笔交易。直到四天后这件事情才迎来了转机——一个叫 Jercos 的小哥定了两个外卖送到 Laszlo 的家里，随后 Laszlo 发了一张图对他表示感谢。

这是一件极具里程碑意义的事情，很多人将 5 月 22 日亲切地称为比特币的"披萨节"。

2）关于"佛罗里达小哥"的三件趣事

关于这件事情还有其他趣事，第一件事是这位 ID 为 Laszlo 的网友实际上极有可能是比特币的第一位 GPU 矿工，他在接受采访的时候称自己是第一个写出 GPU 挖矿程序的人，这比传统的 CPU 挖矿方法要快很多，这也就是他当时就能有这么多比特币的原因。

第二件事还是关于这位 Laszlo，他在 2018 年又订了两个披萨，不同的是这一次他尝试了用闪电网络去支付，同样的两个披萨，过去比特币转账需要花费 10～60 分钟，而比特币闪电网络只需要几秒。

第三件事是关于这 10 000 枚比特币的，当时一枚比特币的价格只有 0.03 美元，而两个披萨约为 50 美元，不过随着认可比特币的人越来越多，比特币的价格也在变高，以至于每隔一段时间就会有人在他的论坛下面留言，600 美元的披萨好吃吗？2600 美元的披萨好吃吗？后来有人就问 100 万美元的披萨好吃吗？

3）比特币的价值来源

日前，比特币已超出它的历史最高值——22 000 美元。比特币价格发展的速度和倍数令人咋舌，但这也带来了一个新的疑问：比特币的价值究竟从何而来？

比特币的价值来源于何处一直都是经久不衰的问题，这个问题将贯穿比特币和区块链发展的始终。有人认为比特币的价值来源于矿工挖掘的成本，电费和矿机的成本是比特币价值的源泉；也有人说应该是价值指导挖矿成本，而非挖矿成本指导货币价格，他们更倾向于认为比特币价值等同于维护比特币网络安全的成本；还有人坚持认为比特币的价值来源于收藏价值，它拥有 2100 万枚的总量上限。

当然，人们现在普遍认为比特币的价值来源于每个人之间的共识，人们之间互相认可比特币是一种非常好的避险资产，因此对这种避险资产给出了自己的价格，就像人们对待黄金一样。

4）比特币"竞争对手"的产生——域名币

在比特币论坛的帖子上每个人都在讨论有关区块链的一些内容，甚至在论坛上出现了比特币的第一个竞争币——Namecoin（域名币），这也是区块链的第二个应用。如果说比特币是一个点对点的支付系统，那么，域名币则是一个去中心化的 DNS 域名管理系统。因为全世界仅有十余台 DNS 服务器是用于解析域名的，而且大都集中在美国，例如 .com、.net 等顶级域名的 DNS 服务器都在美国。

服务器的权力在理论上非常大，想要封掉一个域名是非常容易的。而中本聪本人非常抵制中心化的审查机制，他提出要建立一个自由的域名解析服务器，但同时又不希望让比特币变得更复杂。因此他提出了这个设想，希望论坛里的其他人能帮他实现。事实上在一年后，这个设想就被实现了，这个产物就是诞生于 2011 年 4 月的域名币。域名币和比特币的底层逻辑非常相似，甚至两者之间的挖矿都是联合进行的。但域名币的矿工多了一项职责，即提供域名解析。域名币上的域名都是 .bit 结尾的，并且矿工将 IP 和 .bit 的域名都记录在对应的区块链上，那么区块链就变成了一个 DNS 服务器，他人谁也别想干预，成为一个完全自由的域名体系。域名币本身作为一个支付工具，用于维护域名的存在和注册。

1.2.2　暗网与竞争币

1. 暗网

1）"暗网"的定义

很显然，用 .bit 作为自由域名出现的计划并没有能获得成功。因为在当时人们能想到的一个去中心化审查的网站已经诞生了，它并不是以 .bit 为结尾的系列域名，而是一个更加为世人所知的、神秘莫测的、饱受争议的网络——暗网。

暗网并不能通过正常的超链接访问，通常人们如果想要进入这个网站，必须要经过 TOR 链接。虽然 .bit 的计划落空了，但比特币却因为自身极强的匿名性被暗网的用户所青睐。

2）暗网产生的原罪

暗网的产生来自于"丝绸之路网站"的创始人——乌布利希。乌布利希原本是美国德州大学和宾夕法尼亚大学的高材生，而且成绩优异。他曾经在纳米科技实验室发表了太阳能电池的学术论文，并受到该领域专家的关注。但是，当乌布利希接触到密码朋克后，他意识到比特币的匿名性非常强大，之后，这个人就开始下决心要去做一个前无古人后无来者的网站，一个依托于暗网的"黑色淘宝"。在这个网站上，用户可以买到一切的违禁品，甚至是买卖活人或者更恐怖的东西，在"丝绸之路"上，用户只能使用比特币来支付，这让区块链技术受到了用户的空前关注。

"丝绸之路"作为比特币发展史的一部分被永远地记录在了历史中，这也是区块链技术第一次被人们大规模认可。但也因为发生在"丝绸之路"上的恐怖事件，比特币也被印上了洗脱不掉的原罪。

现在，很多伪科学家反对比特币的使用，大部分人的论据就是暗网的滥用。暗网和比特币的匿名性，帮助乌布利希极大程度地躲避了警察的逮捕，直到两年以后这个臭名昭著的罪犯才被抓住。

2. 莱特币

1）李启威与莱特币

"丝绸之路"网站虽然见不得阳光，但"莱特币"的产生却由此得到启发。提起莱特币，不得不提到谷歌前华裔工程师——李启威，他的一生在了解了"丝绸之路"网站之后迅速被改变。李启威认为，对于"丝绸之路"来说，比特币拥有不可动摇的地位——它就像是传统世界的黄金一样。那么，既然有黄金，为什么我们不能再造一个白银出来？

作为黄金的比特币因为其价值高，所以对网络安全的需求也很高，10～60分钟的区块确认速度是可以接受的。但是用户如果只是小额支付，那是不是意味着这个时间段可以被缩短，区块之间的间隔缩短一点应该不会出现大的问题。在这之后，一个专注于小额支付的白银币——莱特币诞生了。它也是比特币真正意义上的竞争币。

在莱特币牛市的最高位置，莱特币创始人李启威在Redditr论坛发布了一篇相当诚恳的文章，简单概括就是：他本人将所有的莱特币全部清空套现离场。当他发布这封信的时候，莱特币正处于牛市的最顶峰，甚至有人直言李启威是上一次牛市出逃最成功的人之一。

虽然，对于李启威的做法我们不能评价它的好坏，但对于一个区块链项目来说，早期核心成员持有更多Token可以提供足够多的激励，而项目成熟后核心成员减持再隐退，也不失是提高社区中心化的好方式。创始人出售其所有Token这件事还是要根据实际情况来定。

不过，李启威之后依然全职在莱特币社区工作，保持着和之前一样的热情。

其实，莱特币本身就是在比特币的代码基础上修改而来的，因此无论是李启威本人，还是他的莱特币社区，他们对比特币都是非常有好感的。这种好感还在莱特币社区里演化出了一句口号——"比特金，莱特银"。这也造成了一个有趣的现象，在后期莱特币兑换美元的价格持续波动，但莱特币兑换比特币的价格却始终保持平衡状态。很多人也就因此把这句话当做莱特币唯一的价值源泉。

2）莱特币的第一次尝试：时间间距的缩短

莱特币一开始和比特币之间的区别并不大。比特币的间距每次一般是 10分钟，通常人们挖矿以 6 个为一组确认数，这样算下来比特币的确认时间一般是 60 分钟。所以莱特币针对性地把每个区间缩短至 2.5 分钟，即比特币的1/4，因此规定莱特币的总量也是比特币的 4 倍——8400 万枚，同样的挖矿的奖励每四年减半一次。

值得注意的是，莱特币是以牺牲网络安全为代价来缩短区块之间间隔的，但是区块链网络本身环境很复杂，往往遍布全球。每个矿工之间的节点并不一样。

区块之间本身传输的时候是需要时间的，如果区块传输需要消耗十几秒，而区块间隔只有 150 秒（2.5 分钟），那么对于网络不好的矿工来说这是非常不友好的，他们的网络很容易产生意外分叉，进而导致网络安全性下降。后来以太坊区块间隔十几秒，为了解决意外分叉的问题还专门添加了幽灵协议。

3）莱特币的第二次尝试：改变加密算法

回到莱特币本身，其第二次尝试是改变加密算法，以对抗产生垄断效应的 FPGA（现场可编程门阵列）矿机。莱特币将比特币算法 SHA-256 变更为Scrypt。其实这个改变并不是什么新鲜事，早在 2010 年，买披萨的小哥就已经尝试使用效率更高的 GPU 挖矿，碾压了其他 CPU 矿工。而到了 2011 年，比特币 FPGA 矿机的诞生，其超高的效率碾压了 GPU 矿工，这在社区中引起了很大的争议。

因为，中本聪本人是主张 GPU 的，因为 CPU 挖矿门槛很低，任何一台家用计算机都能参与进去，这样做就能让网络中的节点越来越多。全节点越多，比特币区块链账本的备份数量才会越多，网络就越安全，越不可篡改。2010年后，比特币进入了显卡 GPU 挖矿时代，一部分小的家用计算机开始掉队，但是全网的算力在不断提升，这对于区块链本身的发展来说无疑是一件非常好的事情。

而 FPGA 的到来又一次打破了这一平衡。它比普通的 CPU、GPU 更强，可以通过写入程序来进一步优化设备挖矿性能，但是与之而来的代价就是灵活度下降。并且 FPGA 严重逾越了"家用设备"的边界，脱离了家用设备，这也就意味着全网节点变少，进而影响到了整个网络的安全。

而从莱特币诞生之后，社区开始为 FPGA 矿机争论不休。由于 SHA-256 已经被 FPGA 攻克，因此莱特币只能采取 Scrypt 加密算法。事实证明 Scrypt 是对 GPU 友好的。Scrypt 确实延缓了莱特币的 FPGA 矿机的诞生速度，但也只是延缓。

后来针对莱特币的 ASIC（专用集成电路）矿机诞生了，莱特币从此也告别了家用机的舞台。除此之外，还有一个原因，如果莱特币不采用新的 Scrypt 算法（莱特币采用的挖矿算法），而是采用 SHA-256，它极有可能被已有庞大算力的比特币矿工进行 51% 攻击。由此，具备新特性的莱特币开始快速发展。

扩展阅读 1.2

莱特币与比特币的关联

莱特币和比特币之间太像了，但事实上莱特币的技术发展是丝毫不逊色于比特币的。例如，它的隔离见证技术和闪电网络。莱特币的发展速度绝对不会输给比特币，甚至在相当一段时间里它的更新速度还走在比特币的前面。而且，莱特币和比特币之间的关系非常好，李启威曾经说，希望能让莱特币成为比特币的一条副链，这和其他社区想要取而代之的方式截然不同。

3. PoS 的诞生

1）"厄尔尼诺现象"带来 PoS 诞生的契机

比特币扩容这个想法一直影响着比特币社区，包括闪电网络和侧链。但是在 2010 年时，比特币的区块并没有达到需要扩容的极限，那个时候的区块大小也只有不到 20KB，远远不需要扩容。他们不担心比特币会不会拥堵，反而更关心的是比特币太耗电了。

尤其是 2010 年底到 2020 年期间，新一轮的厄尔尼诺现象爆发了。厄尔尼诺现象又称圣婴现象，是由洋流导致的，让北半球的冬天变得异常温暖，最严重时会让北极的气温飙升到 0 摄氏度，但同时又带来极端天气，例如近赤道的暴风雪和龙卷风。

正巧有专家认为厄尔尼诺现象和现在的温室效应有很大的关系，这种论调的出现直接影响到了比特币社区。因为比特币挖矿本身需要耗电，这让人觉得它是不环保的。

这个问题一提出来，整个社区的人就傻了，因为它和技术问题完全不一样。其他问题大家只需要持续地去研究新技术就能解决，但是耗电问题是无解的。

在工作量证明挖矿区块链里，网络的安全需要有足够大的算力来保证，算力越大，作恶的成本也就越高。而这些矿机每一次的计算，都要依靠电力这一终极能源。想让比特币省电是完全不可能的，除非牺牲比特币本身的安全性。事实证明，随着比特币价格水涨船高，比特币的挖矿难度就没有降过，反而一直在上涨。

为了解决比特币耗电问题，2012 年，一位化名为 Sunny King 的人和 Scott Nadal 联合发表了一篇文章："点点币：点对点使用权益证明的加密货币"，文中提出可以用新的共识机制来降低耗电量——Proof of Stake（PoS），即权益证明。过去矿工通过算力给网络提供安全性，想回滚篡改账本就必须具有 51% 的算力，这就需要耗电。而通过 PoS 不需要费电挖矿，它只通过持币用户给网络提供安全性。

点点币之所以能做到降低电耗，完全是因为它不是单纯的 PoS 机制，而是 PoW+PoS 混合机制，这样设计负责记账的节点就不再通过算力去竞争记账权，而是通过币龄来竞争。

定义 1.1：币龄

在点点币的算法里面：币龄 = 持币量 × 持币时长，例如一个人手里有 5 枚币，持币 6 天，那么币龄就是 5×6 天 =30 天。币龄越高，成功出块的概率就越高。同时点点币每年增发 1%，用于奖励 PoW 出块的节点。

2）发明 PoS 的意义

PoS 被发明出来并不意外，如果说过去的 PoW 是按劳分配，那么现在的 PoS 就是按钱分配。谁持有越多的 Token，被选中出块的概率就会越大，被选中的次数越多，获得的奖励也就越多。如果，A 用户和 B 用户同时在点点币上挖矿，A 有 100 万个 Token，B 只有 19 万个 Token，那么一年后，按照规律，A 应该会有 101 万个 Token，B 只有 10.1 万个 Token，A 赚了 10 000 个，B 赚了 1000 个，差距就是 9000 个；而第二年以后，A 就会产出 101 万的 1% 个也就是 10 100 个，B 只产出了 1010 个，差了 9090 个，差距越来越大。随着时间的推移，B 永远无法追上 A 的持币量。这样一来，系统中最有钱的那个一定会逐步控制整个网络。而且，这里面还有交易所的参与，用户会把钱放到交易所里进行交易，交易所里有大量的 Token，这些 Token 会自动产出大量的 Token，交易所能从其中赚到很多的利差。高持有者一天可以产出大量区块，而低受益者没有产出甚至获利低于自己打开计算机的电费，整个系统中的全节点账本就会越来越少。这个时候点点币就已经不能被看做是一种区块链的形式存在了。

1.2.3　DPoS机制和以太坊

1.BM和DPoS机制

1）BM 和中本聪的交锋

在 2010 年 7 月底的一天，一个网名叫"Bytemaster"（BM）的网友在比特币论坛上面抱怨，说比特币太垃圾了不能完成微支付。他说在小额支付中，CPU、带宽和硬盘存储这些都属于非常珍贵的稀缺资源，比特币根本没有办法为小额支付提供资源，而且比特币的等待时间也太长了，要等 10 分钟才能出一个。这篇帖子直接引起了比特币论坛的终极管理员——中本聪本人的注意。中本聪先建议他别抱怨，看看"小吃机"的帖子，那个帖子里已经写了怎么用比特币在 10 秒以内完成转账，而且这个方法比信用卡欺诈的概率要小得多。最后，中本聪向 BM 说了一句非常著名的话："如果你不相信我，或者说你没明白我的意思，那不好意思，我没时间让你相信"。中本聪认为银行体制破败，于是向银行发起挑战而完成了比特币的设计。

但 BM 并没有被中本聪的话击退，他凭借一己之力为区块链开辟了与之前 PoW 完全不同的另一条道路。BM 用实际行动证明了自己——做一条链。在被中本聪回复后很久，BM 经过长期的思考，终于想到了阻碍比特币区块间间隔进一步缩小的原因——对比特币的工作量证明想要达成共识实在是太难了。

区块链网络里有成千上万个系数，密码学可以做到让这些节点在街道广播后快速验证，但是密码学做不到让广播传播的速度变快。虽然比特币的区块只有 1MB，但是它的网络传输仍然是个大问题。比特币的全阶段所处环境比较恶劣，因为无法得知它是在南京，还是在南极。如果区块间隔太短或者区块增得太大，都会影响网络传输，一旦网络中的大部分节点不能及时更新到最新状态，链就会变得不安全或者说极度不稳定。试想，假如两个矿工在同一时间里计算出了一个新的区块，但是由于网络问题，双方都觉得自己是第一个算出来的，怎么办？为了决定奖励谁，两者之间还需要进行一次算力计算，比较一下一个区块，这样既浪费电力，又影响网络安全。

既然比特币不能更快的原因是有太多的人在里面挖矿，达成共识的速度太慢，那么是不是减少矿工数量就好了？于是，BM 想到了用 Token 投票的办法，带来了崭新的 DPoS 机制，即委托权益证明。在比特股里，系统设计了若干位见证人节点来投票按照某个顺序来轮流负责打包区块，获得区块奖励和手续费。

简单来说，在采用 DPoS 共识的区块链里，BTS 即"股份"，持有了股份就是这家"去中心化公司"的股东，任何持股者都可以投票选出见证人来完成这个工作。虽然，DPoS 的出现牺牲了去中心化，但是它给 Bitshares（比特股）这条公链带来了更高的性能，比特股的性能足以证明它能每秒完成上千笔转账，大大超过了比特币和莱特币。

2）"门头沟"失窃事件对 BM 的影响

这一次人们第一次尝试了高性能的区块链，且带来了无限可能。当然人们并没有在一开始就决定要搭建一个中心化的交易所。直到 2014 年，当时世界最大的交易所——MT·GOX（门头沟）失窃，约有 85 万枚比特币从这家最初致力于卡牌收集游戏的交易所被偷走，直接造成全网 7% 的比特币丢失。

这造成了 2014 年比特币熊市。

而且，由于比特币天生的隐蔽性，这笔钱至今也才追回了一小部分。即使在被盗后门头沟就已经冻结了这些被盗比特币的交易权，但是也因为时间越来越长，人们不知道这些比特币有一天会不会被放到市场里去抛售。门头沟被盗后，很多人失去了自己一生的储蓄。人们开始对一切中心化交易所感到愤怒，认为只要是中心化的交易所就没办法管理好他们的资产。

大家开始提出一个问题：难道就不能让用户自己掌握加密私钥，自己在交易链上结算吗？比特股的去中心化交易所给出了答案。他们在比特股上发行资产，例如 BTC 网关、LTC 网关，再让其和真实的交易挂钩，让社区中知名的节点作为承兑方出现进行托管和转换，然后，比特股再通过抵押 BTS 的方法发行比特人民币和比特美元。当然这个过程中有一定的弊端，例如网关会出现然后作恶，或者是被恶意攻击，但总而言之，这个思路是进步的，是让人感到欣慰的。比特股最终没能走下去，2015 年，在 BTS 手续费升级的过程中，BM 的决议被以 4∶7 的投票否决。这既证明了 DPoS 社区的去中心化能力，又导致了 BM 的灰心丧气，他写下了一篇论文"why、why、why"后离开了社区。

2. 维塔利克·布特林封神，以太坊突进

1）以太坊诞生的前因后果

出生于 1994 年的以太坊创始人维塔利克·布特林（Vitalik Buterin），从自己的父亲那里了解了比特币之后，开始为比特币撰写文章。任何一个真正了解比特币的人都会为它的底层而着迷，包括维塔利克·布特林在内。比特币原先只是在小众圈子里的一个项目，但是在 2008 年金融危机到来之后，塞浦路斯银行为了偿还自己居高不下的债务直接从储户的账户里提取了 6.75%～9.9% 的税，这一举动直接惹怒了民众，也让其他人发现了比特币的存在。人们开始走上街头抗议，也有人举着使用比特币的牌子上街游行，这次塞浦路斯的国家危机竟然成了比特币爆发牛市的导火索。

2013 年 10 月，看到比特币牛市的维塔利克·布特林决定退学，专心从事比特币和区块链行业，并在以色列看到了 Mastercoin（万事达币）等项目。目前，很多人都认为 Mastercoin 是历史上真正意义的 ICO 项目。它的方式很

特别，是发行在比特币 OMNI（基于比特币区块链网络的数字货币通信协议）层上的 Token。在看到这些项目的使用协议之后，维塔利克·布特林意识到，或许可以直接在比特币上引入图灵完备的编程语言，极大程度地拓展这些功能。

于是，维塔利克·布特林将这些想法整理出来写成了一篇论文，并将其变成提案发送到了社区里。虽然这个想法非常好，但其实早在中本聪还活跃在社区里的时候，就已经能感受到大家对区块链技术的看法：每个人都希望能诞生一个相对简单的账本功能，不希望变得复杂，因为那样可能会失去比特币赖以生存的强大安全性。所以，维塔利克·布特林的提案并没有被通过，于是和 BM 一样，维塔利克·布特林决定自己去做。这是维塔利克·布特林迈出的一小步，却是区块链进步的一大步。随后，一台世界计算机，去中心化应用平台，未来的百亿美元市值项目——以太坊，正式诞生。

2）智能合约的诞生

2013 年，维塔利克·布特林为以太坊写了一份白皮书，吸引到了七位联合创始人，加上维塔利克·布特林自己，社区给他们定了一个新的名字——以太坊八将。一年后，维塔利克·布特林向社区发布了以太坊募资手册，他募集到了 31 000 枚比特币，当时的价格在 1.8 亿美元。在募资的过程中还发生了一件有趣的事情，当时维塔利克·布特林为了筹集资金满世界寻求投资和帮助，但是因为他年纪当时还太小，加上长得也不是很出色，他还曾被误认为是谁请来的外国演员。

事实上，以太坊的众筹绝对能称得上是一次最具商业价值的投资，当时以太坊的众筹价格仅仅为 0.25 美元，最高点却曾超过 1200 美元，涨幅接近 5000 倍。以太坊凭什么能有这么高的涨幅呢？这就要谈到以太坊给区块链领域带来的无限可能。过去，无论是比特币还是莱特币，都依然在利用支付这个基础功能，但是以太坊利用完备的图灵，将一个新的领域呈现在人们面前，这就是智能合约。

智能合约这个概念，最早是密码学家尼克·萨博在 1995 年提出来的。它是一种以信息化方式传播、验证或执行合同的计算机协议，允许在任何一个没有第三方的情况下进行可信、可追踪、不可逆转的交易。

好比在租房子时，房东和房客之间经常出现违约的情况，但是假如租客和房东现在签了一份智能合约,房东和租客就可以把押金锁定在智能合约里,如果租客按期离开,则押金自动转给租客,如果租客违约,则押金自动扣除并且转给房东。整个过程都将由智能合约自动完成,没有人可以挪用或者拖欠押金,这样做相比传统合同大大提高了效率。由于区块链底层账本都是不可修改的,因此这份智能合约也会变得不可修改。

对于普通人来说,以太坊的强大之处就是它将 DApp 的概念推到了世人面前,即去中心化应用。不同于 App 需要中心化服务器,例如物理机房的亚马逊云、阿里云等。而严格意义上的 DApp 是没有中心化服务器存在的,它利用区块链作为服务器,以智能合约为逻辑。目前,以太坊已经完成了"君士坦丁堡"升级,如今占据加密货币一半市值的以太坊正朝着它的第二个目标出发——加入分片技术和 Casper 共识机制。

扩展阅读 1.3

以太股为区块链带来的改写事件

以太股的出现可以被评为 2014 年足以改变整个区块链历史轨迹的两件事之一,它带来了 DPoS 和去中心化公司;第二件事就是以太坊,它带来了智能合约、去中心化组织,以及 2017 年的大牛市。

1.3　神秘极客——中本聪

神秘极客——中本聪的主要内容包括:
- 初步了解中本聪的事迹
- "寻找中本聪"的热潮

1. 被称为"比特币之父"的神秘人物:中本聪

中本聪被称为"比特币之父""比特币的灵魂人",他也是史上最低调的亿万富豪,更是诺贝尔奖经济学家的候选人。如果说这世界有创世神,那么中本聪就是庞大比特币世界的创世之神。中本聪是一个伟大的集大成者,他巧妙地将非对称加密技术、点对点传输技术、哈希现金算法结合在一起,勾画出了一幅属于比特币的蓝图。但当比特币逐渐步入正轨时，中本聪却挥一挥衣袖，彻底消失在众人视线中。因此，他的身份成了比特币史上最大的未解之谜。

我们对中本聪的了解，仅限于他在活跃过的社区留下的一些"蛛丝马迹"。据统计，中本聪在密码朋克、邮件组所留下的数据约600条，其中：中本聪在学术分享网站上的个人简介显示，他是一名生活在日本的46岁的男性。那么，中本聪是日本人吗？但他从未公开使用过日语。另外，中本聪的英语水平很高，他在表达中经常使用很地道的英式英语。这样说来，中本聪很有可能是来自英国或者英联邦的某个人。有人推测中本聪个人简介中的出生日期是其有意为之的"政治隐喻"，还有人通过分析发帖时间来推测中本聪的坐标。

人们越是寻找，越是明白：中本聪的消失不是一时性起，而是精心策划的一场"罗生门"盛宴。真像似乎近在咫尺，却总是咫尺天涯。

2. 谁是中本聪？ "寻找中本聪"热潮中脱颖而出的人物

第一位是1969年出生于日本东京的一名数学家——望月新一。猜测他就是中本聪的理由主要有三点：第一，望月新一的年龄及生活地与中本聪基本相吻合。第二，作为数学家的望月新一有足够的能力创造出比特币，并且望月新一的研究领域包括比特币中的数学算法。第三，望月新一的工作态度与中本聪相似，他在进行学术研究时不使用传统的科学同行评审程序。这一点与中本聪一样，他们在工作中都是"独行侠"。但对此，望月新一回应称自己并不是中本聪。

第二位是大名鼎鼎的智能合约之父——尼克·萨博。他是密码货币领域的博学大师。2014年，语言学家格里夫通过文本分析，统计诸如still、only等词汇以及标点符号使用习惯后，推测尼克·萨博就是中本聪本人。格里夫说："萨博所写的内容，和比特币的原文件之间语言相似的数量，是不可思议的，再没有别的其他可能的作者，会达到更高的匹配程度。"然而，尼克·萨博本人亲自出面否认了这种说法。

第三位是多利安·中本。这是2014年《新闻周刊》发布的一则消息。他们说，真正的中本聪是一个日裔美国人，他的名字是多利安·中本。首先，多利安·中本出生时的名字为中本聪。根据他保留在美国的档案显示，多利安·中本聪大学毕业时，将自己的名字改成了多利安·中本。而且多利安·中本还是一名精通系统学、IT 的物理学家，曾以计算机工程师的身份服务于美国军方。最后，多利安本人公开表达的思想主张也偏向于自由主义和去中心化的货币思想，这些想法都和中本聪的想法高度契合。以上种种迹象似乎都表明了多利安·中本就是中本聪本人。因此，这一报道发表后引起了巨大轰动，媒体竞相采访多利安·中本。就当大家以为"尘埃落定"之时，多利安·中本突然明确回应自己不是中本聪。就连消声匿迹许久的中本聪本人也通过其 P2P 基金会的账号否认了这一传言，说："我不是多利安·中本"。人们以为找到了中本聪，最后却发现又回到了原点。

3. 冒认中本聪身份的克雷格·赖特

唯一一位自认中本聪身份的人是克雷格·赖特，他是一位澳大利亚计算机科学家。2016 年赖特接受 BBC 采访，公开表示他就是中本聪本人。作为证据他可以提供中本聪的个人加密私钥。对此，BBC 和经济学人两个媒体证明称，他们看到赖特使用中本聪的私钥签名了一些信息。但所谓的秘钥签名，是指在非对称加密体系下，参与信息交流的用户都会拥有一对秘钥，一把为公钥，一把私钥。公钥是公开的，私钥则只有本人了解。使用时将须加密的内容利用私钥加密。加密后的文件使用公钥进行解密阅读。也就是说，赖特证明自己就是中本聪的最简单的方法就是利用中本聪私人秘钥加密一份文件，其他人可以用中本聪的公钥解密得到一些有意义的信息。BBC 采访文章中赖特提供的证据字符串，被发现是截取于中本聪 2009 年交易过程中的一段签名信息。事情曝光后，克雷格·赖特无法拿出更有力的证据证明自己就是中本聪，随后他向公众道歉，被公众戏称澳本聪。

4. 埃隆·马斯克——"中本聪"的候选人

埃隆·马斯克出生于 1971 年，是著名的企业家、工程师。2017 年，曾在美国太空探索技术公司实习的实习生萨希尔·古普塔向加密货币专业媒体爆料称，太空探索技术公司创始人、特斯拉公司 CEO 埃隆·马斯克就是众人苦寻的中本聪。萨希尔·古普塔提出了四点证据证明他的推测：

第一点，通过马斯克公开发表的言论以及论文，不难看出，他对密码学和经济学都有着深刻的理解，并且可以熟练使用 C++ 编程语言。而这些都是创建比特币所需要的知识技能。

第二点，马斯克对于解决全球问题有着极高的热情。而比特币作为一种去中心化的金融体系，出现于经济危机的 2008 年。这似乎也可以窥见中本聪本人对于当时金融体系的态度。

第三点，中本聪持有价值数十亿的比特币却丝毫未动。自从中本聪"消失"，他的账户从未发生过资金变动。一般来说，数十亿的诱惑是常人很难抵御得了的，假如中本聪本人已经是亿万富豪马斯克了，那这一切也就能说得通了。

第四点，马斯克一直对"中本聪身份问题"保持沉默。虽然马斯克公开表示自己并未拥有比特币，甚至表示朋友曾赠予的比特币账户丢失，但似乎并未对他是否就是中本聪的问题做出过正面回应。

时至今日，关于谁是真正的中本聪问题依然被大家争论不休。而"中本聪"也由具体的一个人，慢慢变成了一种象征意义、一种"比特币精神"。人们可能永远无法知晓中本聪的性别、年龄，中本聪究竟是一个人还是一个组织；但人们可以确定的是：中本聪是当之无愧的天才，也是自由洒脱的斗士，是指引每一位投资者、每一份自由意志前行路上的璀璨明星。

正如中本聪本人所言，他虽然离开了，但是比特币在其他人的带领下，仍旧发展得很好。或许，这就是中本聪所期望看到的属于比特币的未来——真正的去中心化加密货币。马斯克说："中本聪的故事结束了。"确实，但也只有故事结束后，才能迎接全新的开始。

第二章
区块链的基本概念

本章首先讲解了区块链的概念及原理，接着介绍了智能合约的起源和诞生；然后从世界观、历史观、价值观三个方面剖析了区块链的观念；最后，详细剖析了去中心化和密码学对区块链的影响。

2.1 区块链的概念及原理

区块链的概念及原理的主要内容包括：

- 数字资产不等于货币
- 不同的账本我们应该听谁的
- 账本所有权问题
- 为什么记账
- 记账的千年演变史
- 区块高度和记账本
- 区块链资产钱包
- 共识，人类协作的新方式
- 博弈论：区块链共识的理论基础
- 为什么在区块链世界里达成共识那么难

2.1.1 数字资产不等于货币

很多人对比特币一类的 Token 的认知有一个误区，认为既然 Token 可以交易，那是不是意味着它就能被看做是货币呢？但实际上想要了解这个问题，就必须先了解货币的概念。

定义 2.1：货币

著名的经济学家凯恩斯在他的《货币论》里提到，货币是可以承载价值的一般等价物。一般等价物可以是任何东西，例如远古的贝壳、封建社会时期的铜钱，以及现代金融所使用的钞票。也就是说，只要每个人都认可了这个东西能用来交易，那么它就有可能作为货币使用。

基于这个观点，很多人把比特币归成了数字货币，认为既然贝壳、铜钱、金银都可以作为货币，那么同样一串数字也可以被看做是货币。但事实上，现代金融体系对于货币的定义并没有那么简单。如果细心留意，就会发现无论是铜钱，还是钞票，或者是人民币，这些东西之所以能在市面上流通，都是基于政府对它们的认可和背书。也就是说，一个东西想要成为货币，必须要有政府的信任作为背书才可以。但无论是比特币，还是其他的密码货币，由于它们的信任背书来源于整个区块链网络而并非政府，这就意味着它们并不能被看做是货币，而应该把它们看作是一种数字资产。

2.1.2　不同的账本我们应该听谁的

1. 有关账本被篡改的思考

过去人们的转账都是依靠中心化的系统来完成的，这个中心化的系统也就是银行。例如，一个人在银行里面存了 10 万元钱，那么银行就会给他一个存折，上面写着"×× 存入了 10 万元"。这个存折也就是银行给他的账本，之后他可以从银行里取现或者微信转账。他的每一笔交易都会形成交易记录，出现在这个账本里，而他也默认银行不会搞错他的余额。

而在比特币这样一个去中心化的网络里，大家的账本是存放在每个比特币网络的节点里的。当出现一次转账或者交易时，比特币账本都会回溯每个节点的账本，来确认持有者是不是有这么多资金可以转出。

但是这个时候，如果有一个人计算机里的账本被人篡改了，那怎么办呢？例如，王二原本只有一枚比特币，但是他把自己计算机里存储的账本篡改成了自己有十枚比特币。这个时候账本出现了错误，那该如何验证账本是否真实呢？

关于账本验证的问题，其实早在中本聪提出的《比特币白皮书》以前，密码朋克邮件组里就已经在讨论这个问题了，而且给出的方案多种多样。

例如有的人提出，大家可以同时查阅每个节点手中的账本，来一一核对账本是在哪里被篡改的，然后进行投票，少数服从多数。如果一个人手里的账本和其他人的不一样，那么就说明他造假了，并且系统会强制修改账本。

这个方案提出以后遭到了很多人的反对，因为实在太麻烦了。如果每次账本出错的时候，大家都需要和所有节点的账本信息一一核对，而且这些账本里面都有数以百万计的记录，这个效率是没办法让人接受的，因此这个方案最终被驳回了。

关于账本信息被篡改的问题，还有一点值得注意。在中心化的数据库里，如果一个人的信息被篡改了，那么这个人的信息基本上没有办法被修改了，因为中心化的数据库只会记录最后一次的修改记录，而且会不断地刷新。当有且只有一方拥有账本的记录权时，其他人是没有办法证明账本的真实性的。关于这个人的账本的解释权就一直掌握在中心服务器的管理员手里，但在类似区块链、比特币这样的分布式系统里面，这个问题就被完美地解决了。

2. 比特币账本验证

关于比特币是怎样进行账本验证的，需要了解一个重要概念——哈希函数，它是区块链网络里面最重要的一个密码函数。哈希函数最早是由密码学家亚当·贝克提出的，用于拦截邮件的插件。

哈希函数的定义：通过哈希运算之后的原始数据，都可以得到一个简单的摘要信息。

哈希函数的特点：同样的原始信息，用同一个哈希函数总能得到相同的摘要信息；原始信息中任何微小的变化都会导致哈希运算出来的摘要信息变得面目全非；摘要信息是不可逆推出原始信息的。

除了区块链中，在其他的地方也能看到哈希函数的应用。例如，一个人在用下载软件下载电影的时候，网站会给他一个 MD5 的数据。当 MD5 的数据发生错误时，就会和网站提供的 MD5 的数据对不上，用这个方法可以来校验下载的信息是不是错误的。同样的道理，在验证区块链中的账本时，也可以用哈希函数来验证账本的有效性。

扩展阅读 2.1

利用哈希函数验证账本的方式

账本通常会包含账本的序号、账本的时间、账本里面记录的信息。例如，对一个账本进行哈希函数计算之后，等于 6757456B。之后，可以把它的摘要信息和其他的摘要信息一起对比，如果相同则说明它的原始信息也是真实的。因为，哈希函数里的第二个要素就是：原始信息中任何微小的变化都会使摘要信息完全不一样。这样一来，对比账本的摘要信息就会比对比原始数据要高效很多。

3.区块链中区块的概念

区块就是包含了序号、时间戳、哈希值以及交易记录的一个账本。其中，由序号、时间戳、哈希值构成的部分称为区块的区块头。

例如，这个时候又出现了一个新的账本，暂且把这个账本称为序号1，而这个序号1就是10分钟之后出现的一个账本，此时要去对它进行哈希运算。具体操作方法是把之前的哈希值、之后的摘要信息和新生成的账本合起来一起进行哈希运算。假如说这个时候生成的是 467234C 这样一个数字，在进行账本验证的时候，验证的最后一个内容，如果哈希值对上了，则说明这个账本是对的。同样，第一个账本的信息是对的，那么上一个账本的信息也都是正确的。这样一来，由第二个账本也会出现的序号、时间戳、哈希值以及交易记录，形成了第二块……以此类推，一直到第 N 块。所有这些块串联起来的结构就是区块链，这样一来，每个节点在核对数据的时候，只需要去核对最后一个区块的摘要信息。

如果最后一个区块的摘要信息能核对上，就说明整个区块链的摘要信息都是正确的，由此就可以完成高效的账本验证。总的来说，由于哈希函数中的摘要信息是不可能更改的，因此赋予了区块链不可篡改的能力。

2.1.3 账本所有权问题

1.从银行卡盗刷的模拟场景了解比特币的账本归属

了解了比特币账本验证问题之后，又会引申出一个新问题：比特币系统里面是如何来确定账本里的比特币到底是属于谁的呢？又是谁可以使用这个比特币呢？这个问题也就是账本所有权的问题。

想要解答这些问题，不妨先模拟这样一个场景：假如一个人的银行卡被盗刷了，银行要怎么判断是不是真的出现了盗刷的情况呢？要解决银行卡被盗刷的问题，这个人需要先去警察局报警，然后银行会根据报警信息开始核对其银行卡身份信息。也就是说，银行会查询这个被盗刷的银行卡的所有人是谁，是不是和一开始开户的人留下的身份信息是一致的。在这之后，银行才会开始查询银行的转账和消费记录。如果银行能确认这笔转账的记录并不是由卡片所有者转出去的，那么就会撤销这笔记录。

而比特币系统采用的是点对点的交易方式。怎么样才可以确定这个比特币账户到底是谁的呢？在这里可以发现,比特币给出了自己的解决方案。首先,比特币的账号是用地址来表示的，转账的过程是把比特币从一个地址转移到另外一个地址，账本上是不需要保存任何个人信息的。

例如，可以假设艾丽斯要花 0.2 枚比特币从鲍勃那里买一杯咖啡，那么在这个过程中，比特币其实只会显示付款地址、收款地址以及转账金额。因此，在这个交易的过程中，也就只能看见收款地址和付款地址，而不会显示艾丽斯和鲍勃的个人信息。也就是说，谁拥有了这个地址谁就有了账户的使用权。

而在比特币系统中，一个地址又有一个相对应的私钥，谁拥有了这个私钥谁就能用地址来进行支付，私钥也就等于比特币的密码。比特币的私钥一定要保管好，因为它不像是银行卡，即使账号密码被泄露，持卡人还可以去银行修改密码，里面的钱银行是不会动的。但是，比特币一旦丢失就没有办法再找回来，因为比特币的地址和私钥之间是一个非对称加密的关系。私钥在经过哈希运算之后，其中只要进行两次哈希运算，就能得到比特币的地址，谁拥有了私钥就可以进行支付，一旦私钥泄漏，其他人就能通过私钥来推导出对应的比特币地址，最终将这些比特币转移。

2. 非对称加密技术

非对称加密的过程分为两步：先对交易进行哈希运算得到摘要，然后用私钥对摘要进行签名。

私钥签名需要在一个非常安全的地方经常操作，以避免自己的私钥被泄露。签名的过程也分为两步，第一步是先对原始的交易记录进行哈希运算，哈希运算之后，会得到一个摘要信息；第二步是用这个摘要信息和私钥进行一个签名运算，签名运算之后得到签名信息。在这笔交易进行签名运算之后，付款的节点会在整个区块链网络里进行广播。广播的内容会包含交易的原始信息和交易的签名信息，同时要求附近的节点帮助自己来验证这笔交易是否正确。

整个广播的过程是一个循环的过程，当附近的节点收到这个验证的广播之后，在验证通过后，它会再次和自己相邻的节点进行广播。当然，这个验证的同时还会验证付款方是不是有足够的余额来进行支付。

实际上，签名和验证是一个逆向运算的过程，可以把这个过程总结为：签名是一个加密过程，而验证是一个解密过程。解密的时候是用付款方的地址和签名信息进行解密的，解密之后就可以得到一个交易的摘要，这个过程是非常复杂的，正因为如此，比特币的交易是非常安全的。

2.1.4　为什么记账

比特币账本的验证是把交易的序号、时间戳、哈希值以及交易内容进行哈希运算打包的过程。这个过程其实是比特币记账的过程，需要消耗一定的资源。这是因为在比特币的设计里面，节点只要能完成记账的过程，就可以获得这个区块链的比特币作为奖励,这个奖励其实也就是比特币发行的过程。

由于记账是有奖励的，每次记账都会发行一定数量的比特币到这个记账的账户。最开始，这个奖励是 50 枚比特币。由于中本聪设置，只要比特币的挖掘数量达到总数的一半，相对应的比特币数量就会减半，所以当前比特币的奖励是 6.25 枚比特币。这样的话，就会出现每个节点都争相去记账，如果大家同时去记账，就会引起记账不一致的情况，这也就意味着必须要有一个规则来限制参与记账的人。

记账的三个规则如下：

第一个规则：一段时间内有且只允许一个人完成记账，这一段时间大约是 10 分钟。

第二个规则：通过解决密码学的难题，即通过工作量证明的方法获得唯一记账权。这是记账中最为关键的一步，这个规则和第一个规则是相互影响的。

第三个规则：其他的节点只能复制记账的结果。

由于解决密码学难题的时候是随机的，而这个记账又是能得到奖励的，因此大家就形象地把记账的过程称为"挖矿"。

记账其实就是计算哈希值的过程。这个计算哈希值的难度并不高，甚至可以说非常简单。但是为了提高挖矿的难度，中本聪规定，每次记账最终的哈希值必须要满足若干个零开头的哈希数。

这就意味着必须在计算哈希值时添加一个随机数，但实际情况是，只要在计算哈希值时加入一点点的变量，就会使得最终哈希运算出来的数字变得面目全非。因此每次计算哈希值时，不断地去改变随机数的值，每次得到的哈希值都是随机的。也就是说，只要持续去尝试这个随机数，就总能得到这个哈希值是以若干个 0 开头的。

例如，现在要运算一个哈希值。设定一个哈希值为 0，如果这个哈希值运算的结果并不能满足最终若干个 0 的结果，那么就可以再来带入 1。如果还是不能满足，那就持续带入随机数 3、4、5、6 等，直到最终得到的哈希数能满足这个结果。再例如，家用计算机想要得到四个 0 开头的哈希数只需要几分钟的时间，但是比特币系统中现在参与的矿工很多，现在的比特币是以 18 个 0 甚至更多的 0 开头。矿工们只需要率先找到满足这个哈希值要求的节点，就可以得到唯一的记账权。

定义 2.2：交易的记录集

交易的记录集首先会收集广播中还没有被记录账本的交易，然后验证这个账本的有效性和它的签名，还会验证这笔交易在付款时有没有足够的余额，然后在交易集中会添加一笔转账给自己的交易，这就是挖矿的奖励。如果一个节点比其他的人更快地找到若干个零的哈希值，那么整个交易就会被打包形成一个区块，记录到区块链中。这样打包的节点就能获得这个奖励，这也就是挖矿的全部过程。

2.1.5　记账的千年演变史

如果说金融科技是保障社会文明的重要支柱，那么记账科技则是金融科技最核心的基石。

记账科技虽然看上去很普通，但是它绝对不简单。放眼全世界，大到国际贸易，小到个人消费，无论是资金的流转还是资产的交易，都离不开银行或者证券交易中心正确地维护记账系统。甚至可以说，人类文明的发展史就是记账科技的演化史。所以，在了解区块链和加密货币前，先了解记账的发展过程就非常有意义。

从科技发展的一般规律上看，记账科技从古到今的演化过程大致可以看作四个阶段：单式账本、复式账本、数字化账本、分布式账本。

（1）单式账本阶段。人类文明的早期，人类活动越来越频繁，这个时期要想知道每天做了什么就必须要借助工具来帮忙，现代考古发掘已经知道的最早的账本是出现在伊拉克境内的"库辛泥板"，1992 年考古学家发现了属于公元前 3500—公元前 3000 年苏美尔人的泥板。在泥板的一面刻着："37个月收到 29 086 单位的大麦，并由库辛签收"。库辛泥板同样也是目前已经知道的最古老的人类文字记录，类似这样通过单条记录进行账目记录的方法称为"单式记账法"或"简单记账法"，对应的账本也就被称为单式账本。

这种记账方式一直沿用至今，不管是古代的泥板还是现在我们把账记在自己的本子上，这种行为都是单式记账的方式，它们之间只是物理媒介有所不同。这种简单记账的方法自然易用，适用于小规模的简单账务，但它并不是完全没有问题。例如，某一天我们需要用它来处理大规模账务的时候，或者要面对多个对象的时候，这种单式账本就会暴露出很多问题：

首先，是容易出错。出土的库辛账本入库和出库交易记录很多，很难确认账本记录跟实际情况是不是匹配；即使发现不匹配，也很难定位到是哪次记录出现了问题。

其次，是容易被篡改。账本只有一个，只能保管在记账人一个人手上。如果记账的人不是很诚实，那么他就可以轻易地修改已有的记录来窃取大麦，并且其他人很难察觉到账本被篡改过。

（2）复式账本阶段。 由于商业的普及和贸易规模的扩大让参与方逐渐增多，单式记账法已经很难满足人们日益提高的记账需求，在诸多背景的集中情况下，复试记账法应运而生。

14世纪的意大利，世界贸易在这里充分地发展，来自欧洲各国的商人、学者、艺人、工匠齐聚于此，揭开了文艺复兴大时代的序幕。在之后长达3个世纪里，欧洲在商业、文化、艺术、科技等领域涌出了大量创新成果，对全世界产生了深远的影响。其中，宗教改革、朴素宇宙观和复式记账法的影响最为深远。

复式记账法的文字记载最早出现在1494年，意大利著名数学家卢卡·帕西奥利在他的著作里介绍了算术的原理和应用、意大利各地的衡量制度、商业记账方法。他在书里备注，商业记账法源自1202年比萨数学家斐波那契在《珠算原理》中介绍的东方数学思想，起源于阿拉伯的数字能帮人们更好地进行记账和计算利息。复式记账法同样演化出了增减记账法、收付记账法、借贷记账法等，确保了每笔交易都能按照恒等式实现运算并进行记录。很快复式记账法得到了广泛的运用，并且衍生出了现代会计学的基础。卢卡·帕西奥利也因为这个原因被人们称为会计学之父。

扩展阅读2.2

复式记账法的原理

交易的本质其实就是把某种价值从来源方转移到目标方，因此可以分别在贷方和借方进行记录，借贷双方的综合应该时刻保持相等。根据这个模型，复式记账法解决了单个记账人持有的本地账本可信度问题，但是它还是没办法解决有多个记账人时，如何实现可信可通的问题。贸易双方产生的交易纠纷问题很难被解决。

（3）**数字化账本阶段。**20世纪数字计算机的诞生为人们在物理世界以外开创了一个新的虚拟空间，人类的生活也因为计算机的出现发生了很大的改变，人们第一次有了账目快速统计的能力。从1951年开始，世界上第一台商业计算机在美国出现，首次参与到美国人口普查，为大规模记账带来了变革，同时为了更好地管理和统计，人们还发明出了专业的数据库技术和层次数据库，实现了数据记录的一次又一次升级。

（4）**分布式账本阶段。**虽然，复式账本能帮助人们记录交易的来龙去脉，而且不易出错，但本质上这种记账模式依然是中心化的。这也就意味着，复式记账依然没办法脱离被掌握在个体手中，一旦出现了数据丢失，就很难找回这些数据，同时在涉及多个方面交易的情况下，需要分别维护各自的账本，如果出现了明显不一致，对账也十分困难。这个时候有人就会提出一种新的想法：我们能不能把中心分布到其他人手里？或者说在交易的过程中，把多方账本放在同一个共享的分布式账本里，打通交易不同阶段的来龙去脉。但是，这种分布式账本又很容易避免被篡改或者破坏记录，这时候又该由谁来最终决定交易记录？要想解决这些问题，就必须要等待一个决定性的技术出现，也就是区块链技术。

2014年以后，大量金融、科技领域的专家们关注区块链技术，积极推动分布式账本的相关落地，人们对先进的分布式账本平台需求越来越迫切。目前，基于分布式账本技术的各种创新已经在金融、供应链、医疗等领域得到了落地应用。

2.1.6 区块高度和记账本

1. 什么是区块高度

区块高度就是区块链接在区块链上的块数。如果把区块链看成是一个记账本，那么一个区块就是这个记账本的某一页。这个记账本会把发生在区块链里的每一笔交易都清清楚楚地记录在这些区块里。而且为了能保证交易绝对不被篡改和保证公开透明，打包后的一个区块还需要给每个人都复制一份，这样就能保证区块链的所有人都一起参与了记账。

对每个参与记账的人来说，每一页可以记录的账目都是有限的，所以为了区分和查找一笔交易到底会被记录在哪一个区块里，就得给这些页标上页码。也就是说，区块链是一个用来记账的记账本，而区块高度就是这个记账本的页码。

那么，如果一条只有最长链的区块链上，假设这个账本的页数有10页，这个区块是区块链的第多少个区块呢？答案是，第11个。

也许大家会感到困惑，不是说每一页都是一个高度吗？为什么是第11个呢？原因是区块链的高度并不是从1开始计算区块高度的，而是从0开始计算，这个0区块就是大家常说的创世区块。创世高度的页码就是0，当记录到页码为10的区块时，代表的是它前面有10个区块，而它自己就是第11个区块。

2. 区块高度是怎么形成的

其实，在挖矿机制的区块链里，区块链的记账权是矿工竞争得到的。如果现在已经有了11个区块，那么矿工们就会争夺第12个区块的记账权，也就是记录下第11个页码，并且获得一定的奖励。矿工在计算难题的时候相互之间并不知道对方是谁，这里就会出现一个难题，如果在某个区块打包的时候两个矿工在同一时刻获得了这个区块的记账权，他们两个人之间要怎么办？虽然两个矿工都拿着同样的一个区块页码，但是这并不代表他们打包出的就是同一个区块，这个区块里的内容绝对不可能完全一样。

但是，我们已经制定了规则，这两个矿工记出来的账是完全没有问题的，那到底选哪个人的这一页账本呢？于是一些矿工选择了第一个人的账本并在他的后面继续挖矿，而另一些人则会选择第二个人的账本来继续挖矿。这样，原本只有一个的记账本在第11个区块那里分出了两个区块。在区块链里，这种行为就是分叉。但是，在区块链里还有一个最长链原则，矿工们自己选择在那条最长的链上继续挖矿。如果分叉以后有谁先挖出了下一个区块，矿工们就会立刻舍弃短的那条链。

这就产生了新的疑问，既然区块链是用区块高度来标识某个交易到底属于哪个区块的，而现在有两个区块高度一样的区块，那么要怎么来识别它们呢？

其实，在区块链上，会采用区块哈希来唯一标识一个区块，而不是通过区块高度。即使区块高度完全一致，里面记载的内容也不是完全一样的，这样一来区块进行哈希运算时求得的哈希值就会完全不同，所以区块哈希才能成为一个区块链里唯一的标识。总而言之，区块链就像是一个记账本，而区块就像是记账本里的一页页记账纸，区块高度就是记账本每页的页码，所以当账本里出现两个相同页码的时候就会发生分叉。

2.1.7 区块链资产钱包

区块链钱包是指用来装密钥的工具，即用来装私钥和公钥的工具。有了密钥，人们才拥有了相对应地址上的数字资产的支配权。但是，市面上资产钱包种类众多，该如何选择和分辨呢？首先，可以根据用户是否记录自己私钥，将钱包划分为链上钱包和托管性钱包。其中，托管性钱包是掌握在运营商手里的，而链上钱包的交易是发生在区块链上的。另外，托管性钱包的内部转账是不发生在区块链上的。

由于用户的需求不一样，可以根据基于用户的不同需求进行设计和定位，分别从五个不同的角度来对钱包进行分类和梳理，这五个分类分别是：按是否联网分类、按数据存储完整性分类、按私钥存储方式分类、按主链关系分类以及按私钥签名的方式分类。每种分类的方式都体现了该钱包所采用的策略重点，以及钱包面向的用户群体。有的体现了安全性，有的体现了钱包坚持方便用户使用的设计初衷，而有的则是强调自己的功能。

（1）**按是否联网分类**。数字资产钱包本质上是存储私钥的工具，私钥的安全性至关重要。为了将安全性做到极致，出现了不联网的冷钱包。从这个角度上，可以依据钱包是否联网，将它们分成冷钱包和热钱包。

热钱包是指能够保持实时联网上线的钱包。相对于冷钱包，热钱包使用起来场景比较多，既可以在计算机端使用，也可以在手机端使用，用户还可以随时对钱包里的资产进行操作。长期的联网功能也给黑客攻击创造了条件，钱包的安全性会受到更多的挑战。

冷钱包是指不需要联网使用的钱包，即离线钱包。离线钱包用来生成密钥和保存密钥。设备本身不会泄露或输出密钥，而是在钱包的持有人按下某个按键或者输入设备密码以后显示密钥的保管情况。冷钱包将私钥存储在完全离线的设备上，相比热钱包更加安全。除了安全性能极佳外，冷钱包还有一个非常大的好处，那就是根本不用怕自己的钱包丢失。因为有助记词的存在，只要开机以后将助记词拍照并保存，就能做到钱包保存得万无一失。

（2）**按数据存储完整性分类**。数字资产钱包通常和区块链节点关系紧密，依据钱包存储节点账本数据的完整性，可以将钱包分为全节点钱包和轻钱包。

全节点钱包具有同步区块链上所有数据，以及更隐秘、验证更快等特点。但是由于数据量比较大，会导致扩展性变低。这样也会导致另外一个问题的发生，由于全节点区块链需要同步链上信息的原因很多，全节点钱包的币种单一，不能支持多种数字资产，一般为官方钱包。除此之外，全节点钱包需要占用很大的硬盘空间，并且占用的空间一直在增长。每次使用前需要先同步区块链，会导致应用性变差。

轻钱包和全节点钱包不同，轻钱包只存储部分的区块链数据。它会对数据进行分析，仅获取并在本地存储与自身相关的交易数据。运行时依赖区块链网络上的其他全节点，由此它可以在手机端和网页端同时运行。轻钱包可以有很强的拓展性，一方面可以在币种上进行拓展，用来方便地对多种资产进行管理；另一方面也可以运行在DApp中，因为它只同步和自己相关的数据，所以很轻便。轻钱包根据实现原理可以分为中心化钱包和去中心化钱包，例如客户端钱包、浏览钱包、网页钱包等。

（3）**按私钥存储方式分类**。私钥是数字资产领域安全的核心，而钱包的本质就是帮助用户方便安全地管理和使用私钥，因此私钥的存储方式非常关键。按照私钥是否存储在本地，可以将钱包分为中心化钱包和去中心化钱包两类。

中心化钱包通常又称"Off-chain钱包"，这种钱包是将私钥交给钱包的项目方，在链下的中心化服务器上进行保管。使用这种钱包产品的用户不必担心私钥丢失而导致资金损失，因为其通常支持密码找回功能。不过资金风险更大的会是项目方，中心化服务器一旦被黑客攻克，用户将遭受不必要的损失。

去中心化钱包和中心化钱包不一样，它的私钥由用户自持，用户的资产存储在区块链上，通常又称"On-chain钱包"。如果用户的私钥丢失，钱包将无法帮助用户恢复，资金将永远丢失。但去中心化钱包很难遭受黑客的大规模攻击，用户也不用担心钱包服务商出现监守自盗的情况。

（4）**按主链关系分类**。由于目前各区块链公链都是较为独立的平台，平台和平台之间缺乏直接的互通。因此，各类钱包出现了主链钱包和多链钱包两大分支。

主链钱包是专门针对某一公链平台的主链钱包，对于平台这个公链来说，平台通行证通常具备一定的使用功能。平台上各类角色所开展的活动都围绕通行证来进行，例如矿工、平台用户、存储节点或计算节点等。因此需要钱包来作为各方进行通证存储和流通的节点。钱包也可以作为平台类项目是否可用的标准之一。

多链钱包则可以支持多种主链平台通证。不同的主链通常采用的技术方案都各不相同。如果要支持多种主链平台的通证接入钱包，则需要注意进行接口开发，存在一定的开发难度和工作量。这类钱包对于支持内置交易所和跨链互兑业务有着天然优势。

（5）**按私钥签名的方式分类**。为了加强数字资产的安全性，并配合更多的应用场景使用，出现了需要多方私钥签名才可使用的钱包策略。因此可将钱包分为单签名钱包和多签名钱包。

单签名钱包只需要单个私钥签名即可交易，它的模式简单、用户可操作性强。但由于只有一个密钥，风险也更集中，如果丢失或者泄露私钥可能会导致账户中所有的资产丢失。不过单签名钱包管理更为简单，便于用户对账户进行直接控制且无需经过不可控的第三方，所以市场上最受欢迎的就是这种模式。

多签名钱包必须有两个或多个私钥同时签名才可以交易。通常一个私钥由用户来保存，一个交给服务器。如果只有服务器私钥被盗，黑客没有本地私钥，交易是无法签名的。多签名钱包还可以用于公司或组织内部由多方共同管理财产的场景，密钥由多位成员保管，需多数成员完成签名才可以动用资产。多签名机制相较于单签名来说更安全，但它的使用场景也因此受到很大的影响。此外，多签名机制会更加复杂，而且也有更多的安全隐患。

2.1.8　共识，人类协作的新方式

当深入了解过区块链之后，会发现在区块链世界里"共识"这两个字无处不在，因为区块链最重要的特点是分布式、去中心化、自组织的。一个自组织的经济系统，怎么才能激励所有的参与方？互相之间的权责是什么？这些松散的组织靠什么来紧密联系在一起呢？

教育心理学上有这样一个观点，认为人之所以会持续不断地保持探索欲，本质上源于他能在一件事情上获得正向激励。好的共识机制正是系统让每个参与的主体都能获得正向激励的方式，这种行为在经济学上又称为激励相容。

区块链要想持续长久并且无限复制就必须引入共识机制，这里面的经济模型是人类组织协作的集大成者，是一种高维的智慧。从区块链的共识机制出发，可以衍生出很多普适性的道理和规律。例如，可以把区块链定义成一个分布式的共享账本和数据库。所以，从一定程度上也可以将其理解为一种让分散节点和数据库之间达成共识的技术。一个国家需要制定法律及规则才能长治久安，而区块链里共识机制便是维持区块链网络的法律，它是区块链世界的灵魂，维系着区块链世界的正常运转。

1. PoW共识机制

PoW 共识对比特币的诞生有非常重要的作用，中本聪在《比特币白皮书》中专门提到了亚当·贝克的 PoW 系统，它是区块链得以发展的基石。世界的运转一直以来都是中心化和去中心化并存发展的，例如公司、国家等。

在中心化系统中，一切都是某个系统说了算，它会维护和更新数据库，并将最新的数据信息同步给其他参与者（即节点），用以完成共识。而去中心化的系统中是不存在中心节点的，但是如果人人都能作为节点，就很难达成一致意见，这个时候我们就需要一个共识机制。

比特币的共识用的是工作量证明，即 PoW 系统。在这个系统中，当一个区块打包好后，系统会立刻抛出一个新的算术题，让所有节点（即矿机）都去寻找一个特定的随机数。那么矿机是怎么找到这个数字的呢？实际上，它只能从1开始一个个地穷举，假设有矿机找到了这个数字，它就会向全网广播。与此同时，它会把过去 10 分钟左右里的一个比特币链上交易打包成一个区块。

当其他矿机听到这个广播时，它们会开始验算确定前面这个矿机是不是真算对了，然后会把该矿机打包的区块数据复制一遍，放到自己存储的数据库里。也就是说，每个矿机里都保存了一份区块链数据，所以，区块链上的信息都是不能被篡改的，任何一台矿机损坏或退出都不能影响整个网络。

PoW 共识机制的三个优势如下：

第一，它用奖励来激励节点参与链上出块。

第二，它通过让所有节点同步区块数据来达到不可篡改和链上安全。

第三，它提供了一个相对公平的加密货币的分发方式。只要愿意，任何一个节点都能参与或者退出记账。

PoW 共识机制的两个劣势如下：

第一，耗费电力资源，即耗电。

第二，PoW 的每秒算力比较小，区块链性能不够强。

2. PoS共识机制

PoS 共识机制可以看作是少数服从多数的办法，它和 PoW 谁力气大听谁的不一样，PoS 是一种谁钱多就听谁的方法。PoW 共识拼的是算力，PoS 则不同。在 PoS 共识机制下算的是币龄，谁持有币的数量越多、时间越长，它获得代币的机会也就越大。

PoS 共识之后又衍生出了委托权益证明，即 DPoS 共识。在 IEO 融资发币的公链很多都是基于 DPoS 的，例如 EOS（商用分布式设计区块链操作系统），它就有 21 个节点。DPoS 和 PoS 的原理很相似，但它很像人民代表大会制度，持币人自己不参与出块，而是选出几个超级节点出来行使权利。PoS 拓展了共识机制的想象力，而拥有超级节点的 DPoS 却实现了秒确认，兼具了效率和公平。

PoS 共识机制的三个优势如下：

第一，节约能源。

第二，PoS 不要做题，TPS（性能测试指标）高，适用于高性能的区块链。

第三，持币人和矿机权益一致，不容易产生分歧。

PoS 共识机制的三个劣势如下：

第一，它很不公平，最初发币的节点有明显的优势，这个问题如果 PoS

不能解决，那么 PoS 就很难让矿机信服。

第二，它是伪去中心化的，因为 PoS 是以许可机制出现的，这样节点想要参与共识就要向已经有币的人购买。特别是 DPoS，超级节点有非常强的可操作性，一旦一群超级节点形成攻守同盟，它将霸占整条区块链。

第三，为了处理 PoS 类机制的一些弊端，这类共识协议会被设计得极其复杂，很多协议复杂到让人接受不了，而且还出现了许多难以修改的漏洞。

3. 区块链的共识机制

对比来看，PoW 和 PoS 两种共识机制之间各有各的优势。以太坊创始人曾经说过，区块链世界有个不可能三角理论，就是说在区块链世界，安全、去中心化和效率三者之间是不能同时存在的。因此，或许在整个区块链网络里是没有一个完美的共识机制的，这就要看区块链的开发者，想怎么样根据自己的需求来选择合适的共识机制。

2.1.9 博弈论：区块链共识的理论基础

区块链是一个高度依赖共识的网络结构，在它的整个世界观里，每一个参与者都能随时参与并且最终实现利益的最大化。但是，共识背后的理论依据是什么呢？

如果大家用审视的眼光来看待区块链，就会发现整个区块链网络是一个协作的结构，这里的每个人都有自己的投票权利，任何一个人都不能随意篡改区块链的结构，每个人都在整个网络里公平地获得自己的利益。但是，如果在现实的商业环境中，就会发现这样的协作模式是很难实现的。因为在现实社会里，没有机器的束缚，人们很容易进入一个相互博弈的环境中，也就是我们常说的囚徒困境。在区块链网络中，为了避开这些问题，加入了很多博弈论的模型。这些模型的交叉使用让区块链成了一个完全可信任的机器。

区块链中三种博弈论的模型如下：

（1）纳什均衡。这是约翰·纳什在 1951 年提出的非合作博弈均衡。它假设了一种所有人都不合作的情况下，如何来避免出现 0 和博弈的情况，换句话说,这是一个让每个人都不得不选择实现集体利益最大化的博弈论模型。

为了简单地了解这个模型,可以参考下面的例子。假设一场游戏有两个参与者和一个庄家,每个参与者有一式两张卡片,各自印着"合作""背叛",两个参与者都把各自的一张卡片朝下放到庄家面前,文字朝下,排除了参与者知道双方选择的可能性。然后庄家翻开两个人的卡片,宣布参与者可以获得的具体奖励。如果一个人选择"背叛",另一个人选择"合作",背叛者就可以得到 5 分,合作者会得到 0 分;如果两个人都选择"合作",那么两个人都可以得到 3 分;而如果两个人都选择"背叛",那么各自只能得到 1 分。在这里可以看到,如果两个人都选择"合作",那么对于整个团队来说,得到的利益才是最多的。所以,为了使大家的利益最大化,每个参与者都会选择"合作"。

但是,这里有一个问题,如果在一个没有任何信任基础的环境里,参与者都背叛的收益要大于自己的合作收益该怎么办呢?假设双方都选择"背叛",每个人都能得到 6 分,这种情况下,每个人都会选择为了自己个人利益的最大化,完全不顾及整体利益的情况。为了避免这样的情况发生,设计惩罚机制就显得非常重要——必须要设置一个机制,让每个背叛者都会被惩罚 6 分,甚至于清零。在这样的前提条件下,参与者绝对不敢选择集体背叛,而是全部转向了合作,这也就是区块链里的"共识"最基础的理论模型。为了防止区块链里所有的节点同时作恶,出现了拜占庭将军问题。也就是说,如果某个节点突然作恶,其他的节点会迅速达成共识来替代掉这个错误的信息,最终让区块链上的其他好节点继续工作。

（2）谢林点。这是美国诺贝尔经济学奖获得者托马斯·谢林在自己的著作《冲突的战略》一书中提出的。他说,每个人期望的聚焦点,是他人期望他本人期望被期望做出的选择。这句话听起来很绕口,但是却解释了区块链节点打包的过程,同样举一个简单的例子来解释。

例如有一群人,他们互相独立,而且互相之间并不交流。这个时候,他们被要求从四个蓝色的球和一个红色的球之间选出一个,只有大家同时选出一个颜色,且只有大家同时在一个颜色面前才能获奖。这个时候,每个人都会选择红色的球,因为它看起来最符合其他人的设想。为了得到这个奖励,每个人都会站到别人的角度去思考问题。

（3）**有限理性模型**。在 20 世纪 50 年代以后，人们意识到建立在完全理性上的经济体只是一种理想的模型，不可能指导实际中的决策。这个时候，为了解决这个难题，诺贝尔经济学奖获得者赫伯特·西蒙提出了满意标准和有限理性标准，用"社会人"来取代"经济人"。

他认为，人的理性是处于完全理性和完全非理性之间的一种有限理性，也就是说，他认为决策者追求理性，但又不是最大限度地在追求理性，他只要求有限的理性。影响人做出完全理性决策的因素有很多，例如人的知识、能力或者时间限制，而且也没有办法认识决策的详尽规律。同时，有限理性模型认为决策者在决策中追求自己满意的答案，而不是找出一种最优解。举一个很简单的例子，有一个人每天都会去同一家饭店吃饭。有一天，他在结账的时候发现整个店里没有一个人，但是结账的柜台上有一张 100 元的钞票。这个时候，很大程度上他不可能去拿这 100 元钱，因为他会主动决策，拿了这 100 元钱对他来说影响可能会更大。这个概念在区块链诞生之前给了中本聪很大的启发，他觉得如果矿工坚持在这个环境里持续地挖矿，而且这个挖矿的行为还需要被广播，那么如果他想要获得这个利益，他就必须选择放弃作恶。

从有限理性模型和上面的两种模型身上不难看出，区块链上的共识机制的设计和博弈论的设计非常相似，这种机制的设计通常也被称为反向博弈论。在区块链诞生前，通常都是从一个期望的结果开始，经过反向推导来设计一个完整的游戏。如果游戏里的玩家追求自身的利益，那么就会产生大家想要的结果，区块链共识算法 PoW 正是这种博弈论下的产物。

2.1.10 为什么在区块链世界里达成共识那么难

1. 修改共识机制引起的巨大反应

2018 年 2 月 24 日，比特币社区的一位发言人在推特上发表公开信，他向全世界呼吁社区能修改现有的共识机制。这个提议遭到了很多人反对，很多人在推特上反问他：你真的懂什么叫共识吗？甚至，还有人直接说他根本不懂比特币，更不配做比特币社区的发言人，应该趁早从那个位置上面下来。但是回过头来看，为什么修改共识机制这件事情会引起人们这么大的反应呢？

　　这里主要的原因是，如果不用现在的共识机制，那么要想在区块链世界里达成共识实在太难了。不同群体之间能够一起共事，一定是因为有着共同的认知，以往的中心化世界里，这种共同的认知靠的是第三方平台维护。区块链世界因为没有中心或者说没有中介机构，在这里人们想要改变或者制定规则需要大家一起共同制定。但是这里的人们又众口难调，大家聊起来公说公有理婆说婆有理，想达成共识是一件很困难的事情。

　　为了解决这个问题，就必须要在区块链世界里找到一套可行的方案来达成统一意见，这样区块链世界才有可能存在，这个方法就称为共识机制。但是，要想找到这个方案并不容易，首先要解决的第一个问题就是拜占庭将军问题。

　　1982年，美国计算机科学家莱斯利·兰伯特提出了拜占庭将军问题。他假设了在中世纪的拜占庭帝国即将发生一场战争，战胜对手的条件是10位将军必须同时进攻对手，在最短的时间里用最快的方式解决战斗。也就是说，这10位将军要么同时进攻，要么同时撤退，放弃攻击计划。一般情况下，这10位将军要坐到一起来商讨进攻的细节，但是战争很激烈，他们没有机会聚集到一起。所以，必须有一位大臣在这10位将军中间传递消息，这10位将军再根据投票结果做出决定。如果10位将军都很诚实，问题就变得很简单了。但是如果其中有1个人是叛徒，问题就复杂了。本来需要10个人才能打下来的城池，现在5个人打，3个人按兵不动，剩下2个甚至都投了敌，该怎么办？行动没办法统一，任何一位参与的将军都会保持冷静，小心行事，结果就是没有人会按照原计划进攻。这个问题就是拜占庭将军问题。

　　总结一句话来说：如果把10位将军站的位置看成是一个分布式网络，每位将军都处于一个平等的地位，没有任何权威可以让他们互相信任对方，怎么让他们就进攻或者撤退问题达成共识呢？这个问题提出来以后，十年间一直没人能提出很好的解决方案。

　　直到1999年，美国计算机科学家卡斯特罗和利斯科夫提出了一种解决方案，他们把这个解决方案称为拜占庭容错。他们说："我们可以允许一个分布式网络里存在坏人，并且我们规定一个计算公式 $N \leq 3f+1$。"这里的 N 就是分布式系统里的总节点，f 就是有问题节点的最大数量。就像上面说的有10位将军，只要保证叛徒的数量始终小于总数的1/3，就能达成共识。

　　他们还给出了两种解决方案：

一种是口头传播，将军们派人把自己进攻或撤退的信息传播出去，其他9位将军接收到信息后也分别转告给其他几位将军。这样做有一个最大的好处，每位将军都是信息的接收者，同时他们也都是信息的转述者。即使在他们之间出现了叛徒，只要有一半以上的人说进攻，那么采取进攻行动就是能成功的。

这种方法虽然解决了信息传达问题，但同时也出现了新的问题，那就是每个将军都并不会告知消息的上个来源是谁，也就是说，消息是不可追根溯源的，即使出现了信息不一致的情况，我们也很难找到谁是叛徒。

口头协议既然有漏洞，那能不能尝试用书面协议来解决这个问题呢？于是，他们接着提出了拜占庭将军问题的第二个解决方案，用书面形式解决问题。具体来说，就是让这10位将军每人都写一封信给其他9个人。假设第1位将军写了进攻，并且在自己写的这封信上签上自己的名字。收到信的其他将军都可以验证这确实是将军1的签名，将军2决定也进攻，就在这封信上附上自己的投票，也写上进攻，然后签名。第3位将军看到信以后也和第2位将军一样附上投票，然后签名，以此类推。那么什么时候就可以进攻了呢？等到这封信上有6个将军的攻击签名以后，就达成一致意见——进攻。

相对于口头协议而言，书面协议解决了信息源的问题，都有哪些将军签署了进攻，如果同意行动的时候，签署了进攻的将军选择了撤退，那么他就是叛徒，就能在撤退的时候将其处死。

虽然书面协议解决了协同问题，但是它也产生了一个新的问题，它们怎么才能保证一个时间点上只会有一个将军在信上写上自己的内容，然后还能传给下一位将军？而且现实中，当我们用到分布式网络时，可不仅只有10个节点，又怎么才能设计出一个共识机制能让大量的节点有序地签名呢？

这里就必须要遵守分布式网络里基本的设计原则——CAP理论。俗话说，鱼和熊掌不可兼得，在生活中总会遇到抉择问题，怎么取舍一直都是一门学问，在区块链世界里也有这样的一个问题。提出CAP理论的计算机科学家埃里克·布鲁尔说，在一个分布式系统里，一致性、可用性和分区容错性是三者不可兼得的关系。任何基于网络的数据共享系统，最多只能保证同时有三条里的两条。

一致性是指，所有的节点访问同一份最新数据副本，即任何时刻，所有的应用程序都能访问到相同的数据。可用性是指，健康的节点在时限内响应客户端读写请求时，是不会一直都等待的。分区容错性是指，系统不能在通信时限里达成数据一致性。这种情况一旦发生，就必须在一致性和可用性之间做出选择，保证在某些节点失联的情况下，其他的节点仍然可以为网络服务。在 CAP 理论的限制下，中本聪在 2008 年拿出了拜占庭将军问题的最终解决方案，也就是区块链里最早出现的工作量证明机制。

实际上，共识机制很难修改的根本原因就是大家很难找到一种新的方法来规避拜占庭将军问题。而中本聪给出了一个很完善的解决方案，区块链本质是一个公开的账本，记录着比特币网络的实时交易记录。

2. 有关"节点"作恶的思考

这个账本需要不停地更新数据，那么如何保证账本数据准确呢？同时又如何保证全网都能只认可这个账本呢？我们如果假设全网只有 10 个节点，每个节点 10 分钟就需要更新一次账本，那么要以谁的账本为准呢？中本聪的答案是，谁干得多就听谁的，也就是遵循按劳分配的原则。具体来说，每台计算机都需要去解答一个复杂的数学难题。哪个矿工先解决出来，就完成了工作量，获得了记账的权利。这个矿工更新账本以后，网络上其他的人再跟着他的账本同步更新。而比特币就是给这个先完成记账的人的奖励，这样的激励政策让更多的矿工参与进来，不断更新账本，共同维护比特币网络的稳定。

当然，中本聪考虑到了节点作恶的问题。他认为节点可以作恶，可以当叛徒，可以造假破坏网络稳定，但是作恶就得付出相应的代价。作恶的节点必须完成整个网络 51% 以上的工作量，才能对网络发起进攻，这个成本非常大，挖到再多的比特币也没办法覆盖成本，对矿工来说还不如自己老老实实挖点矿。那么，为什么我们很难修改出一个新的共识机制呢？原因在于，大家很难找到一个新的答案去解决 CAP 理论里的 C 和 P，解决这个问题需要的前提条件实在是太多了，但也正因为这些复杂的前提条件，区块链世界才足够安全，并且稳定。

2.2 智能合约

智能合约的主要内容包括：
- 智能合约的起源
- 智能合约的诞生

2.2.1 智能合约的起源

1948 年，德国战败以后，苏联控制了德国的东面，而西面则被美国及其盟友占领，原本统一的德国领土被一分为二，出现了两个国家——德意志民主共和国和德意志联邦共和国，历史上把这两个国家按照位置划分简称为东德和西德。

为了阻止美国对东德的渗透，苏联切断了通往德国西部和柏林部分地区的交通，当时公路、铁路、驳船都没有办法进入东德。为了反击苏联，美国和其盟友开始了历史上著名的柏林空运计划，他们向这座被封锁的城市投放大量的物资，其中还包含了 200 万吨的食物和其他的补给品。为了跟踪这些货物的踪迹，美国陆军士官长爱德华开发了一个可以通过电报、打字机或者电话传输的载货单系统，并且取得了巨大成功。

冷战结束以后，柏林空运的经验在全美被传播学习，1965 年开发这套系统的爱德华发明了一个电子数据交换系统"EDI"，帮助杜邦民用机构传输货物信息。爱德华的这项发明最终帮助杜邦实现了跨大洋的数据传输。承运单等信息经过电报的传输可以穿越大西洋发送航运单，然后再通过穿孔纸带，输入到公司的计算机里。几十年后，这套远距离传输系统才从杜邦传出来，借助 EDI 系统，过去从事外贸运输的公司才有机会从纸质协议逐渐过渡到数字化时代。EDI 系统虽然已经得到了广泛的应用，但是这套系统仍然有局限性。EDI 只是以电子格式重述了现有合同条款和条件，当事人协商和履行合同的方式实际上没有任何改变。

直到 20 世纪 90 年代末，计算机科学家尼克·萨博认识到了 EDI 的局限性，构想出了一套执行电子合同的方法，并且写了一篇论文来阐述自己的想法。在这篇《基于公共网络进行关系确认与保障》的论文中，尼克·萨博认为应该用密码学来编写出一种"契约条款"的计算机软件，它对双方当事人都有约束力，可以减少单方终止履行义务的机会。

这篇论文在互联网圈里被广泛传播，大量学者投入到研究这种基于计算机的合同语言。甚至到后来，微软公司和格拉斯哥大学的研究人员都开始尝试把金融合同计算机化的实验。但是，关于智能合约的发展一直到中本聪发明比特币以后才真正得到了重视，尼克·萨博的法律协议代码化思路也才真正得以实施。

扩展阅读 2.3

智能合约与书面协议的异同

智能合约在很多方面和目前的书面协议没有什么区别。在执行智能合约以前，双方必须先坐到一起来协商合同里的条款，并且达成一个合作意向。协议一致以后，各方就可以在智能合约代码里记录他们的全部或者一部分共识，并且让含有数字签名的区块链交易来触发智能合约的执行。但是对于整个智能合约来说，并不是说触发后就不能撤销，人们完全可以通过法院或仲裁庭撤销智能合约的效力。

但是，智能合约和传统法律协议之间又有一定的区别，其中最主要的区别就是智能合约实现了借助自治代码履行合同的义务，有了它合同义务就不会再写入标注法律文本里，而是需要借助严格、正式的计算机编程语言，计入到智能合约的代码里。智能合约的代码将会支持在区块链底层协议的所有节点上，用分布式的方式来执行，并且不再需要借助任何中介机构或者可信的中间商。

借助这种自治特性，相比起自然语言的法律协议，记录在智能合约里的内容是没有办法被终止的。也就是说，要想终止智能合约执行，我们还需要为它设置一个停止运行的逻辑。

智能合约的第二个好处是，它比传统合同更加动态化，程序员可以借助预言机来调整协议期限内必须履行的义务。

2.2.2　智能合约的诞生

"智能合约"是区块链中的一个重要应用。合约其实就是合同的意思，在生活中其实有很多合同的概念。小到注册一个账号，大到公司之间合作的合同，甚至用手机软件打车、点外卖，这些都有合约的影子。可以说，人的一生一直都在与合同打交道。合同有的是纸质的，有的是电子版的，可以实现线上一条龙操作。尽管现在很多的合同都做到了电子存档，但是大部分情况下，依然停留在依靠纸质合同来确定契约的方法。

但是，普通合约是非常容易被篡改或者丢弃的。关于这一点，1994 年智能合约的提出者计算机科学家尼克·萨博就已经提出了一个观点，他认为只有利用加密技术让合约不再可以被更改，才能做到合约的不可篡改。

在这之后，区块链技术的出现拯救了现有的合约形式。尼克·萨博说"智能合约的早期概念其实很像我们使用自动售卖机，只有达成了既定目标才能触发结果。"当时，尼克·萨博给智能合约的定义是："一套以数字形式定义的承诺，包括合约参与方可以在上面执行这些承诺的协议。"

例如，你和你的朋友有一个约定，100 天以后你会给他支付 100 元钱，100 天以后智能合约会自动执行，这个 100 元钱就转给了他，不受到任何的人为因素和外在因素的干扰。也就是说，智能合约需要达成某种条件，才能自动执行条款。

虽然，1994 年尼克·萨博提出智能合约的时候，由于互联网发展的局限性，并没有人重视智能合约的实现，但随着区块链技术的发展，智能合约的落地应用已经变成了现实。

区块链本身自带不可篡改能力，这也让合约的真实性得到了保障，违约或者私自修改条款几乎是一件不可能做到的事情。和传统合约相比，智能合约随时待命，执行效率更高；并且完全由计算机控制，无需三方参与，杜绝了人为失误的可能性。

然而，完全的计算机控制也是智能合约的一个致命弱点，"代码就是法律"让智能合约变成一个独立的个体，但是只要是代码就能找到漏洞。毕竟代码再纯粹也挡不住有心之人的坏心眼。另外，智能合约的隐私和监管问题也尚未找到精准解决的方案。但是，区块链的出现让智能合约从一个即将走向末路的概念，走出了柳暗花明又一村的一天。

在行业内，大家把比特币的出现看做是区块链1.0，而智能合约就是区块链2.0的实现。让智能合约真正走向大众的是以太坊的白皮书，它的全名是《以太坊：下一代智能合约和去中心化应用平台》。以太坊是第一个能创建智能合约的大型区块链系统，之后它的一炮而红让智能合约的概念走入了大众视野。

如今，智能合约在生活中其实已经有了很多应用场景，它已经成了区块链的标配，包括保险、支付、司法、政务、金融等领域。例如，国外航空公司推出的航班延误险，只要航班延误就自动触发延误险，实现保险赔偿秒到账，真正做到了让消费者放心、让商家满意的多赢局面。和区块链一样，智能合约作为一个新的技术依然处于起步阶段，但随着智能合约的一步步成熟，它将渗透到人们工作与生活中的方方面面，为社会带来更多的便利。

2.3 区块链的"三观"

区块链的"三观"的主要内容包括：

- 区块链的世界观：为解决信任问题而生
- 区块链的历史观：数字文明的新篇章
- 区块链的价值观：科技向善

2.3.1 区块链的世界观：为解决信任问题而生

1. 了解区块链的信任问题

从人类诞生之后，人们就创造了很多机制来增强信任关系，例如宗族、宗教、法律、合同等，甚至还有国家机器等。所以，信任是人类社会中最重要的问题，也正是这个前提，很多互联网公司给自己的文化里加上："因为信任，所以简单。"

区块链是解决信任问题的最好的技术方式。在 2015 年 10 月的《经济学人》杂志上还刊登过一篇封面文章，题目叫《信任机器——比特币背后的技术如何改变世界》。文章列举了区块链在多个场景中的应用，肯定了区块链作为一种新型信任机制的价值，从此区块链也被烙上了信任机器的烙印。那么，区块链是怎么创造价值的呢？一句话来说，它是一个可信的分布式数据库。区块链中有两大核心性质：分布式和不可篡改。它还有三个关键机制：密码学原理、数据存储结构以及共识机制。例如，比特币网络中的两个人，他们不需要通过第三方，可以直接安全地完成点对点转账。不需要考虑第三方是否会出现故障，也不用担心第三方会不会冻结他的资金，他可以非常放心地支付，顺利地进行比特币交换。同时，他的所有交易都是记录在网络里的，任何人都可以进行审查，但不会控制网络的情况。

因此，也会存在这样的说法：区块链是无需信任的。或者说一定有一种信任的话，那就是信任技术、信任数学、信任底层算法。但是大家也必须要明白，区块链实际上并没有消除信任，而是让信任变得更加简单。整个区块链系统所要做的就是减少每个参与者所需要的信息量。

区块链系统通过奖励机制保证了每个参与者之间按照系统协议来合作，从而实现把信任分散给每个参与者，包括开发者、矿工和消费者等，而不是集中到银行、金融机构这样的单一主体上。也就是说，区块链的信任是一种分布式的，大家相信的是在区块链系统里的每一个人。总的来看，区块链可以利用其特性在多个陌生主体间实现信任。因此，它非常适合价值链条长、沟通环节复杂、节点间存在博弈行为的场景。

举个例子，供应链收账一直都是非常困难的事情，各个主体之间的应收账款总是不清不楚，往往一个解决办法并不能解决多个主体之间的信任问题。有了区块链技术，各个主体之间的应收账款、征信数据就可以通过标准化的形式在链上进行处理。

2.区块链对未来产生的影响

有人认为，区块链的出现本质上是一套信任背书的算法，可以让陌生人在一起做事情，让交易成本下降，尤其是"网络化＋区块链"后，连信任成本都可以被降到 0，这时公司这个主体其实就没有必要了。现在大家看到的大机构都是平台效应，再过 5 ～ 10 年将看到一个比平台效应更高级别的生态效应。当然这都需要被建立在链上数据真实可靠的前提上。那么又怎么来保证链上数据的真实性呢？首先，链上的原生数据要是真实的；其次，数据要来源于权威机构；第三，上链数据要有一个权威机构来确认数据的真实性。这一点一定要跟现实世界对接。总的来看，区块链本质上就是交易各方信任机制建设的一个完美的数学解决方案。

信任是世界上任何物体进行转移、交易、存储和支付的基础，缺少了信任，人类就无法完成任何价值交换。这也是为什么在最初的原始和封建时代人们需要靠血缘和宗族来建立信任，接着人们靠宗教和道德传递信任，后来人们靠法律和合同来建立信任，否则人类社会无法完成各种价值转移和交换。

随着我们的社会越来越数字化，人们开始尝试通过数学算法来建立交易双方的信任关系，使得弱关系可以依靠算法来建立强连接，让一些互联网技术高度发展前几乎无法完成的价值交换可以实现，这是人类历史上的一次重要进步。

2.3.2 区块链的历史观：数字文明的新篇章

区块链能用在哪里，能在哪里落地，能为生活带来什么样的改变？这些其实都是微观视角。如果从更宏大的角度来看，大家应该思考一个问题：究竟应该用怎样的一种历史观去看待区块链呢？

大家都知道，区块链不仅仅只是一个技术，而是多个技术的集合。也就是说，区块链本身并不是一个全新的发明，而是多个理论、多种应用场景，以及多个已有技术的巧妙组合。例如，区块链涉及的概率论和博弈论是 15 世纪意大利数学家帕乔利提出的，而公钥密码学则出现于 20 世纪 80 年代，到了 20 世纪 90 年代时间戳才出现，之后又出现了工作量计算证明等。

区块链的诞生源于非常多的科学、技术准备，而且这里面还包含了人们思想认识下的准备。要想追溯源头，甚至可以追溯到 1941—1960 年的梅西会议。

梅西会议的内容涉猎非常广泛，涉及的技术丰富程度很多地方都难以超越，它的出现深刻影响了 20 世纪以后的科学技术发展方向。也就是说，没有这个会议的出现，现代科学会向什么样的方向发展还犹未可知，之后会不会出现区块链技术还很难说。

这场在纽约举办的由一系列不同学科的学者组成的会议，参会者包括控制论的创始人诺伯特·维纳、信息论的创始人克劳德·香农、计算机之父冯·诺依曼等，可谓大牛云集。会议的主题也包括控制论、信息论、计算机科学、人工智能、博弈论等内容。

回溯历史，可以看到1994—2008年，区块链诞生之初，已经具备了三个历史和技术前提。

（1）IT革命的历史大势。互联网、大数据不仅各自进入技术和应用的成熟阶段，而且互相结合成为一个新兴的基础结构。计算机编程语言实际上也获得了全方位的突破。

（2）密码学的发展已经完备。没有哈希函数、RSA技术算法，就没有现在的比特币和区块链。

（3）历史发展的必然结果。这不得不提到2008年的那场金融危机。比特币诞生于金融危机，它的设计就是为了应对金融危机，成为真正的"世界货币"，从而来满足这一阶段的社会性需求。

同时，由于历史的本质是进化论，它的发展总是伴随着变异与断层。如果对区块链技术进行分解，就能发现其中的奥秘。区块链技术并非最新的创造，但是它将过去的技术整合，量变成了质变，这已经构成了"创造性的破坏"。区块链也是一种完整意义的创新。

现如今，区块链还处于发展的早期，但仅仅知道它在早期是不够的。区块链同时还处于最有潜力的阶段，每天还有更多的创新，包括大量的专利发明和大面积的实验。人类正在以不可逆的方式进入数字时代，而区块链正是数字时代的技术基础设施之一，它为人们走向可信社会提供了一套技术方案，让交易可信、数据可信，一同迈向可信社会，开启数字时代的新篇章。

2.3.3　区块链的价值观：科技向善

最近几年，越来越多的头部公司开始提出自己的技术价值观，其中用得最多的就是科技向善。人类推动技术的变革，是为了让技术使人类的生活更美好。这是一种最朴素的技术价值观。其中,谷歌把"不作恶"作为自己的文化和价值观。但是大家可以发现,"不作恶"其实是一个主观行为,人们相信谷歌,相信它会作为主流公司的操守和价值引领,相信它不会主观地作恶。但是区块链的出现,能在一定程度上实现:从不作恶到不能作恶,即从主观的不作恶到客观技术约束的不能作恶。

谷歌搜索曾经发现,如果在搜索引擎里搜索自杀,下面竟然会出现如何自杀、自杀的方法有多少种、哪种疼痛感最轻见效最快,这就是一个非常不好的导向。后来谷歌做了修改,只要用户搜索自杀,就会出现心理疏导的内容。所以现在大家去搜索自杀,大多数主流网站第一个弹出的就是心理援助电话。

科技进步的速度非常快,人类已经在数字化和现实社会这两个平行世界里生活,甚至人们在数字世界的时间会多得多。数字世界的产品和技术会无形地影响大家,甚至在一定程度上塑造大家的性格和人格。它的普遍性和隐形的存在,让人们讨论科技向善变得非常有意义和价值。

从历史的维度来看,科技革命的发展,恶意总是比善意跑得更快一些。互联网时代,很多人的第一桶金来源于网络赌博。1995年,第一条信息高速公路通往美国的时候,堵在这条"公路"上的垃圾,就是被人随意乱扔的色情制品。甚至比特币出现之后刚开始的那几年,它的作用就是暗网赌博和洗钱的交易,不法分子看中了它跨国界、全球化、交易便利的特点。但随着时间和技术的推移,它的合法、向善一面被人们看到,并逐渐战胜了它黑暗的一面。因为技术本身是中立的,关键是使用技术的人会怎么用,以及主观上会不会拿它来作恶。现阶段,区块链技术在科技向善领域上的作用发挥巨大,尤其是在绿色出行、医疗、工业等领域,我们不能只靠人的良知和善心来无私地奉献自己,而应该选择一种更加技术化和工程化的方式。

当前,很多社会规则和法律是从惩罚的角度提出的。但从正向激励的角度,应该提出利用善度的概念,倡导用区块链技术给人的微小善行做正向的激励。任何一次绿色出行、一次援助、一次志愿服务都应该能够在链上被找到。

过去人们对善行的记录是非常困难的,它表现在以下三个层面:

(1)技术层面。过去较难对各类文明行为或善举进行度量、记录和证明,一方面是缺乏量化牵引的技术工具,另一方面统计"小善"行为的成本也会过高。

（2）**协作机制层面**。"惩恶"本身只需要监管部门或机构跟进执行，而"扬善"则往往需要多方共同合作，这是一个系统性的工程。如果在实践中，缺乏促成多方互信协助的机制、资源共享机制、共同决策机制、联合定制机制、价值合理分配机制等，就难以达成"扬善"的目标，而区块链去中心化的特性很好地解决了这些问题。

（3）**监管层面**。信息孤岛、各方关系隔绝、分而治之的现象存在，使得过去较难实现信息流、资金流穿透式管理。以至于过去善款去向不明、虚假募捐、账目错漏的现象经常发生。有了区块链的分布式账本系统后，在技术层面、写作层面和监管治理层面，都大大提供了帮助。

科技对人们生活的改变是巨大的，它让每个人都出现了现实世界和数字世界的分离，人们曾经以为自己在数字世界无坚不摧，结果却发现人本身作为生物体存在，是那么的脆弱。而包括区块链技术在内的前沿数字技术，其实在重大事件出现时依旧是非常无力的。所以大家也要去反思，数字经济本身作为生产力归根结底都应该是为人服务的。但这不妨碍人们期待所有从业者能用技术来帮大家过上更美好的生活，用未雨绸缪的心态去构建社会基础设施，用更长远的眼光、更持久的心态去解决一些基础的问题。人生和社会，不该有那么多的猝不及防。

2.4　去中心化

去中心化的主要内容包括：

- 去中心化并非去掉中心
- 去中心化世界要怎么解决安全问题
- 监管与去中心化是否有冲突，两者能否共存

2.4.1　去中心化并非去掉中心

在区块链行业里，每个人提到最多的就是去中心化。区块链技术具有可追溯、不可篡改、去中心化等特点。去中心化这个词，从字面上来看就是去

掉中心的意思。但实际上，在区块链行业里，并不存在真正的去中心化。为什么这么说呢？因为在区块链网络上，数据的产生和记录虽然不需要依赖于中心化的机构，但是分布在世界各地的开源软件同样可以看做是一个一个小的中心。

以比特币的区块链网络为例，到 2020 年的 6 月份，比特币的区块链节点上总共有 10 473 个节点，这些节点分布在全世界各地，像美国、德国、法国、荷兰、俄罗斯甚至中国都有比特币节点，除此以外，比特币还有超过 6 万的隐藏节点，这些节点甚至都不知道在哪。

比特币网络看似是一个去中心化的，因为它不存在中心化机构。但是反过来想，比特币网络分布在世界各地的节点，本质上就是一个又一个的中心。就此来看，区块链并不存在真正的去中心化。所谓的去中心化，并不是去掉所有的中心，而是把一个个大中心变成小中心。区块链技术就是让自己的各个节点在不依赖外部中心机构的情况下，实现个体与个体之间的信任交互。因此，大家要以辩证的态度去看待区块链去中心化，这里的去中心化用非中心化来看要更合适。

比特币刚出现的时候，它的愿景是一个点对点的电子现金支付系统，它想要的是一个没有中心机构参与的、开源的网络环境，所以比特币刚出现的时候就是去中心化的。之后中本聪把比特币网络交给了其他核心开发者，让他们去负责比特币网络的优化工作，虽然比特币的代码开源，但并不是所有人都有权可以修改代码，只有核心成员才能有权限修改比特币代码，所以实际上形成了一个中心。

在比特币的上游产业也是一样的道理，之前在设计挖矿的时候是希望每个家用计算机都能进入这个环境来参与挖矿，这是去中心化的。但因为比特币在全球范围内使用频率变高，价格也越来越高，越来越多的人参与到挖矿之中，挖矿的设备也越来越专业，从 CPU 到 GPU，接下来出现的就是 AISC 挖矿专用硬件设备，后来就形成了矿池，到现在人们会发现比特币挖矿其实已经被大公司完全垄断了，这个过程其实就是非中心化向中心化转移的过程。

比特币的下游产业是交易，交易所就是其中重要的产业，作为比特币的下游产业，它现在和矿池产业很像，现在大部分的比特币交易都在少数的交易所里，这是很明显的中心化。这几年市面上出现了一批去中心化交易所，它们不保存用户的私钥，所以不会出现被盗的安全事件。所以，比特币本身是处于去中心化网络里的，但是从它的核心开发团队、产业上下游来看，比特币都是中心化的。

扩展阅读 2.4

联盟链的本质

联盟链和公链之间的区别在于，任何人都能加入公链成为公链的节点，但是联盟链实际上是由特定的组织组成的。联盟链的好处：一是它不用挖矿，这样就能节约资源；二是运行速度快；三是信息安全。联盟链深受中心化机构的欢迎，例如银行、金融机构等，它们组成联盟链，用来完善自己的业务。

联盟链的本质其实是中心化的，因为联盟链是由中心化机构管理和控制的，这些节点其实就是联盟链的所有者，区块链也就只作为一种底层技术出现，是受加密技术保护的分布式账本。这样看来，区块链技术的发展和互联网很像，互联网刚刚兴起的时候也是每个个体自由地开发应用、发布信息，这是去中心化的，后来互联网被巨头公司垄断，加上政府监管，才开始出现中心化的发展模式。

世界上的每一种技术都是这样，中心化和去中心化一直以来都是交替进行，互联网和区块链技术是去中心化的，但其作为商业的一种，就会和商业模式结合形成中心化。世界上的一切都逃离不了二八定律，80%的资源逃离不了20%人的控制，在他们手上中心化和非中心化相互转化。也就是说，中心化和去中心化之间并不是硬币的正反面，任何伟大的产品都是技术和商业的有机结合。

2.4.2　去中心化世界要怎么解决安全问题

1. 从理论和实践两方面理解区块链的安全问题

现如今，数据泄露问题已经成了全民困局，很多人会接到大量的骚扰电话和营销短信，更可怕的是自己的信息可能会被诈骗分子利用，导致钱财损失。

大家经常能在新闻里看到各种各样的电话诈骗，为了应对这个问题，政府还专门督办成立反电话诈骗机构。

对于区块链来说，安全被人们看成是区块链行业的基础设施之一。这个时候有人可能会问，我们常说区块链是信任机器，区块链让数据更安全，那么为什么却说安全反而是区块链行业的基础设施呢？这个问题可以从理论和实践两个方面来看。

从理论上来说，区块链是结合了密码学、分布式系统、共识机制等传统技术的集成创新技术，它利用"区块＋链"的形式，做到网络上的数据可溯源、不可篡改，所以才能保证数据的安全。

从实践上来说，区块链技术并不完美，无论是密码学、共识机制，还是智能合约、私钥管理，其技术本身存在局限性，所以会面临相应的安全风险。

另外，区块链上的产品和服务本身是程序员一个个代码敲出来的，只要是人的操作就一定会发生错误，程序员同样也会发生错误，所以代码本身出现漏洞就会被不法分子利用。

区块链行业的发展尚处于早期，在缺乏监管的情况下，存在很多混乱的灰色地带，有些项目方安全意识不到位，有些项目方的技术实力是不够的，所以安全事件频发。

2. 从交易所、钱包和去中心化应用看待区块链的安全问题

（1）**交易所的安全问题。** 这里其实从几个大交易所的安全事件中就能看出来。2014 年，门头沟交易所失窃宣布自己遭到黑客入侵，几十万枚比特币丢失并且导致交易所破产。2018 年 1 月，日本交易所 Coincheck 由于安全网络缺陷，遭遇黑客攻击，损失 5.3 亿美元。甚至加拿大某个交易所还出现了这样的情况，他们的创始人去世，导致价值 1.47 亿美元的数字货币没办法取出来，这就相当于把钱存进了银行，银行行长去世以后自己的钱也取不出来了。当然，现阶段区块链行业丢失币的问题越来越少，但是对早期参与者来说，或多或少都丢过币。

那么，黑客为什么攻击交易所？理由很简单，就是有利可图。目前交易所的安全设施是一个黑盒子，外面的人看不到，里面到底是怎么做的也没有人公示。传统金融市场，包括证券交易所、期货交易所等都拥有线上防护体

系、系统性安全网络保障、严格的法律监管，还有国家兜底的追查体系，所以在传统金融领域很难出现黑客攻击的问题，因为黑客攻击的成本是很高的。但是数字资产目前只有线上防护体系，所以黑客攻击的成本相对较低。

黑客攻击的方式主要有三种：一是攻击交易所账户，黑客通过诱导用户进入钓鱼网站，然后植入木马，盗取用户的交易所账户，再转移用户的数字资产。二是攻击交易所的热钱包，热钱包就是持续在线的联网钱包，冷钱包则是不用联网的钱包。交易所帮用户保管数字资产，他们会把部分资产放在冷钱包里，部分资产放在热钱包里，用于日常使用。黑客就是利用漏洞，来攻击热钱包。三是攻击交易所的业务逻辑漏洞，有的交易所的外部接口并不完善，黑客利用这些漏洞来盗取用户信息，然后变卖资产。

（2）钱包的安全问题。历史上发生过的钱包安全事件并不多，只有中心化的轻钱包发生过被盗事件，还是在私钥泄露的情况下发生的。钱包本身不是装钱的而是装公钥和私钥的，大部分情况下，钱包被盗都只能得到公钥而不能得到私钥。热钱包比冷钱包更容易失窃，由于热钱包需要长期联网，私钥就存储在可以被网络访问的地方，所以热钱包的安全取决于当时的网络环境是否安全。

（3）去中心化应用的安全问题。去中心化应用是由参与者共同开发运营、维护的区块链应用，利用智能合约自动实现应用的功能。目前去中心化应用主要以博彩和游戏类应用为主。2020 年在 DApp 领域发生过近百起安全事件。和交易所、钱包的安全问题不同，DApp 现在的主要安全问题在智能合约的代码漏洞上，区块链应用的运行依赖于智能合约，一旦智能合约代码出现了问题，黑客就会进行攻击，以窃取数字资产。

通过以上情况可以总结出，交易所的安全问题主要是账户被盗，钱包的安全问题主要是由于私钥泄露造成的盗窃问题，去中心化应用的安全问题则是智能合约代码漏洞。

2.4.3　监管与去中心化是否有冲突，两者能否共存

1.理解中心化和去中心化的共存关系

很多人对区块链都有一个错误的理解，他们会想，既然区块链一定要求

整个网络的环境都是去中心化的，那么是不是意味着我们就没有办法来监管这样的环境呢？毕竟只有政府职能单位才能去监管，也就是说，监管这件事本身肯定是中心化的行为，中心化和去中心化这两件事怎么可能共存呢？

有这种想法非常正常。但是实际上的去中心化并不一定是完全去掉中心，它的出现是要帮助人们解决过去中心化组织带来的资源分配不均的问题。也就是说，中心化和去中心化这两件事情本身就不是对立的。

如今，生产资料已经从过去的依靠土地、资金重投入成本，转变到需要依靠数据来实现生产的社会形式。而过去中心化的数据库里，因为数据本身很难确权，大家的数据都掌握在别人的手里，这就造成了更大的数据垄断，社会结构变得十分不公平。

那么，如果想打破这种情况，有没有什么办法来解决？很多人想到了要彻底解决数据上的垄断，就必须要改变现在的生产关系，把以往存储在中心化数据库的信息保留在每个参与者身边，这样一来就不存在数据被别人垄断的情况了。

所以说，去中心化的出现，原本就是为了解决过去中心化的权力过大问题。前面的这些原因也同样说明了一点，去中心化这个概念被提出时，就没有想过去剥夺中心化组织的权利，不管是分布式账本还是组织，它们的目的都是要提高社会资源的分配效率，不要让话语权掌握在少部分人的手中，这更加说明了去中心化诞生以来，从没有想过排除中心或者抹杀中心的存在，那么为什么一定要出现去中心化这个概念呢？

要知道，去中心化系统本身也并不是没有中心的，它也是由一个一个节点产生，而这些节点本身就是一个一个的决策中心。就拿比特币区块链来说，具备了大算力的矿池其实也算做一个大的中心。在这个大的中心里面，所有的小矿工都要遵守矿池的规则，只有这样每个人才有机会能多劳多得。这样做还有另外一个好处，就是避免了过去大中心控制整个系统，导致其他参与者分配不均的情况。

在不远的将来，还可以看到这样一个场景，随着去中心化的探索越来越深入，这种去中心化的组织也将成为中心化世界的一部分。它的存在更加提高了决策的效率，但并不意味着它会代替现在的组织架构模式，依然会有公司存在，也依然存在中心化的机构参与到整个去中心化网络中。只不过在未来它们之间的协作形式变了，去中心化和中心化本身是相互共存的，未来人们可以利用中心化来决策，也可以利用去中心化来决策。

2. 加密货币环境也存在监管

当然，还有一件更值得大家注意的事情，今天的加密货币环境也不是一个没有办法监管的地方。虽然，中本聪本人在发行比特币的时候，讲了比特币是一种隐蔽性极高而且抗审查的加密货币，相信听到这种说法大家肯定会眼前一亮，岂不是说自己在上面做什么都没有人能找到吗？这种想法实际上是错误的。虽然在区块链世界里用户的地址和交易信息是完全匿名的，但是它的每一笔交易都是可以追根溯源的，所以说，它其实从根本上更方便了监管和追踪。

互联网刚刚出现的时候，很多人认为互联网是一个虚拟环境，那么自己在上面干什么都不会有人管。最早人接触互联网的时候，互联网上都是垃圾信息，到处都是诈骗，现在区块链的发展也像是这个阶段。但是并不意味着现在的加密货币或者区块链就没人监管，只能说区块链的监管目前为止是滞后的。现在的科技发展速度很快，可能今天刚发明出的新技术，明天就会有新的技术来替代它，所以当一个新的技术出现时，没有人会知道它会走向什么地方。

一个行业要被监管，并不是出一个法规就能解决问题的。大多数的时候，只有当一个行业出现了共识后，监管才能跟进，把这些共识形成一套针对性的法律法规，这样监管才能既维持社会的稳定，又不会阻碍科学进步的发展。

所以，无论是去中心化还是区块链，想要挑战监管的公信权，那是根本不可能的。以比特币交易为例，虽然比特币的地址是匿名的，但是比特币的网络都是公开透明、可以追根溯源的，所以说，只要交易，只要想找，一定会找到每一笔的交易和交易的情况。

以美国税务局为例，现在已经对很多在中心化交易所进行交易的这些大客户发了税务征收函。所以美国联邦政府现在已经出台了大批针对比特币和加密资产交易纳税的法律和法规，只要交易一定数量就一定要进行纳税申报。所以说，只要一个人针对账户进行操作，税务局就可以找到，并让这个人进行登记，进行补交税款。

各个国家也在同样跟进，目前美国和很多欧洲发达国家都出台了很多关于加密资产的法律，而我国也出现了关于密码使用的法律法规。这些法律都是在行业内已经达成了共识之后，才确定了要把这种共识规则化后明确了监管条例，监管不过是规范了一部分确实不应该冒的社会风险。

今天，区块链的发展还是一个萌芽的状态，但是更加值得期待的是，在不远的将来可以看到区块链的创新会让大家更加有效率、更加公平、更加可信。到时就会发现，有了监管以后的去中心化，能让大家的生活更加便利，互联网才会真正地实现从信息互联网到价值互联网的转型升级。

2.5 密码学

密码学的主要内容包括：

- 密码学去魅：我们为什么要从俚语开始讲起
- 密码学的发展史
- RSA 加密：区块链为什么绝对安全
- 概率论：数学让密码学进化
- 维吉尼亚密码：没有人想用的强悍加密法
- 《密码法》的颁布对区块链行业会带来哪些影响

2.5.1 密码学去魅：我们为什么要从俚语开始讲起

1. 什么是俚语加密

简单来说，区块链实际上是加密后的分布式账本，那么，人们常说的密码学究竟是什么呢？密码学有一道分水岭——在计算机出现之前，它被称为古典密码学，之后又被称为现代密码学。但是，无论古代还是现代的密码，从密码诞生的那一天起，有两条不可逃离的主线一直贯穿始终，那就是加密和解密。这两条主线在时代发展中此消彼长，几千年来不断地互相碰撞。有意思的是，有的时候任何一种加密技术都不可靠，又有的时候任何一种解密方法都没有效果。可以说，在密码学漫长的发展历程中出现了大量可歌可泣的人和故事。但一切密码学的根源都有一个简单的并没有任何复杂技术细节的原理，这个原理涉及密码学的理论逻辑——俚语加密。俚语其实就是常说的方言，也就是完全用对方听不懂的话来沟通的一种方式，实现内容加密的目的。俚语加密并不是一个笑话，很多国家都在战场上使用过俚语加密。

20 世纪 70 年代，中国在越战时期曾经就使用过莆田话、温州话、高淳话这些让人难懂的方言进行战场上的加密通信。那么这种俚语加密的方法好不好呢？结果当然是出人意料的：这些加密技术非常好用。

很多人认为，我们设置的密码只要足够复杂，密码强度足够高就能做到难以破解，这就算是好用。这其实是对密码学的一个错误认知，因为任何一种密码破解不了并不代表它好用，只能代表很安全。历史上出现过很多没有办法破解的加密法，就是因为它们太烦琐了，出现后甚至几百年都没有人用。所以，在密码学的概念上，一个好用的加密技术一定是既能保证安全性，又能在效率上找到平衡点。

在密码学领域一贯有一种准则：为了保证密码足够安全，必须要假设敌方一定有能力破解我们的密码,然后在这个基础上逐渐加码更多的加密手段。在第二次世界大战中，英国数学家、人工智能之父图灵就已经破解了德军的恩尼格玛机，那么盟军就要想尽办法来做出一个比恩尼格玛机更可靠的加密技术，最简单的办法就是发明一个个复杂的机器。实际上，在第二次世界大战期间，英美使用的密码机复杂程度迅速打破了当时加密技术的上限，这样的加密手段不仅仅只是会让机器变贵，更关键的是会导致加密、解密的时间变长。

效率变低在当时的情况下对于盟军来说是非常不可取的，对于前线而言必须要对每条信息快速反应，不能每条信息加密了几分钟都还没有发出去。在这种情况下,盟军指挥官最终决定要用纳瓦霍语言来对信息进行加密。所以，当时的任何一种加密方法都必须建立在好用的原则上，更需要在安全和效率上找到一个平衡点。

2. 纳瓦霍语的破译

太平洋战争初期，美军的信息是没有经过特殊加密的，他们傲慢地认为日本人不可能掌握英语，所以就只用了平移法来对关键信息进行加密，而且他们还判断，日本方面即使掌握了也没办法想出针对性的对策。但骄傲自满并不能为美军带来优势，日军高层很快就学会了英语，并且迅速制定出袭击珍珠港的对策。受到严重打击的美军才想起来要寻找一种全新的方法。

1942 年初，美军收到一个工程师的来信，他建议用一种日本人不可能提前获知的小众语言来加密信息，这个工程师说，他自己长期生活在本土保留区，会一口流利的当地语言，这种语言和拉丁语系完全不同，别说美国人不懂，美国其他的少数族裔也不可能听得懂。

美军听到这个建议以后，立刻开始着手研究用俚语加密的可行性，然后发现用这种方法来加密，不仅内容传达准确，而且效率还非常高：经过加密后的纳瓦霍语只需要 20 秒就能解密，但是如果用机器加密解密的时间通常需要 30 分钟。

当然，在决定把这种方法用于加密技术之前，密码学家们还是做出了正确考量的，如果纳瓦霍语能成为加密语言，那么在美国国内是不是还能找到更好、更合适的替代语言来完成加密任务？要想选择出最合适的语言并不容易，首要思考的就是要能在军队里培养出合适的数量，还需要能快速地掌握。筛选到最后，美军找出了四种语言进行备选，这四个少数族分别是：纳瓦霍族、苏族、齐本佤族和皮玛帕帕戈族。

当然，光是这样还不够，美军还必须要查找世界上关于这些语言的研究综述，最终发现只有纳瓦霍族没有被人类学家研究过。所以相对于其他三种语言，纳瓦霍族语被破译的可能性最低。美军最终启动了一个将军队里纳瓦霍族加入到通信兵训练的计划。

美军前期对语言的选择是非常复杂的，过程也非常烦琐，直到珍珠港遇袭后的 4 个月，仅仅只有 29 位纳瓦霍人参与到了通信培训。接下米，美军就需要面对一个更加棘手的问题，怎么让这些纳瓦霍人能快速地学会一些舶来词。在我们生活中，会遇到很多从国外翻译过来的词汇，例如"巧克力"是音译的英语，"科学"这个词来源于日语等。把本土语言直接翻译成舶来词，很有可能会出现词不达意的情况。

在中国，有"道法自然"这个词，这里的自然是指气候之间的变化，而在英语语境中自然这个词本身是指环境科学，词语在不同语言里的含义是完全不一样的。

在战争环境里很多词都是外来词汇，例如坦克、飞机，它们和语言的转化方式完全不一样，那么这些只存在于作战中的名字不常用，但是必须传达，我们该怎么办呢？当时的美军请来了一批语言学家来帮助纳瓦霍人建立一组新的词汇表，这个词汇表结合纳瓦霍人的语境构建出了一套新的语言系统。

那么，俚语加密的保密程度怎么样呢？结论是这种加密手段超出了每个人的预期。对这些人做完了培训之后，美军就开始进行第一次实战训练。对真正的军事情报加密，然后把这些信息再转化交给美国海军情报处。这个组织权力职能很大，在战时 CIA 的局长都要向这个部门汇报。他们当时已经有能力来破解恩尼格玛机。转化的信息到了情报处以后，美军情报组织集中力量分析了三个星期仍然毫无进展。参与解密的密码专家纷纷表示：这些语言的表述方式实在是太奇怪了，不仅语言、语句听不懂，甚至连誊写美军密码的专家都很难做到。

经过观察可以发现，我们生活中的语言都是象形文字，而拉丁语系确是表音文字，比表音文字更让人难以猜透的是那些只有语言没有文字的表述方法。要想将这样的语言变成文字，这件事本身就非常有难度。换句话说，当时的密码学家们在接到这份密码录音的时候同步地在创造文字。

其他密码难度再高，密码专家至少是在破译一种世界上已有的文字，他们可以在原型库里对照找到，但是如果要破解的是完全不同文明的文字，那就变成了另一个范式下的问题，密码专家们再有能力也没办法凭空去创造。

纳瓦霍语破译这件事本身就是难上加难，就像是人类企图去破解一群鸟在怎么对话，根本就是异想天开。所以，纳瓦霍这种俚语的安全级别在当时远远超过任何一种加密手段。连美军都破解不了这种语言，对面的日本人在遇到纳瓦霍语的时候更是一脸懵，到美军打算围攻日本岛的时候，已经有至少 420 名纳瓦霍人参与到了世界大战成了通信兵。这些纳瓦霍人的加入后来直接影响了美军对硫磺岛的攻势。

对于纳瓦霍族人来说，像第二次世界大战这种蔓延全世界的战争躲得越远越好，但是当他们听说自己的语言能为战争起到帮助作用的时候，他们义无反顾地走向战场。在战场上，他们对现代战争一无所知，要克服的困难非常多，要知道任何一个通信兵在被俘以后的首要任务就是保全信息不被对方发现，而要做到这一点只有自杀。

而且，由于纳瓦霍人的信仰，他们认为人死以后一定要组织盛大的仪式才能轮回转世，可是太平洋战役每一秒都会有人死去，根本没时间去收敛尸体，但每个纳瓦霍人为了战斗的快速结束，还是发挥了自己的巨大价值。

在我国，同样有一群和纳瓦霍族一样的温州士兵，他们在对越自卫反击战的时候，同样担负起了困难重重的通信任务，直到战争过去很久保密期结束他们的光辉事迹才被人们发现，可见俚语密码要想成功需要付出的是和机器完全不一样的代价。

2.5.2　密码学的发展史

在人类发明密码以后，加密和解密两件事总是同步出现的。它们在几千年里不断地交织，不断地对抗。虽然经过几千年的发展，但是密码学的总体脉络是可以梳理出来的。可以把密码学根据加密和解密的不同方法大致分为：隐藏法、位移法与替代法、维吉尼亚密码、路西法加密法、RSA 加密法、量子加密技术。其中，加密方法由于计算机的出现，又被分为古典加密系统和现代加密系统。

（1）隐藏法。历史上第一个有记载的隐藏法加密是古希腊历史学家希罗多德记录的一个小故事。当时，强大的波斯帝国计划入侵古希腊的雅典和斯巴达城邦，当时正在波斯作为人质的斯巴达国王在得知这个消息后迅速做出反应，把这个消息偷偷地写到了一个木板上，再为这个木板涂一层蜡，然后交给往来通信的士兵。士兵依靠这层蜡成功地躲开了检查，顺利回到了斯巴达本土。收信人挖去上面涂抹的蜜蜡之后根据木板上的内容迅速做出反应，展开备战。公元 480 年，波斯舰队穿越爱琴海突袭斯巴达城邦，谁知道对方早有准备，结果一天之内就被击沉 200 多艘船只，苦心经营多年的海军也被击溃。这场战争的结果对于整个世界历史来说都非常重要，因为在不远的将来希腊将出现一位哲学家开始思考世界的本源，自然科学也将会随之诞生，如果这场战争斯巴达没有战胜强大的波斯帝国，接下来世界文明会走向何方还未可知。

当然，隐藏法还有更高级的出现方式。例如，希罗多德记载过一种剃头发的秘密运送方式：先把送信人的头发剃光，然后把秘密信息写在他的头上，等他的头发自然长长之后，再派他去送信，等他到目的地之后再把他的头发剃光，保密信息就读出来了。这种方法不但能躲过沿路的盘查，甚至可以做到送信人都不知道头上的信息，唯一缺点就是时间太长了。

隐藏法还有好多种，把消息写在不易消化的丝绸上，在关键文字上涂蜡让送信人吞下去，到了目的地再给他灌泻药让他排出来。还有在煮熟的鸭蛋上写上密文，然后再用明矾和醋泡软，这样蛋壳上不会有密文，只有剥了皮以后才能看到蛋白上的字。

这些方法都是针对当时的环境创造出来的小方法，但是很快士兵们就根据经验发现了很多藏匿的方法，他们也就会主动查看可疑对象最有可能藏匿的地方。第一代加密技术非常简单，但是现在很多人的家里都还存在，大家藏私房钱的时候很多人用的就是这种方法。

（2）**位移法与替代法**。这种方法主要用在文字加密上，是对文字的一种简单加密，例如想要写一段日记，但是又不想被别人看见，那么就可以用替代法或者位移法。这种方法出现的时间大约是在 5000 年前，直到 9 世纪才被阿拉伯人破译。当时的阿拉伯人发明了频率分析法，用一段文字里单个单词出现的频率来替换被位移的单词，用这种方法来解密文件是阿拉伯人的原创。而在另一边的欧洲，当时的欧洲人直到 16 世纪才找到破解方法，这里其实就能看出古代欧罗巴文明曾经的璀璨。

位移加密的方法很简单，例如一个人的电话号码是 1423，经过每个数字加 1，那么数字就会变成 2534，以此类推。当然数字的加密看起来差距没有那么大，如果我们把数字换成文字那就不一样了，假如一段文字为 "Bob traded with others"，这句话翻译过来就是 "鲍勃和别人有交易"，那么经过加密以后，每一个字母都向后挪动一位就变成了看不懂的文字："CPC USBEFE XJUI PUIFST"。不知情的人在看到这些文字的时候，完全不知道讲的是什么。而实际上，这就是一个基础加密而已，即位移法。

替代法其实也很简单，就是把文中的一部分字母用其他字母代替。例如，莎士比亚的名句 "to be or not to be"，如果规定将 o 和 t 这两个字母加密，选择用 I 代替 o，用 c 代替 t，就变成了一段完全不知道是什么的文字。

替代法用得最多的就是古埃及人，虽然很基础，但是很有用，至少未来的4000年没有人能破解这些内容。替代法经过时间的推移也出现了很多变种，例如顺着写、逆着写，或者是奇数偶数之间变化位移等。

这两种密码的加密原理虽然简单，但是想解密却很不容易。因为，要传递的内容一定是一段很长的话，想用不断试错的方法把这些内容找出来是完全不可能的，只能采用排列式的方法。假设任何一个字母都可能是26个字母中的任何一个，排列组合就会出现26倍数量的方法。一句话可能排列的总数要超过原子的总数，靠运气根本猜不出来。所以直到16世纪，欧洲人都没办法找出这两种加密的解密方法。

（3）**维吉尼亚密码**。位移法与替代法这两种加密方法控制了加密历史的前4500年，到后期由于数学的突破，加密技术出现了颠覆式的发展，过往的加密技术由于经常用到数学逻辑变得不再实用了。任何一种科学，当它和数学绑定到一起，它的复杂程度就完全不一样了，在没有用到数学以前，密码学无非就是一个概率问题，破解还是有可能的，但是加了数学以后，具体的破解方法就不一样了。一个学科的复杂程度完全可以通过它背后的数学逻辑来衡量。就拿第三代维吉尼亚密码来说，它出现在16世纪，但它的解密方法在300年后的1900年才出现。

第三代维吉尼亚密码出现以后，密码的加密和解密迭代速度越来越快，背后的原因很显然和现代科学有很大的联系，伴随着现代科学的是更加复杂的数学工具，这种工具开始在各种各样的地方出现。维吉尼亚密码和其他的密码手段相比，还有一个重要的不同之处，那就是维吉尼亚密码的出现首次带来了钥匙的概念，这是整个加密时代最大的改变。

（4）**路西法加密法**。第一次世界大战爆发以后，过去的加密方法不再适应战争的需求，很多时候由于参战双方文明过于相近，古典加密技术根本没有办法帮助自己解决问题，这时顺应时代发展的第四代加密法——恩尼格玛机诞生了。这种密码机又称流密码机，很多人可能对这种机器没有概念，但是如果有了解过希特勒最后的一段时光就会发现，在他战败前还招聘过一个女孩子专门操作这种密码机，这一段在电影《帝国的毁灭》中也有相关的镜头。这种密码机成功压制它的解密法超过25年左右，后来数学家图灵破解了这种方法，而钥匙就是图灵破解它的重要突破口。图灵破解恩尼格玛机也标志着古典密码时代的终结，这是一个从纸笔时代到机械电子化时代的过渡，其关键差别就是加密的复杂度和效率的大幅提高。

但是，随着第二次世界大战的结束，20世纪70年代出现路西法加密系统开始，密码学终于像一条奔腾的河流一样分成两段向前奔涌。计算机的出现，让加密和解密的对抗从字母走向了数字之间的对抗，数字的对抗打乱了信息加密的逻辑。二进制的0和1，让密码的复杂程度一下子就上升了不知道多少个数量级。所以，计算机的出现被看作是古典加密和现代加密的分水岭。

实际上，路西法加密法对区块链领域的作用并不是很大。而20世纪70年代末出现的第六代RSA加密系统解决了路西法加密钥匙递送时的漏洞，提高了自身的可靠性。而且因为它的计算量无限大，理论上破解它的时间也会无限长。

（5）RSA加密与量子加密技术。目前，互联网加密的底层就是RSA加密。现在看来，RSA加密的一方一直都处于优势方，而解密的一方一直都没有什么建树，这正是第六代加密的威力。这种非对称加密技术也是区块链底层技术之一，为区块链的发展带来了举足轻重的作用。但是，从谷歌研究院研究出量子计算机后，第六代加密技术的破解时间可能会被缩短到几分钟。而在这之前，可以暂且算做没有破解的方法，也正是从第六代RSA加密技术开始，钥匙的重要性得到了前所未有的提升。

量子加密技术因为现在的技术水平问题，没办法做到为整个信息进行加密。但是国家的一些保密机构已经采用了量子加密技术，它的存在是现在物理学上没有办法破解的，是最强的加密法。

2.5.3　RSA加密：区块链为什么绝对安全

1. RSA加密法的认知

区块链出现以前有一个很重要的概念，那就是一个基于哈希算法的邮件拦截插件。但这个插件有个前提，它需要双方一直同时在线，通信才能开始运行。而现实里，我们没有办法要求对方立刻给我们回复，这个应用功能不解决，这套方案就没办法商用。那么，怎样才能实现这种自动的运算方法呢？这里就要提到第六代加密技术——RSA加密法。

虽然过去的很多加密方法已经不再使用了，但是 RSA 加密法如今依然活跃在互联网的底层，无论是今天使用的浏览器，还是手机支付加密，或是网银，只要仔细留意都能找到它的影子。更重要的是，RSA 加密技术还带来了区块链中最重要的概念——非对称加密。

在出现 RSA 加密技术之前，所有的加密技术都是同一种方式，即甲方选择一种加密方式来对自己的信息进行加密，乙方用同一套规则来解密。加密和解密采用同一种规则的加密技术称为对称加密技术，这种方式最大的缺陷就是甲乙双方用的都是同一套规则，怎么保存和传递加密就变成了最棘手的问题。

2.RSA加密法的理解

1976 年，计算机科学家惠特菲尔德·迪菲和他的朋友马丁·赫尔曼找到了一套新的构思，也就是非对称加密技术的原型。通过这套原型人们认识到，加密和解密可以使用不同的规则，只要这两种规则之间存在某种对应关系即可，这样就避免了直接传递密钥。这种加密方法被称为 DH 密钥交换算法。

例如，传递信息的艾丽斯和鲍勃，在鲍勃那里会生成两把钥匙，一把称为公钥，一把称为私钥，公钥都是公开的，私钥则是保密的。之后，艾丽斯会得到鲍勃的公钥，然后用它对信息加密。乙方得到加密后的信息，用私钥解开。整个过程中如果公钥加密的信息只有私钥能解开，那么只要私钥不泄露，通信就是安全的。

在这个基础上，1977 年，三位数学家罗纳德·李维斯特、阿迪·沙米尔、伦纳德·阿德曼设计了一套算法，可以实现非对称加密。之后三个人用自己的姓名中姓的首字母命名了这套加密算法，称为 RSA 算法。其加密的过程如下：

①艾丽斯有很多把锁，每把锁都有两把不同的钥匙，一把专门用来上锁而不能开锁，另一把专门用来开锁而不能上锁。

②艾丽斯可以把那把用来上锁的钥匙赠送到每个可能和她通信的人。这些人拿到钥匙之后，就可以把要跟艾丽斯说的话写下来，再用艾丽斯给的钥匙把锁锁上，然后寄给艾丽斯。

③艾丽斯拿到锁好的盒子之后，用另外一把只有她才有的专门钥匙打开

盒子，就可以看到内容。

非对称加密和对称加密的区别是，对于同一把锁来说，非对称加密上锁和开锁用的是两把不同的钥匙，而之前我们说的所有加密法用的都是同一把钥匙。

非对称加密的具体细节比较难懂，需要通过公式来辅助，但是可以总结为以下几个关键步骤。

公钥实际上是通过两个比较大的质数 p 和 q 之间相乘得到的一个更大的数 N，p 和 q 具体是什么数字，只有艾丽斯自己知道，千万不能被泄露。而乘积里的 N 是公开的，谁都能知道。凡是给艾丽斯发消息的人，都需要用 N 来加密。加密的过程用的是模运算，这个模就是 N，整个数学过程会保证这个模运算一定是不可逆的，所以其他人就算知道 N 也没用。

那么艾丽斯自己要怎么解密呢？艾丽斯有 p 和 q 的具体值，这两个数别人一定是不知道的，只有艾丽斯自己能知道。具体来说，艾丽斯自己要用模运算另一个模，这个数字不是 N，而是另一个值，例如 p 就成了（p-1），q 就成了（q-1）。总的来说，想要计算这个 N，就必须要知道 p 和 q 到底是多少。

数学计算里为了保证能算出一把新的钥匙，就必须要用相同的数字来加减这个数字，这把钥匙就是艾丽斯自己的私钥。用这把私钥，一定能解出原文。但是，这样就能做到绝对安全吗？艾丽斯要是已经得知了很大的数 N，她难道就不能利用精巧的算法，找到 N 是哪两个较大的质数得到的吗？实际上并不能，原因是数学不能保证数字能得到 N 的准确数。N 越大，找到 p 和 q 的时间就会越长。尤其是银行现在使用的 RSA 加密，都要求 N 是数值超过 300 位的一个大数。想要分解这样的数，现在的计算机算力要算上几亿年的时间。

从 RSA 加密开始，密码学里出现的公开透明的部分越来越多。第六代的 RSA 加密法，不但加密的操作公开了，连部分钥匙都公开了。而且公钥不是情不得已才公开的，而是越公开益处越大，因为这样才能有更多的人给你发加密消息。到了现在，唯一不能公开的就只有私钥。实际上，RSA 加密法使用的数学原理就是大学数学领域的知识——质数方面的应用和数论有关，单向函数的应用和群论有关，相关内容可以在《算法导论》里看到详细论述。

拓展阅读 2.5

在密码学界那些受委屈的人

有关密码学的一切都会出现受委屈的一部分人。1977 年，罗恩·李维斯特（Ron Rivest）、阿迪·萨莫尔（Adi Shamir）和伦纳德·阿德曼（Leonard Adleman）联合提出一种公钥密码体制——RSA（以三个人姓氏的首字母组成）。1979 年，RSA 注册专利后，还成就了很多信息安全公司。同样的加密法，其实早在 4 年前就已经有人完整地做出来了。但最早发明这种方法的并不是这三个人，而是詹姆斯·艾利斯、克里佛·考克斯和马尔科姆·威廉森。那么，他们为什么没有成为这种非对称密钥系统的专利发明人呢？原因很简单，因为他们当时是英国政府通信总部的员工。如果了解过图灵，就一定会知道一个庞大的情报部门——布莱切利庄园。当时这个部门有 9000 名员工，战后绝大部分都回到了原来的生活中，只有少数人转到了英国通信总部成为了公务员，这三位密码学家就是这样留任的。他们之后的研究也全都带有军方项目的性质，所以是国家机密。虽然 1975 年他们就做出了整套非对称密钥加密系统，但直到 22 年后的 1997 年，人们才知道这件事。这个时候 RSA 的专利技术都要过期了。而且 1975 年，詹姆斯、克里佛和马尔科姆刚刚做出全套算法的时候，他们曾经向国家通信总部提出注册专利的要求，但总部没有批准。总部没有在意这个加密法，因而造成了巨大损失。等到 20 世纪 80 年代，随着计算机性能的持续提升，RSA 的实用性越来越高，连当年拒绝詹姆斯、克里佛和马尔科姆申请专利的长官都懊恼不已。

2.5.4 概率论：数学让密码学进化

无论是古典加密还是现代加密技术，在加密和解密的过程中得到的最小操作单位都是单个符号或者数字，所以古典加密技术的核心就是位移或者替代。但是到了现代密码学这里，一件有意思的事情发生了，数学的进步把这些以往难懂的字母变成了无数个数字，再通过对数字的重新组合运算构成了新的内容。数字的运算不但突破了字母作为最小变化单位的限制，还可以使用更高等的数学工具来运算。因此，现代密码的破译工作比古典密码破译的难度高了很多。所以，数学工具的难易度决定了加密技术能不能被快速破译。

1. 利用数学解密的思考

古典密码学认为，平移法或者替代法都很难被破译，因为要想找到正确的数字需要不断地进行尝试，一个人想通过自己手动运算就太难了。但是到了 16 世纪概率论的出现，这两种加密方法即将被轻松破解。从此以后在密码对抗领域，解密的一方将暂时占据优势。

16 世纪法西战争期间，西班牙间谍长期在法国搞破坏，他们还明目张胆地用邮局来传递密码。因为没办法破解其中的秘密，当时的法国国王亨利四世很头疼，为此他专门请来了当时还是律师的韦达，经过一番研究，韦达破译了西班牙的密码，帮了法军一个很大的忙。

在破解密码的过程中，韦达受到了很大的启发：他发现，密码最大的特点就是先设定一套自己人明白的符号，这种符号能用来传递信息，十分安全。那么，这种模式可不可以用到数学中呢？

后来，经过韦达长期的研究，他发现如果把符号代入到数学中就能很方便数学的计算，于是他写出了第一本著作《分析法入门》，并且他还确定了第一个方程式：$ax+b=0$。这个方程式虽然现在看起来很普通，但是在以前这可是一个很大的突破。韦达的这种开拓为他赢得了代数之父的美誉，也为数学的发展开辟了更多领域。

2. 频率分析法

16 世纪，苏格兰和英格兰之间的斗争将密码的使用推到了顶峰。当时的英格兰女王伊丽莎白一世把自己的侄女苏格兰女王玛丽一世关了起来，一关就是 18 年。虽然玛丽一世人在监狱里，但是她的影响力却不小，监狱外的反对者密谋要杀她的姑姑伊丽莎白一世，并且承诺以后推举她做苏格兰的女王。当时双方的信件都是通过特殊渠道传入监狱，最后由侍女在递送红酒的时候藏在瓶塞里带进去。玛丽一世很聪明，她人虽然在监狱里，但是却没有忘记沟通的时候要用密语，即使被姑姑发现了这个秘密，也没有人能看得懂。

当时用的加密方法就是替换法：把自己要写的内容用符号代替，一些常用的特定单词也用符号代替，然后就会出现一段别人看不懂、只有自己人能看得懂的消息。玛丽一世一直依靠特殊渠道和反叛军通信，几个月内她一边从自己姑姑嘴里套话，一边给反叛军提供机密。但不幸的是，这个特殊消息传递的渠道里，有一个双面间谍，他把这个情况汇报给了伊丽莎白一世。伊丽莎白一世当时正在想怎么处死她的侄女，还不被人唾骂，听到这个消息后高兴坏了。不过，伊丽莎白女王现在还急不得，她还需要有充足的证据才能彻底把这个事件背后的所有参与者连根拔起。于是，伊丽莎白一世偷偷地把玛丽一世对外的通信送到密码专家那里，先誊写好，再找机会偷偷破译，最后他们成功了。

他们的破解方法就是"频率分析法"。这种方法其实最早出现在 9 世纪的阿拉伯，只是到了 16 世纪才被欧洲数学家注意到。书面中使用英文单词的频率是不一样的，例如字母 e 就会占到 12.7%，t 占到 9.1%，以此类推。玛丽一世和外界用密文往来很多，字符总量足够多，全部收到一起，哪个符号出现的比例最高，哪个就是 e。也有字母出现的频率会很相似，但是只要稍微留意字母前后的关系，就可以区分出来。频率分析法的实质就是大幅降低字母排列组合的可能性。

以前，我们认为每个字符都会有 26 个字母中的任意一个，每个字母都会有 26 次方的可能性。但频率分析法会把出现符号的可能性降低到一种或者两三种可能性。这样一来，想破译它只要根据字母的规律筛选一下，替代符号对应的真实数字就可以确定了。

在审讯过程中，尽管玛丽一世始终没有承认自己谋反，但是证人和密码学家一起向公众展示密文和原文，玛丽一世在破译后的内容面前没办法否认，最后玛丽一世还是被砍了头。

3. 同音替代法

解密法出现以后，替代法就不再有效了。欧洲皇室把破译方法公布给了全世界。加密的一方只好重新想办法，很快出现了一种新的替代法——同音替代法。这种方法最终要实现的就是让使用的每个字母都大致一致，频率特征没有了，密码就不容易破解了。世界上最著名的同音替代法就是法国国王路易十三时期的大密码，这种密码到 1890 年才完全破译，破解方法就是从单词拼读的规律入手的。

密码学的发展得益于那个年代数学的突飞猛进，终于探索出了概率这个新的概念。今天我们回顾历史，会看到数学发展的两个巅峰。一次是公元前500年到公元前300年，那之后一直在下滑，大约公元500年又被抛弃；另一次高峰是公元1000年以后，法国对数学的重视，才诞生了超越古希腊的数学。由于数学水平的提高，不只是密码学，所有使用数学的应用科学都跟着得到了改变。

2.5.5　维吉尼亚密码：没有人想用的强悍加密法

1.什么是维吉尼亚密码

维吉尼亚密码是一套用凯撒密码组合成的字母表。世界上对维吉尼亚密码的记录次数有很多，而我们一般认为发明创造出维吉尼亚密码的是19世纪的法国外交官布莱斯·德·维吉尼亚。但是，历史上有记载的第一个记录维吉尼亚密码的是意大利人吉奥万·巴蒂斯塔·贝拉索。目前我们可以知道的维吉尼亚密码的创造路径是从贝拉索开始，经由德国炼金术士约翰尼斯的表格法，直到19世纪被维吉尼亚正式发明。从这样的发明路径中我们能看出一个规律：只要一个发明权有一堆人抢，那就说明这个领域已经很成熟了。维吉尼亚密码也是这样，不管它的发明者是谁，最后一个确定的人才能被看作是它的发明者。维吉尼亚之所以能发明出维吉尼亚密码，这里面有两个主要的原因：

（1）**法国政府非常重视数学**。法国数学家韦达受到法国国王的接见，就加入到法西战争中的密码破译小组，能看出以当时法国人的数学能力来说，破译密码的门槛并不高。

（2）**维吉尼亚自己的工作需要**。现代外交关系中外交官得到第一手消息的机会很高，然而维吉尼亚想要在动荡的年代把重要信息送回国还不被发现是很困难的。

当然，除了这两个原因以外，还有一个社会原因，那就是当时的欧洲国家之间经常会发生战争，各个国家都成立了自己的情报部门，专门负责加密和解密的工作。有人把这种隐秘的部门称为黑房子，这个部门有的时候还要和邮政系统一起配合运行采集情报。

邮政系统一直以来都是情报部门的关键，每天大量的信件包裹从邮政系统分发到各地邮局，这种模式极易遭受其他国家窃取秘密。黑房子的任务就是从这些信里找出大使馆的邮件，然后确定这些信息不会存在机密。每次黑房子收到信封以后，都会把这些有密码的信誊抄出来，然后送到专门的机构去破译，再把信缝合好，做到天衣无缝。各国为了在重要信件上加密，都用上了加密法，但是那个时候的替代法只要使用频率分析法去测试，总能破解。

这里尤其要说一下奥地利的黑房子组织，它们不光偷偷看别人的信，还把从信里得到的消息偷偷往外卖。起初的一段时间，各国心照不宣，但是时间久了大家就会发现，自己看了别人的消息，别人肯定也会看自己的消息，于是下一代的加密法就不得不出现了。

2.凯撒密码组合的出现

在过去替代法的时代，解密的方法主要是通过每个字母使用的固定值进行的，所以不管怎么用字母去替代原有信息总能被解密。为了掩盖字母使用中暴露出来的频率特征，加密的一方找出了一种多套符号加密的方式来替代过去的文字，例如字母 A 过去会用 F 来代替，现在为了加密的安全性，规定 A 的替代字母不止 F 一个，而是有 F 或者 G 两个不同的数字。那么，决定什么时候使用 F，什么时候使用 G，其实就看个人需要了，如果加密方觉得当 A 是奇数位的时候要用 F，是偶数位的时候要用 G，那么就随着加密方本身来操作。这种多套符号替代的方法，能帮助人们把文字中本来固定的频率用加密的方式替代，于是哪套符号用哪个字母就没有人能知道了。这样，加密方暂时就是安全的。这种多套替代符号最终衍生出了 26 套符号，也就是后来的凯撒密码组合。就是它成功压制了解密方的频率分析法。

凯撒密码是一个表格，第一行代表原文的字母，下面的每一行代表原文分别由哪些字母代替，每一列代表的是要用第几套字符来替换原文。整个表格共有 26 个字母、26 套代替法，所以这是一个 26 乘以 26 的表，具体的加密过程比较复杂。

3.解决维吉尼亚密码使用困难的问题

要用维吉尼亚密码来加密，就一定要配上它的说明书，说明书要写出来的解释比加密的原文还要长，同时这也意味着一旦别人截获了密文，也就截获了说明书，内容也就白加密了。

那么，怎么解决维吉尼亚密码使用困难的问题呢？

具体来说，在使用这套密码的时候，人们会事先规定每个字母用了哪套移位法，而且不是随便胡乱地指一下，加密和解密的双方需要有一个规定，这个规定就是密钥。最开始的密钥并不像现在区块链技术里的那样要去算一个很大的数字，而仅仅是一个单词。例如，设定密钥是 bed，那么就设定加密时把原文的第一个字母往后移动两位，第二个字母往后移动五位，第三个字母往后移动四位，以此类推，这样就用了好几套密码进行加密。

总而言之，这样加密的好处就是，原文里同一个字母会被加密成不同的字符，而密文中同样的字符也有可能代表的是不同的原文，相互之间绝对不会对应。

维吉尼亚密码相比过去的那些加密方法难的不是一点两点，破解的难度几乎是恐怖地提升，但是解开它的难度也变高了很多，这样的情况带来的结果就是，没有人会去使用这套加密方法。

我们可以想象一下，苏格兰女王玛丽一世在监狱里给自己的信息加密，如果是普通的加密法可能只需要翻几次字典就可以，但是用了维吉尼亚密码之后她得不停地翻字典，这样做迟早要被人发现。所以，在这套密码诞生的 200 年时间里没人去用它，没人用也就意味着没有人要去解开它。直到 1861 年美国爆发了南北战争，维吉尼亚密码又开始被广泛地使用。在当时，随着机械的进步，加密和解密的过程已经完全可以用机械来完成。1860 年，不但有了蒸汽机，也有了电动机，这种有规律的活动完全可以用机器来实现。因此，基础科学的发展是推动技术或者工程领域发展的前提，新的理论产生要比产品的出现更加重要。尤其是 16 世纪以后现代科学的出现，科学理论指导技术解决一个又一个的难题，让人类更愿意把精力投身到科学中，于是产生了一个正反馈。科学的出现让技术的出现不再是偶发性的，现代科学诞生以后，科技变成了一种常态，在这里我们应该感激科学家们的理论创新，多一份对科学原理的敬畏。

2.5.6 《密码法》的颁布对区块链行业会带来哪些影响

1.《密码法》中的密码

2019年10月24日，在中央政治局就区块链技术发展现状和趋势进行第十八次学习后的第三天，十三届全国人大常委会第十四次会议通过了《中华人民共和国密码法》（简称《密码法》）。这部法律在2020年1月1日开始实施，是我国在密码管理领域的第一部法律。作为密码领域的"基本法"，这部法律和区块链技术的发展密切相关，甚至可以说这部法律从一定程度上指导了国内区块链技术发展的趋势。那么，什么是《密码法》中的"密码"呢？

《密码法》和区块链战略有很深的联系，许多人就会联想到生活中常常会用到的手机密码、银行卡密码或者支付宝密码等，制定这样的法律，以后再发生密码被盗事件，就可以有法可依了。其实《密码法》规定的法律和生活中的密码并没有太多的联系，它规定的是与加密算法相关的一系列事情，这些事情和区块链是密切相关的。所以在《密码法》的第二条里就规定了，这部法律中所称的密码是指采用特定变换的方法对信息等进行加密保护、安全认证的技术、产品和服务。

虽然听起来很绕口，但是把这部法律的内容拆分出来看，《密码法》规定的是加密解密方面的技术、产品和服务。这种密码一方面能给大家传递信息提供加密保护，把明文改变成密文信息，防止信息泄露或者被别人窃取篡改，确认信息内容是否和原始信息相符，例如常见的哈希函数就是这样的密码。另一方面也可以提供安全认证，保证信息发生主体是真实可靠的，也就是数字签名技术。出台这样的一部法律，能帮助人们更好地管理加密功能的底层技术架构和商业应用，而不是得到终端的账号密码。

2.《密码法》出台的意义

为什么国家要规定这样一部法律呢？目前密码行业的发展已经到了一个特殊阶段，那就是世界上的密码行业正在面临一种全新的最强悍的加密解密技术，即量子加密技术。

谷歌在2019年9月就公布了新型量子处理器，它可以做到200秒完成之前超级计算机 1 万年才能解决的计算，这对加密资产和国家军事加密会产生重大的冲击。

我们国家也正在发展自己的量子加密产业。同时，在颁布法律的前两天，国家还把区块链技术作为重要发展战略。这个时候颁布《密码法》也正当其时。而且过去我们也没有一个合理管理密码的法律条款，不仅基础法律和随后颁发的规定并不协调，甚至各条款之间制定过程中的政策也不一样。出于不同的考虑，很难有个统一的全貌，因此存在一定的风险。甚至有些条款已经过时了，这不但让普通人难以理解，也让监管部门很难用它们来处理具体问题。综上所述，国家密码管理局综合考量各种原因，认为制定《密码法》是当今时代国情下的必然选择。

3.《密码法》规定的内容

首先要知道国家在一个领域内制定法律时，通常会规定什么？这就涉及了法律思维。其确定的规则都可以分为两类：一类是行为规范；另一类是决策规范。其中，行为规范就是给所有人确定权利义务，让大家知道能干什么，不能干什么；决策规范是指制定规则或者做出决定时所遵守的规则，例如规定要实施法律必须要有一半人投票支持等。如果从行为规范的角度来看《密码法》，会发现这部法律的内容非常有原则性，但是似乎又没有任何有用的具体规定，似乎根本没有办法直接用来打官司。其实这就是带着"行为规范"的眼光来看问题，势必会带来局限性。

从行为规范的角度来看，《密码法》的制定是非常模糊的，这不是它的缺点，而恰恰是它的优势，这样可以使它适应长时间的变化。互联网时代的技术发展是非常迅速的，在密码领域量子计算的发展也非常快，法律必须留足应对空间。

从决策机构的角度来看，《密码法》具有很多实际的意义。它规定了中央密码工作机构来制定之后监管的细则，同时制定了商业密码的准入条款，这一点和人们的生活密切相关。不管是普通人用的加密技术，还是涉及民生的发电领域，针对不同的情况，《密码法》给出了不同的管理细则。针对不同的情况，《密码法》对于商业密码的监管也规定了很多。

（1）取消了企业进入商业密码业务的准入门槛。之前的相关管理条例规定，对于密码技术的研发，密码产品的生产和进口，乃至《密码法》本身的服务适用范围都设置了严格的审批标准，管理严格。这一次《密码法》的推出采取了较为开放的态度，取消了相关行政审批。

（2）**在密码企业和密码产品的检测认证方面**。仅仅针对重要设备才会采取强制性检测，进行技术把关，防止侵害国家安全和公共利益。这样做的目的是减轻限制。换句话来讲，检测认证仅限于关键的设备。

（3）**在进出口方面大大放宽了管制**。对于大众消费类的密码产品，如手机、平板电脑需要的 iOS 或者安卓系统里的加密技术是完全开放的，涉及公共利益的商用密码才设置了进出口许可和出口管制。

总而言之，商业密码的管理体现了政府一直以来减轻监管的思路，减少了行政许可，放宽了市场准入。从全环节监管到重点把控重要环节，从事前审批到事后监管，采取标准化和评测认证的方式。

《密码法》的规定对商用密码企业非常有利，可以让外商放心地投资中国密码产业，进入中国市场。而且可以预测到的是，带有密码功能的大众消费品大概率不会再出现长时间复杂的审批手续，产品在中国国内上市的速度会更快。

《密码法》的颁布，首先对加密算法的技术研发和区块链技术的发展具有很大的激励作用。政府将密码工作纳入国民经济和社会发展规则，予以财政经费支持。那么，从事加密算法研发和测评认证行业的企业，特别是拥有核心技术的公司将会受益。其次对于区块链相关的行业来说，《密码法》一方面为区块链发展提供了保障，另一方面也将区块链纳入了监管，国家支持和鼓励商业密码产业发展，实际上也从法律的角度支持了区块链技术的发展。毕竟区块链的核心技术之一就是加密技术。

第三章

区块链技术与应用

本章首先讲解了区块链的16种技术，帮助读者在应用区块链时能够得心应手；接着讲解了区块链在金融、互联网等领域的应用，将区块链技术做到真正落地。

3.1 区块链技术

区块链技术的主要内容包括：

- 分布式自治组织
- 零知识证明：虚拟的可信第三方
- 隔离见证
- 区块链预言机
- 分叉：性格不合也能理直气壮地分开
- 安全多方计算：对区块链至关重要
- 知识图谱：工业互联网一定要用到它
- IPFS：区块链不可能三角的可能解
- 数字孪生技术：在虚拟与现实之间
- DIKW 模型：数据要素的特征和价值
- 闪电网络：改变加密消息传递方式
- 区块链和同态加密技术：数据安全的"防弹衣"
- 门限签名：资产安全技术的新方向
- 分片技术
- 侧链：区块链扩容
- 数字签名与数字证书

3.1.1 分布式自治组织

1.什么是分布式自治组织

从 2009 年比特币诞生以后，人们逐渐从关注比特币回到了关注比特币背后的技术，即区块链技术，同时人们还注意到了区块链技术的一点好处，那就是在去中心化的环境下，可以出现一种极具吸引力的协作方式，更多的人在了解完分布式协作之后参与到了分布式自治组织的探索中。因为 DeFi 的火爆，分布式自治组织 DAO 再次进入到大家的视野中，那么 DAO 究竟是什么呢？

分布式组织的概念，其实不只是区块链技术出现以后才有的，最早提出分布式组织的是美国作家奥里·布莱夫曼，他在自己的著作《海星组织》里把现在的中心化组织比作蜘蛛，把分布式组织比作海星，并且详细解释了两种组织之间的区别。他说，蜘蛛是中心化的组织，如果把它的头切掉，失去了大脑以后它就没办法生存了。海星不一样，海星的结构是一个彼此对等的没有中心的结构，即使把海星的每只触手都砍断，它们也能成长成一个完整的海星。

在书里，奥里·布莱夫曼用海星和蜘蛛来分别指代现实社会里的分布式组织和中心化组织。海星型的组织在遇到困难或者组织冲突分解之后，会自动变成更小的组织，继续发挥作用；而蜘蛛型的组织却很难继续运作。这种比喻会让我们对分布式组织的概念和特点有所了解，但是在实际操作的时候，我们往往是不会把分布式组织和中心化组织分开的，组织之间的协作有的时候需要执行化的决策，帮助组织更好地发展。

DAO 作为一种去中心化存在的组织，是需要结合智能合约来保持组织运转的，智能合约会把发生在 DAO 的交易和规则都编码在区块链上，实现公开公正、无人干预和自主运行，但在 DAO 里也没有法律实体存在。

2. DAO对人们生活的作用

（1）**分布式组织可以尽最大可能地去除审查程序，实现资源利用的最大化**。和中心化组织不一样，分布式组织会把一切内容都存储在一个去中心化的网络里，公开透明，而且不可篡改。在这个组织里的每个人都有机会能审查到自己公司的活动规则，极大程度地避免了过去中心化自查时会出现的资源调度困难、时间消耗过多的问题。

（2）**分布式组织可以避免员工信息被边缘化，让公司实现更好地创新发展**。传统的公司治理结构是一个标准的金字塔结构，这种层级管理的模式让领导搜集意见变得困难，公司就很难真正了解到基层员工的想法。而分布式自治公司的人可以随时在区块链上提出自己的意见并让组织决策者看到，减少了很多不必要的程序，实现了真正的扁平化管理，从而提高员工的积极性和创造性。

（3）分布式组织能够提高办事效率，让结果更加可信。去中心化的特点可以让人们把生活中的流程变得更加简单。例如投票这件事，以前人们想要搜集大量的投票信息很麻烦，尤其是在最后统计投票数据的时候，很有可能会出现舞弊的现象。分布式账本的使用，会使得投票人的每一票都能真实地被记录在区块链上，无需计票人来统计结果，这样一来就能保证投票的数据是及时且可信的。

总的来说，分布式组织能使人们的组织内协作变得更加轻松，但是值得注意的是，现在人们对分布式组织的探索还没有停止，未来如何利用技术手段让分布式组织能更好地为生活服务，是大家需要持续关注的问题。

3.1.2 零知识证明：虚拟的可信第三方

1.什么是零知识证明

在区块链里有一个比较有意思的逻辑题，在一个实验里有两个参与者，其中艾丽斯有色盲症，而鲍勃没有。现在在鲍勃的手上有两个大小、形状都相同的球，它们之间的区别只有颜色不同，一个蓝色，一个红色。由于艾丽斯是色盲，所以她没有办法分辨两个球的颜色是不是一样的。而鲍勃则需要向艾丽斯证明这两个球是不一样的。

在这个游戏里，艾丽斯实际上被称为验证者，她需要验证鲍勃的陈述是不是正确的；鲍勃则是证明者，他需要证明自己的陈述，告诉对方确实是两个颜色不一样的球，那么怎么来解决这个问题呢？

这个问题最早出现在1984年三位科学家的一篇论文里，论文的题目是《交互式证明系统中的知识复杂性》，而且论文发表的时间是1989年。之所以发表时间和论文出现的时间相差了5年，是因为这篇论文的思想过于超前，以至于从初稿到最终被正式采纳的过程足足延长了5年。但是，也正是因为零知识证明这个开创性的工作，撰写这篇论文的其中两位科学家获得了2012年的图灵奖。

如今，之所以能在互联网上诞生电子商务和在线交易，可信第三方这个概念几乎不可或缺。但是对第三方的过于信赖也产生了巨大的信任成本，隐私泄露、单点失效、个人信息泄露的问题层出不穷。虽然，学术界为了解决这个问题提出了半可信第三方的概念，用来放宽网络安全所需要的条件，但是"半可信"仍然不能解决问题。根本的解决方案还是能不能取消第三方。那么，如果取消了第三方，还能保证交易的公平性吗？

可以想象这样一个场景，两个完全不认识的人提着手提箱面对面地交易，一个人手提箱里放着钱，另一个人手提箱里放着要卖的商品。但是两个人的手提箱都是关着的，要怎么解决不信任的问题呢？一般在电影里就能看到两边交易的人都带着自己的小弟，甚至还带着武器，防止对方耍赖，然后双方还需要倒数时间同时把箱子推给对方。这个场景里除了买家、卖家没有任何一个可信第三方存在，双方也相互不信任，任何一方都不愿意先出手，因为担心对方拿了箱子就跑，导致自己人财两空的局面。

可以说，从互联网出现开始到现在，不信任的问题一直都没办法解决，直到2008年比特币的出现，让人们看见了一个无须任何准入许可就能进入的P2P网络，通过采取区块链技术，参与到网络里的人能公平地用记账的方式实现去中心化的记账。但是，如果从另一个角度出发看整个比特币网络就能发现，其实比特币实现了一种分布式的协议，通过去中心化的方式，模拟出了一个虚拟的可信第三方。

而零知识证明和区块链网络很类似，它是先用一类密码学理论技术，基于一些安全假设，模拟出了一个虚拟的可信第三方。可见零知识证明的一个重要作用是消灭可信第三方。换句话来说，零知识证明提供的是信任，能够代替一个可信第三方。从这一点上来看，它和区块链网络又有一点不同，它取代的并非第三方，而是可信第三方。

回到开始的那个案例，如果用零知识证明的方式来看，鲍勃需要在艾丽斯不能获知两个球的颜色的情况下，向艾丽斯证明这两个球的颜色是不一样的这个事实，这与零知识证明的定义是相符合的。

用零知识证明的方法来解决这个问题只需要5步就能解决：

第1步：艾丽斯当着鲍勃的面拿起两个球，左手拿蓝球，右手拿红球，但这个过程中艾丽斯并不知道拿到的是蓝色的球还是红色的球，因为她是色盲。

第 2 步：艾丽斯将双手放到背后，这样鲍勃就看不到艾丽斯手上的球了。

第 3 步：艾丽斯在背后随机交换左右手上的球，并在心里默默记住自己的交换方式。

第 4 步：交换完成后，艾丽斯将手伸出，并询问鲍勃："两个球是否交换过位置？"

第 5 步：如果鲍勃能看到球上的颜色，那么每次艾丽斯换过球的位置后，鲍勃都能正确回答出艾丽斯的问题。

在整个论证的过程中，实际上只有两次推理的过程，也就是说，只需要论证艾丽斯是不是真的交换了手里的两个球。如果艾丽斯确实交换了手里的两个球，并且鲍勃答对了，艾丽斯仍然不会完全相信鲍勃可以区分这两个球的颜色，因为鲍勃有 50% 的概率蒙对，这样一来艾丽斯还需要进行第二次测试。如果鲍勃回答错了，那么艾丽斯可以肯定鲍勃不能区分两个球的颜色。此项测试就可以终止了。

第二次推理时，假设这一次艾丽斯并没有交换两个手中球的位置，然后艾丽斯问鲍勃是否交换了球的位置。如果鲍勃回答对了，那么艾丽斯有 75% 的概率相信鲍勃可以区分两个球的颜色；如果鲍勃回答错了，那么艾丽斯可以肯定鲍勃不能区分两个球的颜色。在概率计算的过程中，第一次鲍勃回答正确，艾丽斯可以说鲍勃陈述的断言为真的概率为 50%；如果鲍勃第二次又回答正确，那么艾丽斯可以说鲍勃陈述的断言为真的概率达 75%；如果第三次鲍勃又回答正确，概率将达到 87.5%；以此类推，如果连续 N 次，鲍勃都通过了测试，那么艾丽斯就完全可以相信确实存在两个球，一个是蓝色，另一个是红色。

这个案例是一种基于概率验证的方式，验证者基于一定随机性向证明者提出问题，如果证明者都能给出正确回答，则说明证明者大概率拥有他所声称的"知识"。以上述案例来看，证明者能够在不向验证者提供任何有用信息的情况下使验证者相信某个论证是正确的，这就是零知识证明。根据这个定义，还可以得出零知识证明具有以下三个重要性质：完备性、可靠性、零知识性。

（1）**完备性**。只要证明者拥有相应的知识，那么就能通过验证者的验证，即证明者有足够大的概率使验证者确信。在上述的案例里，如果鲍勃拥有分辨球颜色的知识，则鲍勃每次都会正确地回答问题。这就满足了零知识证明的完备性。

（2）**可靠性**。也就是说，如果证明者没有相应的知识，则无法通过验证者的验证，即证明者欺骗验证者的概率可以忽略。在上述的案例里，如果鲍勃不具备分辨球颜色的知识，则鲍勃无法总是回答正确。

（3）**零知识性**。证明者在交互过程中仅向验证者透露是否拥有相应知识的陈述，不会泄露任何关于知识的额外信息。直到最后，艾丽斯也无法得知两球的具体颜色，因为鲍勃从未透露这个信息。

从这些定义中，可以提取到两个关键词："不泄露信息"+"证明论断有效"。再浓缩一下就是：隐藏+证明。所以，零知识证明的核心目的也就是隐藏并证明需要它隐藏的各类秘密。

2. 零知识证明是如何产生信任的

零知识证明具有两个理论：一个是基础理论，即数学和代数、数学逻辑、计算理论等；另一个则是安全假设，如"离散对数难题"等。

如果对这些基础数学逻辑理论完全信任，也信任安全假设没有被攻破，那么确实可以得出下面的结论：零知识证明实现了一类密码学理论技术，它基于一些安全假设，"模拟"出了一个虚拟的可信第三方。

2016年《经济学人》杂志称，区块链是信任机器。这句话从理论机制上可以推导出，区块链解决的是分布式计算中的信任；那么零知识证明解决的是数据上的信任，形式化验证解决的则是逻辑上的信任。逻辑、计算、数据，三者之间共同作用形成一个闭环，这样才能实现信任机器这一构想。也就是说，任何信任都需要基于某些信任基础，例如计算一些数学公式，任何安全都有安全性假设。

零知识证明定义中有两个关键词："不泄露信息""证明论断有效"。基于这两个特点，直接扩展出零知识证明在区块链上的两大应用场景：

（1）**隐私场景**。在隐私场景中，可以借助零知识证明的"不泄露信息"特性，在不泄露交易细节的情况下，证明区块链上的资产转移是有效的。

（2）**扩容场景**。在扩容场景中，不太关注零知识证明的"不泄露信息"

这个特性，而更加关注"证明论断有效"这个特性。

由于链上资源是有限的，所以需要把大量的计算迁移到链下进行，因此需要有一种技术能够证明这些在链下发生的动作是可信的，零知识证明正好可以帮助大家做链下可信计算的背书。

3.1.3 隔离见证

1. 交易积压问题引发的思考

比特币诞生之初，中本聪并没有严格地限制过区块的大小，按照当时的比特币数据结构规则，一个区块最大可以达到 32MB。很显然，一开始平均打包一个区块大小只有 1 ～ 2KB，因此也没有想过有一天会达到区块的上限值，造成了资源的浪费，同时也很容易发生分布式拒绝服务攻击。基于种种原因，中本聪为了保持比特币系统的安全和稳定，才将区块大小限制在 1MB。理论上，按照每笔交易 250B，平均每 10 分钟产生一个区块计算，比特币区块链网络上最多可以处理 7 笔交易。

但是，现如今的比特币交易情况已经和当时大不相同，每天有超过 35 万笔的交易在链上进行，一些问题也随之出现，不仅交易的时候迟迟得不到网络确认，网络拥堵问题严重，而且用户为了让矿工先打包自己的交易只能增加矿工的交易费，但这样的情况仍然没办法满足用户的需求。

交易积压问题日益严重，最高时有上万笔交易待确认，因此比特币网络扩容问题也迫在眉睫。针对这一情况，不同的用户群体有不同的想法，这些分歧又被分为两派：希望保持比特币小区块特性的 CORE 开发组，以及拒绝使用闪电网络等弱中心化操作的矿工和支持矿工的开发者。

而中本聪本人在退出比特币社区之前，又把代码维护的工作交给了 CORE 开发组，CORE 开发组一直希望比特币保持小区块，提出采用隔离见证和闪电网络的方式解决比特币区块链拥堵的问题。一方面能够保证区块链的交易速度和安全性，另一方面能够防止矿工权利过大导致比特币的中心化。

2. 隔离见证技术的认知

所谓的隔离见证技术，简单来说，就是通过链上来解决区块效率可拓展性的一种技术。隔离见证在不扩展区块容积的情况下，将比特币交易过程中的签名字段和交易内容分开，一个比特币交易分成交易状态和表明交易合法性的见证，将见证即签名信息隔离出来。对于一般用户来说，用户只需要说明交易结余的交易过程信息，只有需要验证的矿工节点才需要完整信息，通过隔离见证就能存储更多的交易内容，这就实现了区块的变性扩容。

2015 年 12 月，隔离见证技术的开发者彼得·沃尔在比特币扩容会议上首次提出了这个想法，并且作为 BIP141 在会议上被公开讨论，但是直到 2017 年 5 月 10 日才在莱特币网络上激活，并于 2017 年 8 月 23 日在比特币网络上激活。

在密码学中，见证一直都被用于形容一个加密难题的解决方案。在比特币中，见证满足了一种被放置在一个未使用的交易输出上的加密条件。而见证这个术语放到比特币语境里，一个数字签名就是一种类型的见证。但见证是一个更为广泛的任意解决方案，能够满足加诸于一个 UTXO（未使用的交易输出）的条件，使得 UTXO 解锁后可以被花费。因此，这里的见证更是一个普遍用于解锁脚本的术语。

在引入隔离见证之前，每个交易输入后面都跟着用来对其解锁的见证数据，见证数据作为输入的一部分被内嵌其中。因此，隔离见证就是将某个特定输出的签名分离开，或将某个特定输入的脚本进行解锁。它的最简单表现形式是分离解锁脚本，或"分离签名"。这也就从侧面说明，隔离见证就是比特币的一种结构性调整，旨在将见证数据部分从一笔交易的解锁脚本字段移出至一个伴随交易的单独的见证数据结构。客户端请求交易数据时可以选择要或不要该部分伴随的见证数据。隔离见证的出现会对比特币产生多方面的影响，并且做出结构性调整。

（1）**交易延展性上**。隔离见证技术把见证移出交易后，用作标识符的交易哈希值不再包含见证数据。因为见证数据是交易中唯一可以被第三方修改的部分，移除它的同时也移除了交易延展性攻击的机会。通过隔离见证，交易变得对任何人都不可变，这极大地提高了许多其他依赖于高级比特币交易架构的协议的可执行性。

（2）**脚本版本管理上**。在引入隔离见证脚本后，类似于交易和区块都有其版本号，每一个锁定脚本前也都有了一个脚本版本号。脚本版本号的条件允许脚本语言用一种向后兼容的方式升级，以引入新的脚本操作数、语法或语义。非破坏性升级脚本语言的能力将极大地加快比特币的创新速度。

（3）**网络和存储拓展上。**见证数据通常是交易总体积的重要贡献者。一些用于多重签名或支付通道的脚本，更复杂的脚本通常非常大。有时候这些脚本甚至会占用一个区块超出 75% 的空间。通过将见证数据移出交易，隔离见证提升了比特币的可扩展性。节点能够在验证签名后去除见证数据，或在进行简单支付验证时整个忽略它。见证数据不需要被发送至所有节点，也不需要被所有节点存储在硬盘中。

扩展阅读 3.1

签名验证的优化与改进

在签名验证优化方面，隔离见证同样起着很大的作用：隔离见证升级签名函数减少了算法的计算复杂性。引入隔离见证前，用于生成签名的算法需要大量的哈希运算操作，这些操作与交易的大小成正比。在 $O(n^2)$ 中关于签名操作数量方面，数据哈希运算增加，在所有节点验证签名上引入了大量计算负担。引入隔离见证后，算法更改减少了 $O(n^2)$ 的复杂度。

在离线签名改进方面，隔离见证签名包含了在被签名的哈希散列中每个输入所引用的数量。在此之前，一个离线签名装置，例如硬件钱包，必须在签署交易前验证每一个输入的数量。这通常是通过大量的数据流来完成的，这些数据是关于以前的交易被引用作为输入的。由于该数量现在是已签名的承诺哈希散列的一部分，因此离线装置不需要以前的交易。如果数量不匹配，则签名无效。乍一看，隔离见证似乎是对交易如何构建的更改，因此是一个交易层面的特性，但事实并非如此。实际上，隔离见证也更改了单个UTXO如何被使用的方式，因此它是一个输出层面的特性。

一个交易可以引用隔离见证输出或传统输出，或者两者皆可。因此，把一个交易称为"隔离见证交易"是没有意义的。但是我们可以把某个特定的交易输出称为"隔离见证输出"。当一个交易引用一个UTXO时，它必须提供一个见证。如果是传统的UTXO，一个交易在引用它时，UTXO的锁定脚本要求见证数据在该交易输出部分中以"内联"的方式被提供。但隔离见证UTXO指定的锁定脚本却能满足处于输入之外的见证数据。隔离见证对于输出和交易的构建方式是一个十分重大的改变。这样的改变将通常需要每一个比特币节点和钱包同时发生，以改变共识规则，即所谓的"硬分叉"。隔离见证通过一个更小破坏性的改变引入，这种变化能向后兼容，被称为"软分叉"。这种类型的升级允许未升级的软件去忽略那些改变然后继续去操作，避免任何分裂。

隔离见证输出被设计成老的"非隔离见证"系统仍然能够验证它们，对于老的钱包或节点来说，一个隔离见证输出看起来就像一个"任何人都能花费"的输出。这样的输出能被一个空的签名花费，因此一个交易里面没有签名（签名被隔离）的事实也并不会导致该交易不被验证。但是，更新的钱包和挖矿节点能够看到隔离见证输出，并期望在交易的见证数据中为该输出找到一个有效的见证。

3. 隔离见证技术引发的新概念——块重

隔离见证引入了一个新的概念，称为"块重"。块重没有签名数据，上限为4MB，而基础事务的块大小限制仍然为1MB。这意味着隔离见证升级与之前的协议兼容，并且避免了使用硬分叉的需要。隔离见证并没有增加块大小的限制，但是它确实在1MB的块中启用了更多的事务。4MB的上限包括隔离的证人数据，技术上不构成1MB基础事务块的一部分。隔离见证提出的另一个重大进步是它支持第二层协议的开发，如闪电网络。这种可延展性的解决方案使得任何依赖于未经证实的交易的特性都变得更低风险和更容易设计。闪电网络将进一步提升比特币的交易能力，通过频繁、小规模的交易，只有在用户准备好时才结算比特币区块链。

隔离见证的激活也促进了其他功能的开发工作，例如，可以支持更复杂的比特币智能合同、Schnorr签名。随着更多的钱包接受升级，使用隔离见证结构的交易比例将会增加，而比特币的费用应该会下降，因为区块包含了更多的交易。此外，闪电和类似的第二层协议的发展应该得到更多的提升，增强比特币的范围和潜力。这种情况不太可能在一夜之间发生，但变化是重要的，而且是向前迈出的一大步。

3.1.4　区块链预言机

区块链最大的核心创新在于去中心化的解决信任问题，不需要再去信任和依靠第三方机构的情况下进行价值转移。尤其是分布式账本和智能合约的出现，对价值转移起到了重要的作用。智能合约是一套数字形式定义的合约，帮助合约参与方执行完成任务的协议，节省了时间和烦琐的步骤。但是，区块链本身是没有办法主动获取现实世界的数据的。为了实现链上链下的数据互换，就必须引入一个将区块链外部信息写入区块链内的机制。

2018年11月6日，中国人民银行发布了《区块链能做什么？不能做什么？》的报告，报告中指出将区块链外部信息写入区块链内的机制，一般被称为预言机。也就是说，预言机的功能就是将外界信息写入区块链内，完成区块链与现实世界的数据互通。它允许确定的智能合约对不确定的外部世界做出反应，是智能合约与外部进行数据交互的唯一途径，也是区块链与现实世界进行数据交互的接口。

如果把公链比作操作系统，DApp就是搭载在这些操作系统中的App，那么预言机的作用就可以看作是API（应用程序编程接口）。它是一组定义、程序及协议的集合，通过API实现计算机软件之间的相互通信。换言之，预言机是区块链和现实世界之间的纽带，是实现数据互通的工具。

一般智能合约的执行需要触发条件，当智能合约的触发条件是外部信息时（链外），就必须需要预言机来提供数据服务，通过预言机将现实世界的数据输入到区块链上，因为智能合约不支持对外请求，具体原因如下：区块链是确定性的环境，它不允许不确定的事情或因素发生，智能合约不管何时何地运行都必须是一致的结果，所以虚拟机（VM）不能让智能合约有网络调用，不然结果就是不确定的。

这就像有一个被关在小黑屋里的人，这个人对外部世界一无所知，也不知道外面到底有没有人，而他知道外界信息的唯一方式只有通过门外的看守传达消息。也就是说，智能合约其实是完成的不智能的事情，需要先写好条件和结果，当给它条件的时候，就可以触发，但也不会马上执行，还需要合约相关的人进行私钥签署才可以执行。

或许大家又会提出疑问：为什么链上无法直接导入和接收数据呢？这主

要是因为区块链的共识机制。区块链是基于共识的网络，所运行的智能合约也要求一定要是确定性的程序，每笔交易和区块处理过后，每个节点必须要达到相同的状态。但是数据本身具有复杂性和多样性，这也是为什么预言机为了契合区块链的共识机制，除了搜集数据还有一个数据验证的步骤才将最后的"确定性"信息反馈给智能合约。

目前，预言机在区块链里主要涉及稳定币、借贷等领域。

（1）**在稳定币方面**。预言机主要服务于加密资产类稳定币。加密资产类稳定币是以加密货币抵押为基础的，因为加密资产类稳定币并不是保持一对一的比率，而是试图通过维持更高的抵押品与稳定币比来将其价格与法定货币挂钩。比较典型的加密资产稳定币类型就是 DAI（以太美元），DAI 通过超额抵押资产发行，用以太坊等链上资产实现抵押。这一类的加密资产稳定币有链外信息交互需求，需要预言机实时地去获取外部世界稳定货币本身和锚定资产的兑换率等数据。

（2）**在借贷领域**。很多去中心化 P2P 借贷平台允许匿名的用户用区块链上的加密资产抵押，来借贷出法币或者加密资产。这类应用需要使用预言机在贷款生成时提供价格数据，并且能监控加密抵押物的保证金比率，在保证金不足的时候发出警告并触发清算程序。同时，借贷平台也能用预言机来导入借款人的社交信用和身份信息来确定不同的贷款利率。

当然，预言机能做到的并不仅仅只有这些，人们还可以使用预言机实现对快递信息的追踪。当人们通过某个 DApp 购物平台购买某件物品并快递过来的时候，真实世界中的快递寄送或到达信息就可以通过预言机把数据传递到链上，然后触发链上的智能合约，最后用自己的私钥确认收到了快递，并完成付款。这里的智能合约不能自动执行，而是需要用自己的私钥进行确认，智能合约保证的是没有第三方机构做担保和资金周转，这就是智能合约的价值。除此以外，通过多个预言机的搭建，还可以构建一个去中心化预测市场，这个去中心化的预测市场能把人类的协作推向前所未有的高度。但是，要想搭建这样的预测市场，必须保证预言机本身真实可信。区块链被设计为与外部世界和可信第三方分离。又因为，大部分的事件仍然发生在区块链外部，所以我们需要建立一个桥梁，但又不能在抗审查方面有所妥协，一旦预言机对外部信息做出了妥协，就很容易造成信息的误判。

单一的信息来源是不够可靠的。使用多个事实来源会更安全，但同时也会带来更高的成本。目前没有一个通用的解决方案，大家可以期望应用程序采用基于自身风险判断的方法来确定需要从多少个来源处为应用程序获取信息。例如在天气预报领域，想要全面地了解一个城市的天气情况，光靠测算空气湿度是不够的，还必须接入更多的预言机来对卫星数据、本地传感器等数据进行全方面的监测。

当然，在实际接入真实世界数据的时候并不会是完全真实的，很多时候由于中心化世界里对各自利益的追求，在数据传输的过程中一定会出现细微的偏差。为了在中心化的世界中解决这个问题，常使用多层级的保护，例如建立合同、规范公司责任、制定法律等。只要其中一个层级按照预想起了作用，正确性就可以得到保障。

为了保证预言机系统的万无一失，同样能用多层保护的概念去设计去中心化预言机，创建一个最少信任的机制。

（1）**数据源上**。可以采取多重数据源保障报告的正确性，在这种情况下，只有两种方式会收到错误数据：大多数数据源出现故障，或者是预言机自身出现故障。

（2）**预言机本身的设置上**。可以采取多预言机同时采集数据的方式来避免因为单一预言机作恶造成的数据问题。大概率来说，很难出现多个预言机同时作恶的情况，因此只要多数人是诚实的，系统就是安全的。但是，所有预言机都存在有意或无意地传递错误信息的风险。

另外，也可以在预言机的去中心化网络里设计一些激励机制，以确保参与者的行为符合网络的利益，并因此而获得补偿。这也是股权证明会给与矿工大量奖励的原因，股权证明需要削减条件以对抗女巫攻击和无抵押攻击。

当然，让去中心化的匿名身份扮演预言机的角色是非常危险的，特别是当它们的不良行为会带来财产损失却无法合法索回的时候。要想解决这个问题，可以在项目中使用代币，去中心化的预言机网络可以强制节点以网络的原生货币存入资金/存款，以便有机会为网络执行工作。如果它们表现良好，它们会为自己的工作获得回报；如果它们行为不端，它们就会失去一定比例的股份。这确保了预言机有正确的激励来传播准确的数据。

3.1.5 分叉：性格不合也能理直气壮地分开

1. 区块链中的"分叉"

理解区块链中的"分叉"，可以先从日常生活中的现象说起：当你和别人的意见不合时，会怎么做？是据理力争一定要对方听话，还是选择分道扬镳？在区块链的世界里，最常见的一定是后者。在区块链里的这种分道扬镳称为"分叉"。我们可以把这种分叉的行为想象成是人生当中的不同抉择，一个人选择向左走，另一个人选择向右走，从此以后两个人就走向了不同的人生，而且再也不会相遇。

2. "分叉"形成的原因

在区块链的世界里主要有三种情况会导致分叉：第一种是纯粹的意外，第二种是意见上的不合，第三种是技术上的分叉。

在比特币挖矿的过程中，很有可能会出现两个矿工挖到同一高度的意外情况，而且因为网络延迟，其余矿工在得到消息的时候会对跟随哪块继续下挖持有不同的意见，这个时候就会出现分叉。中本聪在《比特币白皮书》里提出了这种情况的解决方案，那就是最长链原则。节点会更新链上的信息，一旦其中一条超过了另一条，短链就会被抛弃。

第二种区块链分叉就是意见上的不合，区块链历史上最早的因为意见不和导致的分叉来自于比特币社区扩容。起初为了防止比特币网络遭到 DDoS 攻击，中本聪把比特币区块大小设计在 1MB 内。这样做虽然能阻止黑客攻击，但是也有缺点，这也就意味着比特币每 10 分钟处理的交易数量是很有限的，大约只有 7 笔。这种低扩展性让比特币交易很拥堵，转账手续居高不下，后来参与到挖矿的人越来越多，比特币社区里就开始讨论怎么提高比特币的交易频率，社区里的人提出了许多扩容方案。虽然争执很多，但是真正著名的就算是比特币区块大小从 1MB 调整到 2MB。

比特币开发团队，中本聪的继承者加文·安德森从比特币钱包维护团队里拉出了一波人来研究比特币怎么支持比特币扩容，但是遭到了维护团队的反对。而安德森并没有放弃自己的想法，他跑到了中国开始游说中国的矿工，准备在算力支持率达到 75% 的时候，把比特币区块的大小提高到 2MB。但事情并没有那么顺利，要知道如果在没有充分协商的情况下强行分裂社区，会对比特币网络稳定造成重大威胁。要想解决这个问题，就需要让矿工们一起坐下来商量，达成现实社会里的共识。于是，在比特币基金会的同意下，第一次中本聪圆桌大会在香港召开，这次会议里矿工代表和开发组达成了一个共识，准备继续推进软分叉，并且考虑硬分叉把比特币从 1MB 扩容到 2 ～ 4MB。这次大会结束并没有很好地达成共识，很快比特币社区成员又在纽约召开了大会，希望再次形成软分叉共识，但是没想到纽约共识更加脆弱，三个月就彻底宣告作废。

2017 年 8 月，在多方矿工阵营的支持下，比特币发生了硬分叉，比特现金也就随之出现了。比特现金在比特币的基础上把区块大小提高到了 8MB，不支持隔离见证和闪电网络，并且继承了此前比特币区块链上所有的转账记录。这里值得注意的是，比特现金虽然也能看成是比特币的竞争币，但是它有先天优势，其他的竞争币是完全从零开始，而它绝不是。

到这里大家可能会疑惑，既然这次硬分叉只是为了给比特币扩容，那么为什么不能直接提高区块高度呢？其实这个问题的关键在于资源的浪费。如果一定要直接提高区块高度来实现扩容，也就意味着所有的交易都会在这条主链上，主链就会出现集中交易，最后出现拥堵的情况。

不能直接提高区块高度实现扩容的第二个原因，是因为过大的区块链账本会提高节点的入门门槛，如果直接提高区块高度，普通家用计算机就进不了网络。从这个角度来看，当前要想为比特币扩容，多层网络加上链下结算或许是比特币更好的扩容方式。这里可以看到，比特币分叉的过程是因为社区之间的投票和共识，有人支持就有人反对，反对分叉的人往往会给出一个理由，他们会觉得区块链是去中心化而且不可篡改的，不能因为一部分人的利益损失违背这些原则。投票带来的分叉很难让更多的人信服，所以会看到更多区块链上的分叉是通过技术升级实现的。

历史上最著名的一次技术分叉来自于以太坊，同样是在 2016 年，以太坊最大的众筹项目 The DAO 出现被盗的情况，黑客卷走了 5000 万美元，造成了 2.45 亿的直接损失。为了挽回损失，经过社区投票，以太坊完成了一次分叉，把以太坊的交易历史切换回了被盗之前，在一切没有发生的时候就补好了漏洞。当然，分叉后的以太坊也出现了两条区块链，被弃用的那条链被反对这次分叉的人重新利用起名为以太经典。

比特币和以太坊的分叉造成了分叉热，由于区块链代码都是开源的，任何人都能做自己的项目或者分叉现有项目，市场上出现了很多因为分叉诞生的加密资产形式。但是这些分叉后的币种最终都会销声匿迹，由于技术上的不成熟，分叉币到最后会跟不上主链的交易速度，最终就会逐渐归零。也就是说，在分叉的背后起着决定性作用的就是技术，每当这些区块链开始分叉就一定会涉及更多的使用场景，只有区块链的使用场景足够大，并且足够完善，它才能真正地被市场认可。

3.1.6　安全多方计算：对区块链至关重要

1. 由军棋游戏引发的"姚氏百万富翁问题"

军棋游戏里一般会有三种玩法：第一种是明棋，双方棋子朝上进行游戏；第二种是翻棋，棋子朝下，双方依次翻开进行游戏；第三种是暗棋，除了双方参与者以外，暗棋还要添加一个裁判，它的游戏规则是双方把本方的明面朝向自己摆放，并且仅自己和裁判可见，当双方棋子对碰的时候由裁判来判定游戏的结果。不过，在日常中暗军棋也会出现一些问题，例如两个人在没有第三方裁判的时候还能玩这个游戏吗？当然可以，不过在这个时候密码算法的作用就尤为重要。

简单来说，在游戏中不考虑特殊棋子，对其他棋子按顺序来编号：例如把司令设定为9、军长设定为8、师长设定为7等，以此类推。把游戏双方在对碰的棋子设定为 x 和 y，根据对照表的规则写一个函数 $f(x, y)$ 并且规定：当函数等于1的时候艾丽斯胜，函数等于0的时候双方平，函数等于 -1 的时候鲍勃胜。这个时候游戏中 x 只要大于 y，就势必会出现函数等于1的情况，也就意味着艾丽斯胜。

那么，在没有第三方介入作为裁判的情况下，该怎么比较呢？这个时候就要提到由我国自主提出的密码学问题——姚氏百万富翁问题。两个富豪艾丽斯和鲍勃在没有任何可信第三方的前提下，如何不暴露自己的财产，才能证明自己比对方更加富有呢？为了解决这个问题，姚期智提出了用函数加密来验证安全性的通用技术，这个技术发展到现在就变成了安全多方计算。姚院士设计出的算法中设定艾丽斯的财富为 a，鲍勃的财富为 b，两个人都有公钥 E 和私钥 D，在展示财富的时候，艾丽斯把自己的公钥交给鲍勃，接着鲍勃会选取一个大整数 X，并用艾丽斯给的公钥 Ea 进行加密后得到相应的密文 K，然后将一个公式 $C=K-b$ 发给艾丽斯。

艾丽斯拿到密文 C 以后，会用自己的私钥 Da 对这个 C 进行解密得到 $(n-m+1)$ 个数字；再选取一个适当大小的质数 p，把这 $(n-m+1)$ 个数字对 p 进行 mod 运算得到 dm、d$(m+1)$、…、dn；然后在不动 a 的个数时，后面的数每个加 1，再把这个经过处理的数字发给鲍勃。鲍勃得到这串数字以后，进行计算证明这个数字没有被加 1，所以 a 大于或等于 b，反过来则证明 a 小于 b。

再来看暗军棋的游戏，它的本质和百万富翁问题是一样的，按照计算协议输入对碰棋子对应的数值即可。当然为了防止作弊，双方还需要各自进行计算来得到一个一致的结果。各自把每一次对碰自己的棋子和结果记录下来，结束后再按照步骤重现进行检查。

2. 生活领域中的"安全多方计算"

可以说任何一个涉及规则的地方，安全多方计算都可以在不依赖第三方的基础上进行博弈，例如在银行领域：根据银行的数据统计，贷款者每申请一家机构，未来他会出现违约的可能性就会提高 20%，对于银行来说这种共同债务问题一直都没有办法解决，一来是因为用户的贷款信息本身有滞后性，二来每个商业银行之间的信息基本都是不互通的，任何一个人在不同银行里的存款信息如果不经过央行的确定是没有办法直接查询到的。

为了避免贷款者因为多头贷款造成的坏账、呆账问题，银行机构一般会采用安全多方计算来解决信息和数据孤岛问题。安全多方计算把原本需要展示给对方的全部信息变成一种经过加密以后的结果，查看信息的一方通过查看计算后的结果来确认信息，但是展示信息一方的真实信息并没有泄露出去，这种信息加密给重要信息带来了很强的安全感。

在医疗方面，由于医疗大数据互不相通，就会形成一个个数据孤岛，无法充分发挥它的价值。同时，由于医疗涉及大量患者的个人隐私，想要协同利用这些数据就必须解决隐私保护问题。通过安全多方计算，我们就可以在保证个人隐私安全的前提下，打通数据孤岛，为患者医疗实现数据价值的最大化。

3. 区块链中的"安全多方计算"

从结果上来看，安全多方计算和区块链之间有很多相似之处，尤其是在数据隐私保护上，安全多方计算和区块链都是隐私保护的一种手段。而在密钥管理越来越重要的今天，安全多方计算已经变成了区块链领域一个非常重要的基础设施。它会对区块链中必须有的跨链、零知识证明、门限签名、隐私智能合约、密钥管理、随机数生成、社区投票等问题产生非常大的影响。

对用户而言，在区块链或者比特币网络上，一般都不会用到第三方，而是通过数字签名机制来完成。到了数字货币领域，这个管理签名的方式就成了最重要的事情，因为所有的东西都会依赖这个签名的有效性。

在用户端，管理签名其实就是在管理密钥。这一点和传统世界里的资产转移有很大不同，传统世界里资金的每一笔转移都需要层层审批，但数字世界要想转钱只需要知道私钥就可以了。但还有一种情况，如果在一个共同管理的数字资产中，要怎么实现多个资产掌控者共同掌握私钥呢？一个最简单的方法就是把这个私钥做成碎片，这个碎片同时被很多人拿着，然后通过一套安全多方计算协议，保证这些碎片不需要并起来就可以直接变成一个合法签名。这样一来，在多人参与的私钥管理系统中，真正的私钥从来都没有出现，也不需要出现，极大地保证了私钥的安全性。

目前，在很多信托基金管理机构中，已经采用了这种安全多方计算协议来保证基金的每个管理者都有一个私钥碎片，但是不会掌握私钥，通过授权以后，每个掌握碎片的人都会在链下执行协议，生成一个签名，再把签名放到链上。

由于生成签名的逻辑是在这个安全多方计算里实现的，出来的是一个标准的签名，但是怎么跑这个协议没有人知道。到链上执行的是这个签名的结果，别人分不清这个签名到底是一个人签的，还是多个人签的，其结果和直接用私钥签名是一模一样的状态。这种签名会独立于区块链，只有掌握协议的人才能知道，极大地保证了私钥的安全性。很多人看到私钥会直接认为私钥是一种钥匙，它是打开数字货币的保险柜，使用私钥就能拿到加密资产。但实际上，在区块链领域中往往私钥就是资产本身。保险柜的钥匙丢了还能用其他方法打开它，钱依然还在，但是私钥丢了，钱就可能永远消失了。私钥不是钥匙，它是要被放到保险柜的资产本身。如何设计出一个保险柜系统来存放私钥，让柜子里的私钥安全易用，这就是密钥管理需要解决的问题。安全多方计算能帮助区块链更好地实现数据保密能力，从而适应更多的场景，同时安全多方计算也可以借助区块链技术实现多余计算，从而获得可验证的特性，两者本身是相互合作、互惠互利的关系。

3.1.7 知识图谱：工业互联网一定要用到它

1. 知识图谱的认知

2012 年 5 月 17 日，谷歌正式提出了知识图谱（Knowledge Graph）的概念，在当时谷歌介绍了知识图谱对优化搜索引擎返回的结果，这项理念增强了用户搜索质量和用户体验。

简单来说，它是一个准确阐述人、事、物之间关系的结构，是人工智能、工业互联网都必不可少的一部分。

虽然今天在学术上对知识图谱还没有形成一个统一的定义，但是在谷歌发布的文档中有明确的描述，知识图谱是一种用图模型来描述知识和建模世界万物之间关联关系的技术方法。如果从不同的视角去审视知识图谱的概念，它有不同的解释：

①在人工智能视角下，知识图谱是利用知识库来辅助理解人类语言的工具。

②在数据库视角下，知识图谱是利用图的方式去存储知识的方法。

但总的来说，知识图谱的本质是一种大规模语义网络，其中的信息点可以是对实体事物或事件的描述，也可以是对抽象概念的解释。这些信息点必须表意清晰，确保人类和计算机能够对其进行高效的处理且不会产生歧义。同时，这些信息点必须相互关联，一个信息点能为另一个信息点提供语境，或是起到解释作用。

例如电影中的知识图谱，电影的参与者会被分为导演、演员等信息节点。

每个人在电影制作中负责什么位置、做了哪些工作，通过知识图谱是可以梳理出来的。只要有需要，我们可以按照一个逻辑将所有电影信息整理成一张巨大的知识图谱，方便信息的查询和检索。

因此，也可以得出一个简单的结论：知识图谱为信息和数据的融合、统一、链接和复用提供了良好的框架，有助于提高信息数据的管理和分析效率。一方面，知识图谱会借助资源描述框架清晰有效地呈现数据结构、分类参考信息和基本数据等各类数据和内容；另一方面，知识图谱里的数据和信息已经按照一定的标准进行过整理，所以分析管理起来更加高效。

这样的结构图谱在工业互联网中扮演了非常重要的角色，区块链、隐私计算和知识图谱三者各司其职又相辅相成，这三者的结合帮助传统制造业实现数字化打造了一个完整的技术闭环。

区块链帮助工业互联网存储海量数字资产，并且调用制造企业在生产制造、贸易销售等活动中的行为，同时构建分布式商业模式及价值交换和激励模式。隐私计算保护了数据安全。目前，传统制造业有一个很大的问题，相关企业的数据很容易遭到泄露和篡改，所以企业不愿意分享自有数据，从而形成了数据孤岛，让海量数据的价值难以发挥。要解决这个问题，可以用加密技术来实现，将数据进行加密处理后再分享使用，这样有助于打破数据孤岛，并为充分挖掘数据价值做好准备。

知识图谱则能把区块链和隐私计算结合到一起，将经过隐私计算保护的海量数据进行结构化的梳理，方便决策者使用和分析这些数据，及时发现和解决企业生产管理中的问题，预测并把握企业乃至行业的发展趋势和机会，可以说为工业互联网赋予了认知智能。

2. 知识图谱的赋能

未来工业互联网中，知识图谱可以从以下几方面赋能制造企业：

（1）**风险评估及消减**。制造业是风险与挑战错综复杂的行业，包括金融问题、权益人纠纷、政府监管等方方面面的问题。将企业内部的流程、管理等信息按照指示谱图的架构进行整理，可以帮助企业梳理出内部的关键风险点。有了知识图谱就可以进一步从第三方获取更多外部数据，企业就能更加全面地预测到潜在风险及影响，从而提前做好风险应对措施。

（2）**优化制造流程**。用知识图谱梳理制造设备产生的大量数据，有逻辑地呈现出不同数据之间的关系，可以帮助决策者更加清晰透明地了解整套生产制造流程，做出最优的优化决策，进而提高产量、减少生产事故。

（3）**工厂监控**。在工厂建设之初，就能通过知识图谱帮助制造业更加全面细致地监管工厂的生产制造情况。由于知识图谱中的各个信息点都是互相关联并以高度结构化的方式呈现的，企业能够快速发现具体哪条生产线中的哪台机器出现了问题，甚至能具体到哪批原材料可能无法及时到货等细节问题，从而精准地找到应对措施，提高工作效率。

（4）**预测和把握行业商机**。知识图谱还能对行业情况做进一步研究和分析，企业可以更加深入地理清产业上下游的关系，发现合适的合作伙伴，洞察并预测出行业走势，抢占商机。

知识图谱就像工业互联网的大脑，通过认知智能合理地分析和利用制造企业的海量数据，辅助企业做出明智决策，让数据的价值发挥到极致。

3.1.8　IPFS：区块链不可能三角的可能解

1. 三元悖论

1997 年，亚洲金融危机在东南亚等国暴发，暴发以前，泰国、印度尼西亚等东南亚国家在保持货币政策独立性和资本自由流动的前提下，汇率不断剧烈波动，最后不得不以贬值而告终。随后，国际货币基金组织为了协助各国救市，提出了以牺牲货币政策的独立性为代价，获取资本自由流动和汇率稳定的目标。

1999 年，美国经济学家保罗·克鲁格曼在仔细研究亚洲金融危机和背后原因以后，根据蒙代尔"不可能三角"画出了一个三角形，并称其为"永恒的三角形"，克鲁格曼还专门为这个三角形起了个名字——"三元悖论"。后来三元悖论的概念被应用到了很多领域，区块链中同样也存在一个不可能三角形，即无法同时达到可扩展性、去中心化、安全性，这三个中只能选择其中两个。比特币区块链就选择了去中心化和安全性，它的每一个节点都下载和存储所有的数据包，这样一来网络可以达到民主自治，但同时也带来了巨大的存储空间损耗和校验的成本。从比特币诞生以后，它就只能做到每秒处理 7 笔交易，这样的处理速度永远没有办法承载全球货币支付场景中需要达成的支付需求。

想要追求区块链的可扩展性，是目前区块链普遍面临的一大挑战。维塔利克·布特林就曾表示："扩展性也许是排在第一位的问题。扩展性问题已经成为很多系统的坟墓。这是一个重大而艰巨的挑战。这些都是已知的事实。"那么，真的没有一个好的解决方案来应对这个问题，使不可能三角达成平衡吗？为了应对这一挑战，很多项目决定尝试用 IPFS 结合区块链来实现协同合作提升区块链的可扩展性。

2. 什么是IPFS

IPFS 是一种点对点的开源分布式超媒体协议，全称为星际文件系统，它存在的本质在于去掉数据中重复多余的部分，以便更好地存储和读取重要的信息。互联网环境之所以能持续运转，主要是依赖于 HTTP（超文本传输协议），这个协议最早发明于1991 年，并且在 1996 年起正式被应用在浏览器上。HTTP 的主要作用就是支撑数据在互联网上的通信，它规定了互联网上的信息传输方式以及浏览器和服务器的相应方式。

虽然 HTTP 是如今互联网运行的基石，但是在诞生的 30 年时间里，这一协议也逐渐暴露出很多问题。例如，它不支持同时从多个服务器下载文件，相对来说内容传输效率低下。它的高带宽成本会出现大量重复文件的堆积，给存储带来很大的压力。当然，由于它中心化的特性，监管和服务供应商会对它进行严格管理。而且互联网能保存信息的时间有限，很多时间比较远的数据根本查询不到。诸如此类的问题不胜枚举。

要想逐一攻克这些问题，IPFS 这种分布式文件存储系统是最有效的方法。在 IPFS 分布式协议中，用户不再从单一服务器下载文件，而是同时从网络中的其他节点处获取文件，从而提高了下载效率。另外，这种分布式存储协议通过哈希加密保障了网络信息的安全性。而这些特性恰恰和区块链的应用很相似，它和区块链之间的联系也就不言而喻。

在实际运用的时候，IPFS 会先通过哈希值来对系统里的所有文件进行唯一身份标识，在此基础上剔除重复文件，记录文件的历史版本信息，实现文件历史信息可追溯，从而确保网页内容不会因为服务器故障或者虚拟主机崩溃而丢失。其次，哈希加密也有助于保障文件内容的真实性。用户通过 IPFS 网络查找文件的时候，网络系统会根据文件的哈希值作为标准，从存储文件的各节点中找到哈希值一致的文件再返回给用户。另外，在 IPFS 中的节点通过哈希值相连，形成默克尔有向无环图这一数据结构，因此 IPFS 具有以下优势：

（1）**内容无寻址**。搜索内容不是现在这种 HTTP 搜索的形式，而是通过哈希值来进行身份标识，方便追踪和查找。

（2）**无重复内容**。由于系统里的哈希值具有唯一性，相同内容会生成相同的哈希值，从而被判定为重复，并及时剔除。

（3）**内容不可篡改**。系统的内容通过哈希值校验。内容被篡改后，它的哈希值自然也会发生变化，帮助系统识别出已被篡改的内容，及时发现风险。

值得注意的是，IPFS 中的节点只会去存储它需要或者它感兴趣的内容，并为内容信息制作索引，便于节点之间了解各自存储了什么样的信息，方便后续寻找。通过这些操作，IPFS 分布式文件存储框架从根本上颠覆了 HTTP 中心化的服务器传输内容方式。用户不再从单一的服务器中搜索信息，而是从网络中成千上百万的其他节点中，依据文件的唯一身份标识快速获取信息，同时还能够实现文件的本地化离线获取，大大提升了信息获取的效率和便捷性。

无论是去中心化分布式结构，还是运用密码学技术保障信息安全，都可以看到 IPFS 和区块链之间有很多相似的地方。同时，IPFS 发明者还表示：IPFS 中的信息可以在互相不信任的节点间传输，而且系统不会丧失信息的控制权，也不会面临安全风险。"这种特性和区块链能帮助缺乏信任的相关者进行低成本、高效率协作的应用价值有异曲同工之妙。"

可以看到，IPFS 和区块链结合以后的融合潜力很大。IPFS 技术通过哈希加密为海量数据生成不可篡改的永久 IPFS 地址，并将地址信息储存在区块链上。这样相当于将原始数据简化成 IPFS 地址后再上链，在不牺牲去中心化和安全性的前提下扩充单个节点信息储存容量，从而提升整体网络的可扩展性，为解决区块链中的"不可能三角"问题提供可行方案。随着区块链的应用场景不断拓展，对于该技术的性能要求也会逐渐提高，相信 IPFS 分布式储存协议将会通过提升区块链的可扩展性助力区块链应用的进一步发展。

3.1.9 数字孪生技术：在虚拟与现实之间

1. 现实中的数字孪生技术

2015 年，台北小巨蛋举办了一场有特殊意义的演唱会，演唱会的主题叫《如果能许一个愿》邓丽君 20 周年虚拟人纪念演唱会。台上的邓丽君唱着《甜蜜蜜》等经典老歌，台下 7000 名真实的粉丝静静地欣赏她的歌喉，演唱会甚至请来了费玉清和虚拟的邓丽君合唱了好几首歌。在那样一个亦真亦幻的场景中，虚拟世界和真实世界的边界已然消失。

这场给舆论带来极大震动的演唱会，采用的虚拟人像技术是一家名叫数字王国的视觉特效公司带来的，这家公司凭借为《泰坦尼克号》等奥斯卡得奖影片提供视觉服务一战成名，而从某种程度上来说，这场演唱会可以看做是数字孪生技术中的一波翻涌而来的巨浪。

2011 年，数字孪生技术的概念在美国首次被提出，它的出现为人们描绘了一个很有想象力的场景：未来，任何真实世界里的事物都将在数字世界里有一个虚拟化的身影，虚拟和真实之间就像是一对双胞胎一样存在。简单来说，数字孪生就是利用物联网传感器、物理模型、区块链等为现实世界中的设备、实体资产等建立一个数字化的"克隆体"。但是要注意，这个克隆体并不是计算机的 CAD 模型，它并不是一成不变的，而是动态的，它会随着本体状态、环境条件等的变化而实时变化。换句话来说，它是实物的动态仿真。

实现数字克隆体不断变化，需要采用物联网实时采集数据、本体的物理设计模型、本体运行的历史数据等，能够反映本体的全生命周期。这里的全生命周期是指：数字生命可以贯穿产品从设计、开发、制造、服务、维修、交易乃至报废回收的整个周期。它不仅能帮助企业更好地把产品制造出来，还能帮消费者更好地使用产品。

一般认为，数字孪生的概念和虚拟人的发展是共同开始的，2007 年一个名为"初音未来"的虚拟人出现在大众面前，她身上的价值体现在虚拟人身上具备的商业变现能力，在她之后，更多的虚拟人不断出现。

2012 年，上海一家公司创造出新的虚拟歌手名为洛天依，并且成为全国最早实现盈利的虚拟人；2018 年，一个名为 Miquela 的虚拟网红出现在国外社交平台并成为拥有百万量级粉丝的网红。严格来讲，相比前两个虚拟人物来说，后者突破了数字和现实之间的边界，给现实中的人提供了一种更为真实的感受。

2.数字孪生技术为生活带来的改变

当然，数字孪生技术的价值并不仅仅局限于虚拟人的出现，它的存在对于数字化时代是必不可少的。总的来说，未来数字孪生技术至少可以在以下三个方面为人们的生活带来巨大改变。

（1）**资产数字化方面**。通过数字孪生技术，万物皆可数字化。把实物资产变成数字化资产以后，就能催生出很多具有想象空间的业务模式，尤其在金融领域，可以拓展出很多金融的衍生服务。

在农业方面，尤其在畜牧业领域，数字孪生技术可以更好地帮助人们实现对单个资产的控制。

原本畜牧业想要实现单个动物的管理非常困难，由于养殖时间比较长，动物在养殖过程中的各种状态并不能点对点地得到控制。数字孪生技术就可以给每一只羊绑定植入一个区块链模组的耳标、防盗防拆项圈等传感器，并安装智能体重称、摄像头等。这些传感器可以实时采集每只羊的动态数据，包括羊的体重、体温、进食量、活动量、健康状况、活动位置等。当数据采集后，通过加密传输到相关金融监管服务平台存储，这样就能完成整个羊在线上的映射，形成数字"克隆体"，这也意味着，线下的实体羊变成了一个数字化资产。物联网设备植入区块链模组以后，所有的数据源头到云服务器的数据全流通路径都加入了区块链管理，既保证了数据的安全性及不可篡改，也保证了数据的唯一可追溯性。

（2）**工业制造方面**。工业制造的最大难题在于产品研发阶段的诸多不可控因素，在过去，一个工业产品要想真正地实现落地是需要不断设计产品来试错的，因此对于工业领域来说，数字孪生技术就必须很早地出现。数字孪生技术可以构建产品数字化模型，并对它进行仿真测试和验证。在生产制造的时候，可以模拟设备的运转，还有参数调整带来的变化。不仅如此，在产品打包、运输、销售阶段，数字孪生技术还可以实时记录产品状态，识别产品缺损率。在维修阶段，采用数字孪生技术，通过对运行数据进行连续采集和智能分析，可以预测维护工作的最佳时间点，也可以提供维护周期的参考数据，找出故障点和故障概率进行参考。同样在二手市场，数字孪生技术也能发挥重要作用，它能进行残值评估、精准定价，从而更好地保障二手车交易者的权益。这也就是实现全生命周期管理的方法。未来在工业互联网中，数字孪生技术在结合区块链、隐私计算等技术以后，实现质量精准溯源、金融衍生交易和生态协作再也不是一个很难实现的想法。

（3）**数字城市建设方面**。可以说，所有新基建领域，无论是人工智能、5G 还是区块链技术，其主要应用都是在数字孪生层面。城市"数字孪生"可以是基础设施，可以是商户，也可以是大型资源的提供方。在形成数字孪生以后，就可以更好地进行管理。一些类似水、电、天然气、交通等行为不能被资产化，但是在数字孪生技术构建的城市中，就能被更好地管理。一些市政资源，例如警力、医疗、消防等需要调配的资源在形成数字孪生以后，都可以通过物联网传感器、摄像头等数字化子系统采集出来，并且通过 5G 传达到管理终端，从而被更好地管理。

但是在这个过程中一定会出现问题，如何让数字孪生成为可信的数字孪生？如何让数字孪生的不同节点进行良好互动？如何让城市中不同的主体可以放心地分享自己的数据？这些就必须要在区块链和隐私计算的协助下实现。区块链技术在未来是不可或缺的技术，生活中方方面面都需要应用到区块链。在数据作为生产要素的时代，可溯源、难以篡改、可信数据流转这些都需要区块链技术的参与。

3.1.10 DIKW模型：数据要素的特征和价值

2020 年 4 月 9 日，国务院首次将数据和土地、劳动力、资本等传统要素并列作为生产要素之一，并且提出了要加快培育数据要素市场、推进政府数据开放共享、提升社会数据价值、强化数据资源整合和安全保护等方面的工作。数据作为要素成了一个新命题，有大量的问题急需研究，它不完全符合会计准则中对资产和无形资产的定义。那么什么是数据，它有哪些经济学特征？数据背后的价值又是如何计量的呢？

1. 数据的技术特征

对数据的理解需要对信息和知识等相关概念进行共同辨析，可以结合数据理论中常用的 DIKW 模型来看，这是一个经济学模型，D 代表数据、I 代表信息、K 代表知识、W 代表智慧。

智慧、知识、信息和数据之间存在金字塔的结构，数据中可以提取出信息，信息中可以总结出知识，知识中可以升华出智慧。这些提取、总结和升华依据不同方法论和额外输出。因此，信息、知识和智慧尽管也属于数据的范畴，但它们代表的是更深度的数据。

同时，数据也是观察的产物。它观察的对象包括物体、个人、机构、事件及其环境。观察会用到方法、工具，并且会随着相对应的符号表达系统，例如度量衡就是很常用的符号。数据可以是文字、图标、数字、声音、视频等各种形式。在存在形态上，数据可以是数字化的，也可以是非数字化的，但是信息和通信技术会把越来越多的数据数字化，展示成二进制。

数据经过认知过程处理后得到的信息，会给出相关联的一系列答案。而信息本身又是有组织和结构化的数据，与特定目标和情景有关，因此有价值和意义。和数据与信息相比，知识和智慧更难被准确地定义。知识是对数据和信息的应用，它能给出我们想要的答案。智慧则是鲜明的价值判断，在很多场合它的存在更关乎于价值去向。

2. 数据的经济学特征

和数据的技术特征相比，数据的经济学特征要复杂得多。数据可以产生价值，因此它具备资产属性。数据还同时具备商品和服务的特征。一方面，数据可存储、可转移，类似商品。数据可累计，在物理上不会消减或者腐败。另一方面，很多数据是无形的，它和服务很相似。当然，数据作为资产具有很多特殊性，我们可以看到多个视角：数据可以是私人产品，可以是公共资源，同时也可以是俱乐部产品、公共产品。当它是私人产品时，它是排他性的也是竞争性的；当它是公共资源时，它是竞争性的却是非排他性的；当它是俱乐部产品时，它是非竞争性的却是排他性的；当它是公共产品时，它是非竞争性的也是非排他性的。

换句话来说，这种产品每增加一个消费者，它的边际成本就是零。大部分数据都可以被重复使用，重复使用不会降低数据质量或者容量，并且它还可以被不同的人在同一时间里使用，因此它才具备非竞争性。非排他性是指，当某个人在付费某种产品的时候，不能排除其他没有付费的人消费这个产品，或者排除的成本会很高。很多数据都是非排他性的，例如天气预报，但是通过技术和制度的设计，有些类型的数据会有排他性。例如视频网站里那些需要会员才能看的视频。

数据的所有权无论在法律上还是在实践中都是一个复杂的问题，特别是对个人数据来说。数据容易在未经合理授权的情况下被收、存储、复制、加工，并且伴随着汇集和加工，数据还会生成新的数据。这也让数据的所有权很难被界定清楚，也很难被有效保护。

互联网平台会记录用户的动作，这些都是非常有价值的数据。这些数据虽然描绘了用户的行为和特征，但是不会像用户信息那样被对外提供，很难说它们就是归用户所有的，但是这些数据和用户的隐私又是息息相关的，任由互联网平台在用户不知情的情况下处置这些数据，意味着在互联网平台上是不具备完整产权的。想要界定数据的主体，就必须要通过制度设计和密码学技术来共同完成，它会确保数据控制者在互联网平台上作为控制者的权利。

根据 DIKW 模型，从数据中可以提炼出信息、知识和智慧，原始数据经过处理并和其他数据整合后，再经过分析可以形成行动的动检，最终由行动产生价值。

数据价值可以从宏观和微观两个角度来看。从微观角度来看，数据可以满足使用者的好奇心，更可以提高使用者的认知，帮助他们更好地决策，最终提高他们的效用，这就是数据的价值。在宏观层面，数据有助于提高全要素的生产率，发挥乘积作用，这也是数据价值的体现。

在微观层面，数据有以下关键特征：

（1）同样的数据对不同人的价值可以大相径庭。不同的人分析方法不一样，从同样的数据中提炼出的信息、知识和智慧可以相差很大。例如科学史，科学家深入研究一些大众习以为常的现象做出了重大发现。苹果为什么会落在地上？闪电为什么会产生？这些现象在科学家的眼中和普通人之间的价值完全不同。当然，这也是为什么对同样的经济数据，不同的经济学家会做出不同的解读。同时，不同的人所处的场景和面临的问题也不一样，同一数据对他们起的作用也不一样。很多人可以从一堆数据垃圾中找到自己的宝藏。最近的三星堆考古发现对于历史来说很有用，但是对于金融领域的投资者来说可能不存在价值。

（2）**不同制度和政策框架对数据使用的界定不一，也会影响数据价值。**换句话说，数据价值内生于制度和政策。不同国家对个人数据的保护程度不同，个人数据在被收集和使用的时候以及它们产生的价值在国家之间有很大的差异。就拿我们国家来说，互联网公司可以根据用户数据推出信贷产品，这在其他国家是很难看到的。互联网平台获取用户数据后，如果不恰当保护和使用，不尊重用户隐私，会影响到品牌形象和用户信任，对数据价值和公司价值都会带来负面影响。

（3）**数据价值随时间变化，具有时效性。**很多数据在经过一段时间以后，因为不能很好地反映观察对象的当前情况，价值就会下降。这种现象也被称为数据折旧。在金融市场中，数据折旧表现得非常明显。证券市场中经常会因为听到信息以后出现证券价格的变动，但是等到证券价格反映这个信息以后，它对金融投资的价值就变成了零。同时，数据有期权价值。新机会和新技术会让已有数据产生新价值。在很多场合中，收集数据不仅是为了满足当下需求，也有为了提升未来福利做出的反应。

（4）**数据会产生外部性。**数据对个人的价值被称为私人价值，数据对大众的价值被称为公共价值。数据如果有非排他性或非竞争性，则会产生外部性，并造成私人价值与公共价值之间的差异。当数据与数据结合以后产生价值，可以不同于它们各自价值之和，是另一种外部性。这种数据和数据的结合也被称为数据聚合，如今数据聚合是不是真的能产生价值还没有定论。一方面，可能存在规模报酬递增的情形，例如更多的数据更好地解释了隐含的规律和趋势。另一方面，可能存在规模报酬递减的情况，例如更多数据引入更多噪声。但总的来说，数据容量越大，数据价值却不一定更高。

3. 数据出现的方式及形式

数据出现的方式及形式很多，因此在现实中，数据有很多种类型和不同的特征，相应地就会产生不同的配置机制。因为很多数据不适合参与市场交易，很多配置机制不属于市场交易模式。换句话讲，市场化配置不等于市场交易模式。也正是因为数据的这些不同特征，产生了不同的配置机制。这些数据要素的配置都是为了解决信息不对称和非完全契约问题。

数据要素的配置有以下几种形式：

（1）**当数据作为公共产品时**。一般由政府利用收入提供。政府部门在不涉密的前提下，尽可能向社会和市场开放政府数据，这样才能最大化政府数据的公共价值。

（2）**当数据作为准公共产品时**。如果它在所有权上比较清晰，并且具有排他性，可以采取会员模式、开放银行模式或数据信托的模式来付费使用。同时在互联网经济中，很多个人数据的所有权很难界定清楚，现实中常见到用户用自己的注意力和个人数据换取信息和社交服务，但这种用出卖数据隐私获取资讯的交换模式存在很多弊端。

（3）**很多数据因为有非排他性或非竞争性，不适合参与市场交易**。这也就意味着需要市场配置来实现数据的交换，市场配置不等于市场交易模式。现实中并不存在一个集中化、流动性好的数据要素市场。尽管数据一直在被交易，但是这些交易都是不透明的，甚至有些是非法的。数据产权节点是数据要素有效配置的基础。基于密码学中可验证计算、同态加密、多方安全计算等方式支持数据确权，使得在不影响数据所有权的前提下交易数据使用权成为可能，从而构建数据交易的产权基础。区块链技术在数据存证和使用授权及产权界定中会发挥巨大作用。但我们也必须明白，数据要素市场不同于传统市场，不会采取同一商品由多个买方竞价，价高者得的情况。

3.1.11　闪电网络：改变加密消息传递方式

1. 从第一次世界大战的信鸽通信看加密信息的运用

第一次世界大战期间，由于当时的无线电技术还不成熟，信鸽成了人们在战场上的首选交流工具。尤其是在步坦协同的领域，失去了信鸽就需要连接电话线，而架设电话线需要很长时间，这样的作战模式很不适合追求速战速决的欧洲战场。虽然信鸽能满足战场信息传输机动性，但同时信鸽也非常脆弱，敌人可以轻松地捕捉到信鸽，拦截到信鸽传递的信息。面对敌军的射杀也并不是无计可施的，大家为了保证信息不被泄露，于是在信鸽传输的过程中给传递的信息加了密。加密信息在第一次世界大战中起到了关键性的作用，在面对信息拦截的时候或多或少解决了拦截问题。到了21世纪，信息加密就变得更加重要，对加密技术的研究逐渐成了各个国家研究的最前沿领域，一些政府官员为了国家安全的利益，甚至会要求在主流消费技术中设置加密后门。

那么这就又衍生出了一个问题，过去鸽子只是传递信息的工具，本身是不承载加密也不保存密钥的。但是到了现在，网络电子通信的出现让信息App本身就可以产生对发送信息加密的方法。自身可以对信息加密也就意味着自身也可以解密，这对于用户来说非常不友好，在许多情况下除非用户自己有技术能力对App的信息进行加密，否则这些所谓的信息加密也只存在于中心化数据库掌握者本人的职业操守上。因此，这种传统加密消息传递程序常常会出现单点故障问题。信息被加密以后有机会被解密，在传输过程中很有可能就被不是传输者和接受者的第三方控制，导致信息传输失败。

2. 闪电网络的运用

在中心化网络里，这个问题是没有办法解决的，因为信息传输以后必须要传输到中心数据库中保存。但是在去中心化网络里，利用闪电网络就能很好地解决这个问题。在闪电网络里，信息的传输依赖于比特币去中心化二级网络的基础架构。借助11 000个以上的公共节点，闪电网络消息通过这个类似Tor的网络进行路由，而无需任何中心仲裁器。大家可以通过与收件人间建立直接通道，直接向他们发送消息，根本不需要通过任何中间节点。

2008年，在中本聪提出比特币的同时，一位名为詹姆斯的人对比特币系统提出了质疑，他认为比特币系统虽然好，但是很难达到他想要达到的规模。这个质疑最终造成了社区对比特币可扩展性的深入研究，闪电网络也被看做是区块链扩展性的一种解决方案。

对于比特币来说，可扩展性意味着它能不能和现有的支付系统平起平坐，因为本身比特币每秒只能支付7笔交易，和VISA卡平均每秒2.4万笔的交易、峰值5万笔交易量相比简直是微量级的存在。多年来，比特币社区就如何提高比特币的可扩展性提出了各种各样的建议，但总体上还没有能够达成全面共识。这就是为什么目前有几个类似比特币的网络从原始网络中分支出来。不过目前看来，闪电网络会是解决这个问题的最佳方案。

2016 年，德莱贾和约瑟夫·潘撰写了一个名为《比特币闪电网络》的白皮书，其宗旨是希望能在比特币上建立一个二级支付网络。简单来说，闪电网络就是在比特币的区块链上额外增加了一层，用户能够在这层的任意两方之间创建一个支付通道。只要有需要，这个通道就会一直存在，并且这个通道是为参与交易的两个人存在的，所以它能做到即时交易，费率也极低。闪电网络的这种特性到了加密领域就成了一种点对点信息加密解决方案。在进行闪电网络加密聊天时，不存在一个传输消息的第三方，消息传输的过程是点对点的。

率先提出利用闪电网络实现私密信息发送的研究人员贾格在 2019 年 11 月接受《比特币》杂志采访时提到："闪电网络的独特之处在于不涉及中央服务器，没有任何可以关闭所有通信的单一开关，或者更有选择性地拒绝某些用户的通信。"

闪电网络的出现让每个人在网络上都得到了一只只属于自己的私人信鸽。这种由闪电网络带来的信息传输又称闪电信息，它还有一个更大的好处，那就是更加私密。闪电消息传递能提供传统加密选项所不能提供的功能。基于一个完全虚拟且匿名的洋葱网络，在闪电网络里传输的每条信息都会在经过网络的 Hop 时丢失。如果一个节点负责 50% 或更多的消息路由，那么，从发送者到接收者的路径包含的相互连接的对等点少于其他节点是可能的。因此在某些情况下，为大家的信息设置直接支付通道可能是更好的隐私策略。这种模式套用到加密聊天上，通过闪电网络进行聊天也会使人们很难发现到底是谁和谁在交流。不需要在用户之间建立直接的 TCP/IP 连接，而且也没有可以重建通信路径的中央服务器。所以，在洋葱网络上进行路由的消息在理论上是完全匿名化的。和传统传输方式相比，闪电网络具有更强的私密性，而且即使节点知道发送方是谁，也仍然无法拦截或解码消息。这也意味着在抗审查和隐私方面，闪电消息与传统的加密聊天相比更具有优势。

闪电网络构建了一种无许可且不受审查的通信方式。实际上，去中心化的货币很可能非常需要这样一种工具，就像它需要去中心化的身份一样。闪电网络在一种身份下整合了支付和交流两种能力，它为付款提供的隐私和抗审查能力同样能为消息私密传输带来很大改变。

3.1.12　区块链和同态加密技术：数据安全的"防弹衣"

1. 同态加密的原理

银行出现的最早期，由于没有点钞机，要想清点库存里的钞票就必须通过人工来解决每天钞票的库存问题。但是这种方法也带来了另一个问题，如果员工在清点库存的时候把钱拿走了怎么办？为了解决这个问题，有人就提出了要拿一个带着手套的箱子，把钱放在箱子里让工人戴着手套来数钱。因为箱子是锁着的，只有银行管理人员有钥匙，所以工人没办法把钱拿走。等到工人数完以后，再把具体数字汇报上去，管理人员再打开箱子把钱拿走，这样就能保证绝对安全。虽然我们不知道这个传说是真是假，但是这种方法却很像密码学上同态加密的原理。

同态加密的概念很久之前就已经出现在密码学界，但是直到 1978 年结合银行业的应用，罗纳德·李维斯特、伦纳德·阿德曼、迈克尔·德图佐斯三个人才提出了同态加密的概念，其中，阿德曼和李维斯特也是 RSA 算法的提出者。

现代密码学技术的发展已经在无数个数字化系统中得以应用，并成为保障数据及隐私安全的重要工具。然而，加密技术本身仍然存在很大的局限性，敏感数据加密后只有在解密后才能进行处理和分析。密歇根大学计算机科学与工程学系的一位教授提出了一个蒙着眼睛处理数据的办法来解决这个问题，也就是说，在不访问加密密钥的前提下来操作数据。这种方法会给医疗保健、法律、制造业、金融等领域带来巨大主力。

同态加密采用基于晶格的算法隐藏掉输入数据、中间值、输出结果，甚至能够隐藏掉由未持有解密密钥的任何用户所计算出的函数。换句话说，同态加密解决的是对加密数据直接执行计算的问题。

完全同态加密这个概念诞生了数十年，直到现在，计算机性能的提升与算法效率的增强终于使其具有现实可行性。2009 年，专注于区块链研究的研究员克雷格开发出了第一套完全同态加密方案。如果一个算法能满足加法同态和乘法同态，那么我们称之为全同态算法。而克雷格给出的全同态加密的定义是一种不需要访问数据本身就可以加工数据的方法。

也就是说，经过同态加密的数据，其他人可以在不泄露原始内容的情况下进行处理，而拥有密钥的用户对处理过的加密数据进行解密后，得到的正好是处理后的结果。

用刚才银行的案例来做个类比：戴着手套的箱子就是加密算法；箱子上的锁就是用户密钥；将钱放到箱子里并且锁上也就是将数据用同态加密方式进行加密；数钱也就是应用同态特性，在无法取得数据的条件下直接对加密结果进行处理；告知数额也就是对结果进行解密得到处理后的结果。

同态加密在安全云计算与委托计算、文件储存于加密检索、安全多方计算协议、电子选举中的运用非常广泛。在云计算领域，数的钱就是数据，而数钱的工人就是云计算服务商。

用户有大量数据需要处理，但自身计算能力有限，需要云服务来帮忙。但将原始数据直接给云服务商，云服务商可能拿走自己的数据，用同态加密对数据进行加密后再交给云计算，就能在不泄露隐私数据的情况下，获得计算结果。

2.同态加密与区块链的结合使用

在与区块链结合使用后，同态加密将引入以往根本无法实现的新型智能合约、工作协议与分摊结算。同态加密使区块链参与者能够以更灵活、更安全的方法共享数据，例如，它能向委员会成员提供或撤销信息访问权限。同态加密还将支持下一代网络安全和功能。例如，我们可以使用简洁、非交互且能够快速验证的加密证明以确保代码中不包含任何错误信息。以此为基础，有望在无需透露任何专有代码的前提下，获得完全不包含任何安全漏洞的软件产品。

另外，同态加密还能破解隐私难题。同态加密允许数据所有者对数据内容进行规模更大、细致程度更高的控制操作。这意味着参与者可以根据各相关方的使用方式及偏好，为其授予、撤销或限制数据访问权限。

克雷格指出，同态加密技术特别适合大数据应用环境。在这一类的环境中，我们需要在借用巨大云计算容量的同时，努力保证底层数据不被公开。他还解释道，云能够在加密数据的同时处理这些数据，甚至对用于处理数据的函数进行加密。以此为基础，云能够高效完成计算任务，但同时又不触及数据集大小之外的任何具体信息。例如，微软针对大选投票设计的方案，允许公民在不影响选票安全性或隐私性的前提下核对投票信息。每次投票都将接受加密，并被分配唯一标识符。在此期间，投票者的个人身份绝对不会被公开。

与此同时，微软的开源项目 SEAL 则提供一套代码库，用户无需编写任何复杂的数学公式即可使用同态加密技术。这套平台能够处理加密整数或其他真实数据的加法与乘法运算，并提供 API 对接多种环境。

尽管同态加密技术已经有了很显著的进步，但同态加密的实际应用，特别是进入主流商业市场仍然还有很长的路要走。目前，同态加密技术最大的挑战在于它的性能问题，也就是效率问题。目前的算法会带来较高的计算开销，这意味着与未加密数据相比，对加密数据的直接计算会极大增加处理时长。克雷格还指出，同态加密在某些情况下，性能反而比非加密计算更好一些。目前，此项技术已经开始针对特定用例进行定制。但必须承认，能够适应各类实际任务与使用场景的快速同态加密软件仍然远未出现。虽然困难重重，但同态加密计算的前景仍然一片光明。这项技术有望得到广泛应用，并且未来几年给各个行业带来重大的影响。

3.1.13　门限签名：资产安全技术的新方向

1. 预言机的"双刃剑"特征

区块链的核心价值是让网络中的各个节点就某一状态达成共识。这样一来，网络就能自主运行，无需任何外力从中协调或者主导网络。就拿比特币网络来说，在比特币区块链上，矿工会就交易状态达成共识，确认某一账户是否有足够余额转账到另一账户，以及账户私钥公钥是否匹配。而在以太坊区块链上，除了确认交易状态以外，还需要能处理智能合约的代码逻辑，如果在链上发生了 x，则可以执行 y。如果 x 和 y 都存在于区块链上，那么区块链就可以轻松执行智能合约。然而，如果 x 和 y 都存在于链下系统，事情就会变得复杂许多。

要想把链下数据可靠地上传至智能合约，就必须要采取去中心化的预言机来实现。这个去中心化网络将区块链与链下数据相连，在安全性、可靠性和防篡改方面都可以与区块链共识机制相媲美。

在现有的去中心化语言机模式中，每台预言机都需要将响应发送至区块链上的智能合约，这个智能合约专门负责将所有数据聚合到单一数据点，并触发执行相应的智能合约。举一个例子来说明，一组预言机获取了某项资产在某个特定时间点的市场价格数据，然后把数据发送至智能合约中进行聚合，该智能合约将基于所有节点提交的数据取一个平均值。这样做可以有效防止部分节点提交错误数据而对结果造成影响，并且可以基于多个数据源取平均值。

然而，这个方法不仅成本高昂而且还会造成网络拥堵，因为每个节点将外部数据上传到区块链都需要支付一定的费用。因此，大量使用预言机虽然能保障去中心化共识的安全性和可靠性，但其成本高昂，并不是一个非常好的选择，除非这个合约本身的价值能超出所有成本，否则对于上传用户来说是非常不划算的事情。

2. 门限签名的认知

门限签名技术就是解决这个问题的方法。门限签名可以让预言机之间互相交流，并且能在链下达成共识，确定链下数据的真实性。链下预言机通过门限签名技术聚合数据，最终只需要向区块链发送一次数据就可以了，因此也只需要支付一次费用。简单来说，每个参与智能合约的预言机都会搜集相关数据，将数据发送到网络中的其他预言机，按照指示将所有数据聚合到单一数据点，并且由统一的预言机一次性发送至区块链上的智能合约。而且这些预言机共同组成了一个数据签名密钥。

在区块链中，私钥等同于密码，公钥就相当于银行账户，这之间必须是一一对应的才可以触发网络中的交易。在门限签名中，密钥的本质相当于预言机私钥，有了它预言机才能将聚合过的数据发送到链上。

使用门限签名技术可以把这个私钥分成许多片，并分发给网络中所有参与的预言机。预言机的数量要达到一个事先约定好的门槛才可以将手中的私钥碎片重新组成一把完整的私钥。预言机在链下进行交流，把密码重新组装起来，然后才可以签名并批准链上交易，并将数据发送至区块链上对应的智能合约。

　　网络中一定规模的预言机网络将手里的私钥碎片拼接在一起就可以组成一个完整的密钥签名，并可以批准数据传输。这个规模是事先确定好的，而这就是门限签名的门槛。虽然只有网络中参与智能合约的预言机才能组成签名，但任何人都可以检查签名的真实性。因此，网络中的预言机必须要先达成共识，确认数据的真实性，提供数据的预言机才会得到相应回报。假设一个区块链网络里有 250 个节点提供数据源，但至少需要有 200 个节点才能重新拼出一把完整的密钥，并触发预言机将数据传输到区块链上。有了这个最低门槛，即使某些预言机出现问题，也能保证数据正常传输到区块链上。与此同时，大量预言机在链下达成共识，确认了数据的真实性，因此这个方法既可以保障传统区块链共识机制的客观准确，又不会为区块链增加太多成本。大规模的去中心化预言机网络为链下和链上的联通奠定了坚实的基础，使用成本也让大规模应用不再遥不可及。

　　门限签名的运用有以下几个优点：

　　（1）**成本低**。门限签名最大的好处是能大幅度降低成本。在现有的链上聚合模式下，每台预言机都要支付费用，才能将链下数据传输到链上。如果有 10 个节点采集链下数据，就得支付十笔费用；而且在最终结算时，支付费用还是浮动的，有可能要支付更高的费用。门限签名则不同，它会将预言机的全部反馈数据在链下聚合成单一数据点，然后会有一台制定的预言机将数据发回到链上，全程仅仅只会收一次费用。

　　（2）**安全性高**。成本降低以后，势必就会推动智能合约预言机的安全性同步提升。如果使用一组预言机的费用有所降低，用户就会更愿意购买去中心化程度更高的数据验证服务。而去中心化程度的提升，能有效排除单点故障，从而进一步增强网络安全性，由此大幅提升网络的抗攻击能力，让数据更加安全。

　　（3）**可信度高**。数据源可以更可靠地得到验证。门限签名能动用一大批预言机来聚合数据，因此在可信度方面自然非区区几台预言机可比。智能合约由数据驱动，这就意味着，数据是决定智能合约执行结果的最终仲裁者。

只有具备高质量的数据、用户，尤其是大型企业，才会愿意在后端系统中部署智能合约。

（4）**可扩展性强**。门限签名可以让多台预言机在链下达成共识，从而大幅减轻底层区块链的计算工作量。有了门限签名，底层区块链不需要逐一处理每个预言机的反馈数据，而只需统一处理一次响应即可。目前，很多公链的网络承载能力都已渐趋极限。此时，部署门限签名大幅缓解智能合约时庞大的数据压力，从而大幅减轻区块链的计算量，助力规模化发展。

（5）**积极的网络效应**。由于成本下降，去中心化预言机能事先被广泛应用，成为开发者的标配工具。开发者能以较低的成本轻松获得可信数据。有了大量的可信数据，就能与链下资源事先互联互通，还能在较短时间内让开发者在区块链和非区块链网络中获益。数据问题一经解决，就有可能吸引大批从未涉足区块链领域的用户，走出零互动的传统体系。

3.1.14　分片技术

分片技术的概念源于传统数据库，就是将区块中的数据分成很多不同的"片段"，并将它们分别存放在各个节点之上，这样可以并行处理相互之间未建立连接的交易，以提高网络并发量。

简单来说，分片技术就是一个分散式并行系统，在保持主链完整稳定的同时，减少每个节点的数据储存量，从而达到扩容的效果。它的特点是随着节点数目的增加，网络吞吐量也随之增加。核心难点在于数据分片的关键特征值确定，以及元数据在片区之间通信的延迟造成的不一致性问题，频繁的跨碎片之间的通信会使得区块链网络性能大大降低。由于每个片区里的数据是分开更新的，在设计应用逻辑时必须确保信息的成功更新，同时也需要预留出一定的鲁棒性来应对一个达成最终一致性过程中可能出现的不一致性。

在传统的数据库技术中，数据的分片主要有以下三种方式：

（1）**哈希方式，直接取模**。例如有 3 个碎片，就将数据经过哈希运算后用 3 求模，根据结果分配至特定的碎片，此种策略的目的是减少碎片负载不均衡的发生，因为哈希函数计算出来的结果毫无规律，也就打破了因为一些关键特征值和负载的量相关的情况，因此数据更有可能均匀分散于各个碎片之间。

（2）**一致性哈希**。无虚拟节点的一致性哈希方式是指数据按照特征值映射到首尾相连的哈希环上，同时也将节点按照一定规则映射上去，数据顺时针找到的第一个节点为其所存储的节点。有虚拟节点的一致性哈希和此类似，不过是将虚拟节点映射到哈希环上，也因此一个实际的物理节点可以占据哈希环上的多个范围。

（3）Range based（C++ 基于范围循环）。按照关键特征值划分成不同区间，每个节点对应一个或多个区间，类似一致性哈希的方式，也需要维护状态信息。

在公共区块链的情境中，网络上的交易将被分成不同的碎片。因此，每个节点只需处理一小部分传入的交易，并且通过与网络上的其他节点并行处理就能完成大量的验证工作。将网络分割为碎片会使得更多的交易同时被处理和验证。因此，随着网络的增长，区块链处理越来越多的交易将成为可能。这种属性又称为水平扩容。

基于分片技术的区块链的实现有着不同的好处：

区块链上处理交易的速度变成了每秒上千笔甚至更多，这改变了人们对加密货币作为支付方式效率的看法。改善交易吞吐量将会给去中心化的系统带来越来越多的用户和应用进程，而这将反过来促进区块链的进一步运用，也使挖矿变得更有利可图，同时也能吸引更多加入到公共网络上的节点，从而形成一个良性循环。

分片技术可以帮助降低交易费用。因为验证单笔交易的处理量减少了，节点可以在保持盈利运营的同时收取较小的费用。在区块链中的分片根据对象分为交易分片、网络分片和状态分片，其中值得注意的是，在区块链中采用网络分片技术，也就是将矿工分成几个子网络分别负责验证该碎片上的交易，需要保证恶意节点的数目足够小，也因此在分配矿工的规则上需要注意保证随机性。一般来说，网络和交易分片更容易实现，而状态分片则要复杂得多。通过网络和交易分片，区块链节点的网络被分割成不同的碎片，每个碎片都能形成独立的处理过程并在不同的交易子集上达成共识。通过这种方式，可以并行处理相互之间未创建连接的交易子集，通过提高数量级提高交易的吞吐量。

在当今的主流公共区块链上，所有公共节点都承担着存储交易、智能合约和各种状态的负担，这可能使其为了获得更大的存储空间而进行巨大的花费，以维持其在区块链上的正常运转。

为了解决这一问题，有一种被称为状态分片的可行方法已被提出。

（1）**网络分片**。分片的第一个也是最重要的挑战是创建碎片。开发者需要开发出一种机制来确定哪些节点可以按照安全的方式保留在碎片中，这样就能避免那些控制大量特定碎片的人所发起的攻击。打败攻击者的最佳方法就是创建随机性。通过利用随机性，网络可以随机抽取节点形成碎片。这样一种随机抽样的方式可以防止恶意节点过度填充单个碎片。但是，如何创建随机性呢？最容易获得公共随机性的来源是区块。在区块中所提供的随机性是可被公开验证的，并且可以通过随机提取器提取统一的随机比特。然而，简单地使用随机机制将节点分配给碎片仍是不够的，还必须要确保网络的一个碎片中不同成员意见的一致性。这可以通过像工作量证明这样的共识协议来实现。

（2）**交易分片**。假设网络已经由碎片组成，用户发送一笔交易，每一笔交易有两个输入和一个输出。那么，该笔交易将如何分配给一个碎片呢？最直观的方法是根据交易哈希值的最后几位来决定碎片。例如，如果哈希值的最后一个比特是 0，那么交易将被分配给第一个碎片，否则它就被分配给第二个碎片（假设我们只有两个碎片）。这允许我们在单个碎片中验证交易。但是，如果用户是恶意的，他可能会创建另一笔具有两个相同输入但不同输出的交易——双花交易。第二笔交易将有一个不同的哈希值，因此，这两笔交易就可能形成不同的碎片。然后，每个碎片将分别验证接收到的交易，同时忽略在另一个碎片中验证的双花交易。为了防止双花问题，在验证过程中，碎片将不得不进行相互通信。事实上，由于双花交易可能会在任何碎片中出现，因此特定碎片所接收到的交易将不得不与其他的碎片进行通信。而实际上，这种相互之间的通信可能会破坏交易分片的整个目的。另一方面，当我们有一个基于账户的系统时，问题就简单得多了。每一笔交易将会有一个发送者的地址，然后系统可以根据发送者的地址分配一个碎片。这确保了两笔双花交易将在相同的碎片中得到验证，因此系统可以很容易地检测到双花交易，而不需要进行任何跨碎片的通信。

（3）**状态分片**。状态分片是迄今为止最具挑战性的分片技术提案。这一技术的关键是将整个存储区分开，让不同的碎片存储不同的部分。因此，每个节点只负责托管自己的分片数据，而不是存储完整的区块链状态。如果两个受欢迎的账户由不同的碎片进行处理，那么这可能需要进行频繁的跨碎片通信和状态交换。确保跨碎片通信不会超过状态分片的性能收益仍然是一个值得研究的问题。减少跨碎片通信开销的一种可能方法，是限制用户进行跨碎片交易，但它可能会限制平台的可用性。

状态分片的第二个挑战是数据的可用性。可以考虑这样一个场景，由于某种原因，一些特定的碎片遭到了攻击而导致其脱机。由于碎片并没有复制系统的全部状态，所以网络不能再验证那些依赖于脱机碎片的交易。因此，在这样的情况下，区块链基本上是无法使用的。解决此问题的方法是维护存档或进行节点备份，这样就能帮助系统进行故障修复以及恢复那些不可用的数据。

在区块链系统中，需要有机制来知道哪个节点实现了哪个分片，在传统数据库系统中，分片信息一般需要专门的服务器存储，有时为了减轻元数据服务器的压力，在分布式系统中，会在其他节点缓存元数据。和传统数据库的分片机制类似，区块链中的思路也大体一致，需要保证在节点之间缓存的元数据的一致性，或者引入一个类似的主服务器来保证性能，但都带来了一致性的挑战。

分片技术的关键在于，由于每个片区里的数据是分开更新的，在设计应用逻辑时必须确保在平衡效率的前提下，对信息进行成功更新，同时也需要预留出一定的鲁棒性来应对一个达成最终一致性过程中可能出现的不一致性。

在区块链中应用分片技术,还需要考虑的问题是对各种攻击如女巫攻击、DDoS 攻击、双花攻击的防御，需要在权衡效率的同时，保证每个分片内的总节点数目足够多，并且诚实的节点占大多数，分片技术对安全性要求极高，同时，区块链系统中的节点数目比传统数据库中的可能要多，并且面临带宽的限制，需要充分考虑到延迟带来的不一致性导致的性能和安全性问题，因此鲜少有落地的相关项目。需要在大规模的网络中进行长时间的测试验证，并结合严谨的理论方案证明，才能令人信服。

3.1.15 侧链：区块链扩容

1. 侧链的认知及特点

2012 年前后，比特币社区里首次出现了有关侧链的对话，当时比特币的核心开发者们正在考虑如何安全地升级比特币的协议，其中一个相关的想法就是单向锚定技术 "One-Way Peg"，用户可以把比特币资产移动到一个单独的区块链上来测试出一个新的客户端，然而也正是因为单向锚定，一旦这些资产被移走，它们就不能再被转移回主链上了。

此后的一年时间里，在比特币 IRC 频道中，比特币核心开发者们提出了双向锚定的概念，他们认为比特币的价值在转移到另一条链上以后，应该还能再回到比特币区块链上，但是这个概念当时并没有被人们信任，因为人们很担心这样做会稀释比特币的价值。虽然社区里出现了很多相关质疑，但是核心开发者们依然认为如果把比特币看作是一种储备货币，并且把新功能转移到侧链上，是有助于比特币区块链的升级和创新的。为了实现侧链技术，2014 年一部分比特币区块链的核心开发者们组建了一家区块链技术公司，专门投入到有关比特币区块链扩容的研究。

侧链作为一种特殊的区块链，它使用了一种名为 "SPV"（特殊目的实体）的楔入的技术实现和其他区块链之间的资产转移。这也使得用户能用已有资产来使用新的加密资产系统。这样一来，人们不必再担心比特币难以采纳创新和适应新的需求，只要创造一个侧链，然后对接到比特币的区块链中，就可以继承和复用比特币区块链的功能，不仅如此，侧链的出现还能避免新货币的流动性短缺和市场波动等问题。

由于侧链是一个独立的、隔离的系统，侧链中出现的严重问题只会影响侧链本身，这样就能更好地实现创新，极大地降低了比特币主链上的风险。另一方面，由于侧链本身是独立的区块链，有自己的节点网络，代码及数据也是相对独立的，所以它在运行过程中是不会增加主链负担的，这也避免了数据过度膨胀的情况出现。不过侧链技术较为复杂，需要支持可被后期重组证明失败交易的脚本以及足够多的运行节点来确保它的安全性。

在主链上部署侧链技术，意味着用户可以使用他们已有的资产访问新的加密货币系统，更能实现主链上无法达到的操作目的，例如使用 Root Stock（建立在比特币区块链上的智能合约分布式平台）技术能将比特币通过智能合约技术进行更为复杂的交易操作。同时，加密货币还可以通过主链及侧链的双向流动来扩大自身的应用范围。

通常来说，侧链技术有以下特点：

①主链币通过双向锚定技术锚定侧链币，采取 1∶1 的比例或者其他预定汇率。

②侧链自己不能生产出主币，智能接受主链的输入，并在自己链上生成对应的侧链币。

③侧链需要足够的算例和共识保证侧链的安全。

④侧链独立于主链存在，侧链上发生的任何事情都不会影响到主链，从而保证了主链的安全。

2. 实现双向锚定和单向锚定的区块链模式

（1）**单一托管模式**。最简单的实现主链和侧链间的双向锚定的方法就是将数字资产发送到一个主链单一托管方，当单一托管方收到相关信息后，就在侧链上激活相应数字资产。但是这种方法最大的问题就是中心化。

（2）**联盟模式**。为了避免单一托管模式过于中心化被部分节点控制，于是就产生了新的侧链概念，即联盟模式。联盟模式中用公证人联盟来取代单一的保管方，利用公证人联盟的多重签名对侧链的数字资产流动进行确认。在这种模式中，如果想要盗窃主链上冻结的数字资产就需要突破更多的机构，但是侧链安全仍然取决于公证人联盟的诚实度。

联盟模式和单一托管模式的最大优点是，它们不需要对现有的比特币协议进行任何改变。为了更好地解决侧链带来的中心化问题，随着技术的深入，一些去中心化的侧链也开始逐渐出现。

（3）**SPV 模式**。SPV 模式是最早在《侧链白皮书》中提出的去中心化双向锚定设想。SPV 是一种用于证明交易存在的方法，通过少量数据就可以验证某个特定区块中的交易是不是存在。在 SPV 模式中，用户在主链上将数字资产发送到主链的一个特殊的地址，这样做可以锁定主链上的数字资产，该输出仍然会被锁定在可能的竞争期间内，并且确认相应的交易已经完成，随后会创建一个 SPV 证明发送到侧链上。此时，一个对应着带有 SPV 证明的交易会出现在侧链上。同时，验证主链上的数字资产已经被锁住，然后就可以在侧链上打开具有相同价值的另一种数字资产。这种数字资产的使用和改变在稍后会被传送回主链。当这种数字资产回到主链上时，这个过程就会重复。它们被发送到侧链上锁定的输出中，在一定的等待时间后，就可以创建一个 SPV 证明，来发送回主区块链上，以解锁主链上的数字资产。当然 SPV 模式也并不完美，在它的身上存在一个问题，真正要使用 SPV 就必须对主链进行软分叉。

（4）**驱动链模式**。在这种侧链模式上，矿工作为算法代理监护人是需要对侧链的当前状态进行检测的。换句话说，矿工本质上就是资金托管方，驱动链将被锁定数字资产的监管权发放到数字资产矿工手上，并且允许矿工投票决定什么时候来解封这些数字资产和将解锁的数字资产发送到什么地方。矿工观察侧链的状态，当他们收到来自侧链的要求时，他们会执行协调以确保他们对要求的真实性达成一致。诚实的矿工在驱动链中的参与程度越高，整体系统的安全性也就越大。当然，驱动链也是要对主链进行软分叉的。

（5）**燃烧证明的机制**。燃烧证明主要应用在单向锚定的区块链中，比特币持有者可以将手中的比特币发送到一个专门没有私钥的地址中，那么会在新的区块链中生成相应数量的新币。

（6）**混合模式**。最后一种侧链模式是上面所有侧链形态的混合模式。实际上所有模式都是对称的，而混合模式则是将上述获得双向锚定的方法进行有效结合的模式。由于主链和侧链在实现机制上存在本质上的不同，所以对称的双向锚定模型可能是不够完善的。混合模式是主链和侧链使用不同的解锁方法，例如在侧链上使用 SPV 模式，而在主链网络上使用驱动链模式，同样，混合模式也需要对主链进行软分叉。

3. 解决区块链单一性的思路

如今，通证经济越来越繁荣，但区块链的性能始终是被限制的，而且这些区块链的功能也相对单一。为了解决这些问题，就必须对主链的性能进行拓宽，增加代币的使用场景，保证这些代币既能寄生在主链上，也能脱离主链独立存在。目前，侧链技术的应用场景主要也就在于解决主链拥堵和部署智能合约这两个问题上面。

（1）解决主链拥堵方面。侧链的思路在于大额转账走主链，因为大额转账通常不在意手续费与网络拥堵的劣势；小额转账则通过第二层网络，不需要太多的算力来保驾护航，因此可以实现低手续费、秒到账。

（2）智能合约的部署方面。能帮助能力有限的智能合约实现资源密集型的升级。

总的来看，侧链在实际部署中是有很大优势的，在保证主链安全性的前提下，侧链可以在小范围共识、优化确认时间等方面达到秒级确认。

另外，多种侧链并行运行时，主链安全性和业务负载并不显著增加。因为主链上的数据只是侧链数据的转入存储状态，不会出现数据膨胀的问题。而且，侧链数据是可以加密的，在小范围传输的过程中，记录交易路径，但不泄露隐私。在这样的策略下，我们既可以在专有领域传递数据，又可以同主链进行交互。同时，侧链可以在锁定主网价值的同时，开发智能合约的功能，如果比特币自身就存在智能合约，那么就可以促进加密货币在统一框架下的协同发展。再者，侧链是以融合的方式实现加密货币金融生态的目标，而不是像其他加密货币那样排斥现有的系统。侧链技术进一步拓展了区块链技术的应用范围和创新空间，传统区块链可以支持多种资产类型，实现小微支付、智能合约、安全处理机制等，并且可以增强区块链的隐私保护能力。

3.1.16　数字签名与数字证书

1. 数字签名的认知

当我们用浏览器访问一些不安全的网站时，浏览器一般会提示我们该网站的安全证书不可靠，这是由于该网站的数字证书和数字签名发生变化，让浏览器不得不拒绝访问。那么究竟什么是数字签名，什么又是数字证书呢？

举个例子，在鲍勃的手上有一把公钥和一把私钥，公钥是公之于众的，所有需要的人都可以获得公钥，但鲍勃的私钥是自己私有的。密钥用来加密信息，将一段可以理解阅读的明文信息用密钥进行加密，变成一段乱码。因此，只有持有正确密钥的人，才能重新将这段加密后的信息（即乱码）恢复成可以理解阅读的真实信息。

鲍勃的两个密钥，公钥和私钥都可以将信息进行加密，并且能用对应的密钥将信息解码。也就是说，如果用鲍勃的公钥将信息加密，那么只可以用鲍勃的私钥将信息解码；反之，如果用鲍勃的私钥将信息加密，那么只可以用鲍勃的公钥将信息解码。所以，鲍勃就可以利用自己的公钥和私钥进行信息的加密传输。在传递信息的过程中，假如有人要和鲍勃通信，考虑到信息的安全，就需要利用鲍勃的公钥来对要传输的信息进行加密。这样，鲍勃在收到消息以后，就可以用自己的私钥对信息解码，假设黑客要窃取他们两个人之间的信息，但由于没有鲍勃的私钥，无法进行解码，因此即使窃取到了信息，也没办法对信息本身的明文进行阅读。但是这并不意味着黑客们对这段信息就没有办法了，他们还可以对信息进行篡改，破坏掉原有信息，这样鲍勃在收到被篡改的信息以后再解码，就会出现不一致的现象，这样也是对信息的破坏。黑客为了破坏掉信息而做出的行为在学术上被称为破坏信息完整性，是一种只为了破坏而破坏的行为。

那么，怎样才能在传输的过程中保证信息的完整性呢？或者说，怎么保证这些信息不被破坏呢？这就需要用到数字签名来解决上面的问题。根据数字签名，接收方在接到信息以后，可以判断信息是否被破坏过，如果没被破坏，就可以正确地解码，如果被破坏了，那么就直接丢弃信息。

数字签名可以保证对信息的任何篡改都可以被发现，从而保证信息传输过程中的完整性。

根据 ISO 7498-2 标准，数字签名的定义为"附加在数据单元上的一些数据，或是对数据单元所做的密码变换"，这种数据或变换允许数据单元的接收者用以确认数据单元的来源和数据单元的完整性，并保护数据，防止被人伪造。

数字签名的主要作用是将消息和拥有消息的实体可信地联系起来。因此，数字签名需要具备以下几个性质：

（1）**签名是不可伪造的**。除了合法的签名者之外，任何其他人伪造其签名都是困难的。

（2）**签名是可信的**。任何人都可以验证签名的有效性。

（3）**签名是不可复制的**。对一个消息的签名不能通过复制变为另一个消息的签名。如果对一个消息的签名是从别处复制得到的，那么任何人都可以发现消息与签名之间的不一致性，从而可以拒绝签名的消息。

（4）签名的消息是不可篡改的。经签名的消息不能被篡改。一旦签名的消息被篡改，则任何人都可以发现消息与签名之间的不一致性。

那么，数字签名是如何实现完整性保证的呢？其关键技术就是哈希技术。

首先，鲍勃先对将要传输的信息进行哈希运算，得到一串独一无二的字符，通常把哈希运算之后的内容称为信息摘要。我们知道哈希运算往往是不可逆的，也就是说，我们无法根据哈希运算之后的内容推断出哈希运算前的原文。同时不同的原文会造成不同的哈希运算结果，并且结果的差异是巨大的，甚至说是毫无规律的。也就是说，对原文进行再细微的修改，得到的哈希运算后的内容都会与未经修改的原文的哈希运算内容大相径庭。这样就保证了黑客对原文的任何修改都会被发现。鲍勃同时将哈希运算后的信息摘要用自己的私钥进行加密，这样就保证只有鲍勃的公钥才能对信息摘要进行正确的解码，也就保证了信息摘要一定是来自鲍勃的，起到了一个独一无二的签名的作用。加密后的信息摘要实际就是数字签名的内容。最后，鲍勃再将数字签名附加到原文信息的后面，这样就形成了一个完整的带数字签名的信息报文。

鲍勃将带数字签名的信息报文传输给帕特。帕特接收到信息之后，先利用鲍勃的公钥对数字签名进行解码，得到信息摘要，如果成功解码，就说明数字签名是来自鲍勃的，因为数字签名是鲍勃利用自己的私钥进行加密的，只有鲍勃的公钥可以进行解密。然后，帕特将信息原文进行哈希运算得到自己哈希运算的信息摘要，再与之前解码数字签名得到的信息摘要进行对比，如果相同，就说明原文信息是完整的，没有被篡改，反之，则确认信息被破坏了。

也就是说，一个数字签名方案需要满足以下要求：

①签名必须依赖于被签名消息的比特模式，它们应该是一个不可分割的整体。

②签名必须使用某些对发送者是唯一的信息，以防止伪造和抵赖。

③数字签名的产生、识别和验证应该相对容易。

④伪造一个数字签名在计算上是不可行的；无论是通过对已有的数字签名来构造新报文，还是对给定的报文伪造一个数字签名。

2. 数字证书的认知

似乎现在利用公钥和私钥以及数字签名，就可以保证信息传输过程中的私密性和完整性。但还存在一个问题，就是公钥分发的问题，如何保证鲍勃的公钥被正确地分发给了苏珊或者帕特等人呢？

假设现在有一个中间人，他劫取了鲍勃发给帕特的公钥，然后私自伪造了一个假的公钥并加上鲍勃的名字发给了帕特，这样就导致帕特实际上是在跟中间人通信，而鲍勃实际上也在跟中间人通信，但他们都以为在跟对方通信。因此，现在的问题就是，帕特如何确认收到的公钥真的是鲍勃的公钥，而不是别人伪造的。

这个问题，其实可以类比一下现实生活中的问题。我们知道，公钥和私钥是成对存在的，也就是一个人一般都有一对独有的公钥和私钥。就像我们每个人都有一个独有的身份证，我们把公钥类比为现实中的身份证，当我们在面对一个陌生人的时候，为了信任对方，一般可以查看对方的身份证，但此时就存在一个和上面中间人问题一样的漏洞，就是万一对方给的身份证是一个伪造的身份证呢？我们要怎么识别真伪？

现实中，我们往往会有一个身份证真伪的识别器，一般公安局等机构会有，也就是我们可以利用身份证真伪的识别器确认这个身份证的真假。我们仔细思考这个机制，实际上就是引入了一个独立的第三方机制，国家作为一个独立的第三方，给我们每个人创建了一个身份证，当我们需要验证身份证真伪的时候，我们只需要找这个独立的第三方提供的真伪鉴别服务就可以验证身份证的真伪。所以，我们解决公钥分发问题的思路也就是引入一个独立的权威的第三方机构。

假设现在有一个数字证书的权威认证中心，这个中心会给鲍勃创建一个数字证书，这个数字证书包括了鲍勃的一些信息及鲍勃的公钥。那么，此时想要跟鲍勃进行通信的人就可以检查鲍勃的数字证书，然后通过权威的数字证书的认证中心，去认证这是不是真实的鲍勃的数字证书，如果是，就可以从数字证书中获取到鲍勃的公钥，然后进行安全的通信。

同时，就像现实生活中一样，我们不管进行任何涉及资金或者安全问题的操作，都需要出示自己的身份证，并且对方会验证你的身份证的真假，也就是说，一个持有假身份证的人，或者没有身份信息的人是获取不了他人的信任的。同理，在网络通信中，如果在数字证书的认证中心里查询不到信息，那么就说明这样的通信方是不安全的，是不值得信任的！另一方面，数字证书除了解决公钥分发和身份认证的问题，还加强了安全性。

再拿鲍勃的通信过程举例：假设鲍勃想要和帕特进行通信，首先就要告知帕特自己的公钥,鲍勃先向帕特发送自己的数字证书,帕特收到数字证书后，会向权威的数字证书认证中心进行认证，确认这是否是鲍勃的数字证书。

这个认证的过程，实际上也是通过公钥和私钥的机制进行的，帕特会根据数字证书的类别，查找发布这个数字证书的中心的公钥，然后用相应的公钥对证书进行解码，如果能正确解码，则说明这个数字证书确实是此中心颁布的，然后根据解码后的信息验证是否是鲍勃的数字证书，最后从解码后的信息中获取鲍勃的公钥。然后，帕特可以利用鲍勃的公钥对鲍勃的数字签名进行解码，验证是否是鲍勃的数字签名，如果能正确解码，就说明数字签名是由鲍勃的私钥进行加密的。然后再进行完整性的验证，将信息原文进行哈希运算，得到信息摘要，并与数字签名解码后得到的信息摘要进行对比，如果一致，就说明信息是完整的且没有被篡改的！虽然整个过程看似很复杂，但是实际操作过程中往往前端只需要一秒就能完全解决实现相对应的操作。我们通常有一个识别器，只要将身份证放上去就可以得到结果，后面的实际过程往往不需要再过关心。

3.2　区块链应用

区块链应用的主要内容包括：

- 区块链可以解决什么样的问题

- 区块链应该做什么

- 数字账户如何重塑账户体系

- 区块链 + 人工智能：改变商业的格局

- 区块链 + 智慧城市，如何打造链上可信城市

- 区块链在知识产权领域的实际作用

- 区块链带来金融服务下沉与迭代

- 区块链技术正在构建新的经济体
- 区块链对支付系统的影响（一）：法定货币的 Token 化
- 区块链对支付系统的影响（二）：稳定币和央行数字货币之间的区别
- 工业互联网的底层技术：基于区块链分布式治理架构
- 区块链商业化的推动力：跨链技术如何拓宽区块链的实用性
- 新基建技术核心：区块链与隐私计算
- 数字身份与区块链结合，如何实现多重身份的交叉管理
- 区块链和分布式存储设施结合：如何构建新一代的数据基础设施

3.2.1　区块链可以解决什么样的问题

1.信任缺失的领域是区块链的用武之地

区块链是为了解决信任问题而生的。信任缺失的地方，流程特别长的地方，参与的主题需要多方互信的地方，都是区块链技术的用武之地。而目前来看，区块链技术的核心价值体现在降低成本、提高效率上。

举个例子：

租赁行业一直以来都是一个重资产的模式，以往租赁公司需要自己垫付资金买进产品，买回来之后再零散租给用户，资金成本极高，而且稳定性也不高，C 端用户归还出借的产品才能说是完成了整个交易，但现实中这个过程很有可能要用半年或者一年才能完成，也就是说，在这个过程中只有租赁公司从用户手里拿到了钱，并且用户归还了产品后，才能产生正向的现金流，对租赁方来说，如果向银行借了钱，这个时候才有还款的能力。

这个过程其实任何一个环节出现了问题，都会导致交易没有办法高效地完成下去。例如一个用户忘记了归还产品，或者说他付不起租金，只要有一个环节出现了问题，就会出现交易终止的风险。因为这种场景对信任的要求非常高，这时就需要通过一个更高效的技术来解决问题，区块链就是这样的一个存在。

目前，英特尔公司就用区块链技术搭建了一个信任产业，他们将自己的硬件设备厂跟租赁商、租户、保险公司、银行以及投资机构放在一条链上，

租赁商的真实租赁订单就成了一个很重要的信任主体,只要有真实的订单发生,链上的主体就能同时履约和记账。

类似的场景还有很多,例如货运零担和物流行业,过去货车司机得到授信的可能性很小,因为其收入不稳定,而且长途运输会出现各种流动性风险。通过区块链不可篡改及可追踪的特性,就可以让这些司机获得更多的授信额度。

在跨境贸易这种场景里,对于买卖双方来讲,中间涉及不同货币的兑换和清算,以及物流、资金流和信息的传递,这些都会涉及各个主体间的互信。还有在供应链领域,上下游企业之间没有办法互相查看交易数据,无法把控上下游风险,所以中小型企业很难贷款,而且核心企业的信用没办法传递,只要把供应链的上下游都放在一条区块链中,就能及时有效地解决这个问题。

这些案例都围绕着区块链能解决的基础问题,那就是信任问题。早在2014 年,区块链作为信任机器就登上了《经济学人》杂志的封面。

现代社会中,大家对陌生人的态度极度不相信,为了取得信任,必须双方见面、签合同,并请专业法务来确认,最终建立信任关系。因此,在商业世界不仅要解决人与人之间的互信问题,更多的是要解决机构与机构之间的信任问题。

2．"数据孤岛"是区块链技术发展的阻碍

可以看到,很多信任缺失的地方几乎都是因为产业链中流程比较长、参与主体比较多需要建立多方信任的地方,这些都是区块链技术的用武之地。

区块链从一定程度上减少了对人的依赖,尽管在许多社会治理过程中,规章制度、法律法规相对完善,但实操过程中往往会出现偏差。而造成偏差的往往都是那些人。区块链的作用,恰恰就是在一个不信任的环节中提供一个信任机制,尽可能地减少人为因素的影响,让个人所做的事情出很多人共同验证,实现全过程透明。

但就目前来说,区块链技术遇到的最大问题在于数据孤岛。每个企业都有巨大的数据和资源,怎么合理地共享这些资源,是一个特别需要考虑的问题,现在的政务区块链发展迅速主要还是因为国家积极布局和发展区块链。政务区块链的目的是打通金融和企业之间的数据,实现能跨地区、跨部门、跨领域数据引导,让整个数据能动起来,推动经济发展,提高政府治理的能力。

3.2.2 区块链应该做什么

1. 互联网与区块链的渊源

可以说，互联网的出现给传统世界带来了不小的冲击，甚至到今天，传统经济和互联网之间的关系已经密不可分。有知名企业家甚至说：所有的传统商业都值得用互联网来重新做一遍。

如今，区块链被大家称为新一代的互联网，这是不是就意味着所有的互联网商业都可以再用区块链来做一遍呢？要想回答这个问题，应先来看看互联网和传统商业之间的关系。

在传统商业里，商家和消费者之间是一个价值交换的过程，商家营业额有一个很简单的计算公式，客单价乘以消费者数量等于它的营业额。也就是说，进店的人越多，买东西的人就会越多，那么它一天的营业额就会越多。我们把这种模式称为流量模式。到了互联网上流量模式并没有变，只是互联网把局部流量放大到了全国网络甚至全球网络，产生了量变。但是这种模式到区块链上是完全行不通的，它和互联网完全不一样。

互联网是一个中心化环境，它会把流量不断地虹吸到一个中心化平台中，让每个用户都被吸引到这个平台上，这是中心化服务器的特性决定的。区块链完全不一样，这是一个协作网络，它不存在虹吸效应，大家进入到网络里每个节点都是公平的，大家来这里是为了共同创造价值，是一个典型的社会协作的模型。

2. 什么是社会协作模型

社会协作模型是著名物理学家哈肯在 20 世纪 60 年代提出的社会活动模型，社会协作模型认为整体社会是一个协同存在的地方。他认为整个社会的各个部分虽然大小不一样、职能不一样、属性不一样，但大家总是一个互相影响、互相合作的关系。社会本身就是一个相互协作的关系，也有人把这种协作称为市场协作，它是人类互动带来的天然产生的一种行为。

这个时候再来看看区块链，会发现区块链里每个人、每个组织在链上协作，最终实现的就是这种现实社会的协作模式。因此，区块链上也可以打造出一个镜像的世界。

人们之所以能在区块链上获得利益，是大家一起在网络上协作的结果，是代码判定出来的。所以，互联网和区块链之间完全是两种不同的模式，这也就意味着互联网在做的事情，区块链能做，但是不值得去做。为什么呢？要回答这个问题，可以从多个角度来给两者之间做一个比较。

（1）**从技术角度来看**。互联网是 ICT 技术的一部分，是信息通信技术的一部分。互联网是一系列信息技术的底座，信息技术中包含了计算机、各种软件工程、操作系统、从 2G 到 5G 等。这里面的每一个单独的技术都有它自己的功能，都能为我们的社会创造出价值。但是我们把这些技术串在一起，创造出新的商业，是离不开互联网的，所以它才会成为信息技术的底座。区块链也是一样的，它是一系列数字化技术的底座。它串起来的是人工智能、云计算这样的数字化技术。它们之间是有一定区别的。这些信息技术、数字技术，从被我们使用的工具角度来说，也有很大的功能性。但是如果我们不把它们串起来，就很难创造出原生于数字技术的全新商业模式，这个串起来的过程就是区块链要做的，所以区块链是数字化技术的底座。

（2）**从互联网整体来看**。互联网解决了信息自由、无摩擦、发布、交流、交换、互动，区块链所解决的是信任自由、无摩擦，建立互相之间的信任关系。今天，所有互联网不管是什么形式，其实大体上都离不开帮助信息自由、无摩擦地流动，自由是一种权利，无摩擦讲的是把信息发布的成本、交流的成本、互动的成本降到零。大家在互联网上用到的绝大部分 App 都不需要付费，而且发布任何消息都不需要任何许可，就是因为这种无摩擦特性决定的。到区块链上，这种无摩擦脱虚向实，来到了更有价值的内容上，它完成了信任自由、无摩擦的系统。我们把信任的成本降到零以后，人、社会甚至商业机构和机构之间的关系都会发生巨大的变化。不管是过去还是今天，甚至是未来，要促成交易首先要建立一个信任。没有这样的信任，商业是不可行的，整个社会也是一样，要让这个社会有效运行，能够良性进展，社会就诞生了法律、第三方会计事务所、律师事务所等。背弃信誉的结果就是让他吃上官司，不但要他承担经济损失、民事惩罚，甚至有可能触犯法律。这些行为从一定程度上限制了社会运行的效率，如果把信任成本降到零，人们可以做的事情就要比现在多得多，社会运行的空间就更大。这也是巨大的不同。

（3）**互联网模型的特性带来的流量焦虑**。如今，所有的互联网都在强调流量上的变现。我们会看到电商和社交媒体之间，商业模式基本上没有什么不同的地方，电商寻求的是流量入口，而社交电商寻求的是一个流量的出口。围绕流量这个话题，电商或者社交电商在做一系列的调整，要么在做生态，要么就是吸引更多的人来看内容。区块链是不需要从流量的角度来获取价值的，区块链更多的是数据上的变现，让它能有这样改变的是它带来的可信数据。数据的可信给了区块链能做底层架构的机会，例如在人工智能领域，现在的人工智能需要直接接入大量可信数据来让它的动作接近事实，然后再给予它一定的预测性。但如果这些数据是不可信的，就需要花大量的时间来判断这些数据是不是有效的，人工智能得到数据以后就会出现判定错误。只有数据绝对可信，才能获得更多的数据。数据变现和流量变现本身就是区块链和互联网在商业层面上的巨大不同。如今可以看到，很多区块链创业项目都在考察它流量上的事情，这个思路明显就是不对的。很多创业者想做一个去中心化的电商平台，或者是去中心化的社交媒体，但这些都不应该是区块链要去做的事情。

互联网能做好的事情，不应该是区块链该做的。不能看到今天的互联网有万亿市值的价值，就拿区块链来做一个电商，因为区块链技术和互联网技术应该去解决完全不同的事情。区块链的存在从来就不是要干掉互联网，或者代替互联网，它们是共生的关系。

（4）**互联网是平台经济**。从互联网出现以后，平台经济这个词就不断刷屏，谁都想做一个平台来获取流量，最终赚钱。区块链就不应该用这种平台创新的模式来开启商业上的创新，它要做的是一种生态模式。平台和生态是两种模型，如果从资本的角度来看这两个模式，互联网就是在创建公司，是以股东的形式存在的资本模型；而区块链创建了一个生态，在这个生态里，区块链构建的是一个利益相关者的资本模型，更多的是强调人和人之间的共享、共建、共治。而在互联网里总会存在一个控制者，控制者会拿走平台上大部分的利益，所以它是一个中心化的模式。区块链则是一个分布式的模式，在区块链公链上，既没有股东，也不存在董事或管理层，甚至都没有一个员工。它甚至做到了一个极致的、不存在法律架构的模型。它是纯粹属于网络的，是一个极致的技术。围绕这种技术特性，我们其实可以创造出很多相关的商业模型，不应该还用过去的思路套用它。

（5）**所有互联网的商业化。**如果去考察互联网的商业核心，其实都是在精准画像下的精准匹配。如今在互联网上，所有商业模式创新的核心其实都是用户画像的精准匹配，把有需要的东西给有需要的人。精准匹配本身会起到一个很大的作用，它能降低交易成本、搜索成本和匹配成本，这是工业经济时代做不到的。但是如果这种精准匹配只是在匹配，就会很容易被人讨厌。区块链的商业核心是不会取代过去互联网的精准匹配的，已经做得很好的事情区块链没有必要再去做。但是区块链可以把互联网的这种效率提升3～5倍，甚至超过10倍。如果一个新事物不能给用户带来更好的体验，那么用户很可能不能接受这种替换，因为它并没有继续创造出一个更大的满足感。那么区块链做了什么呢？它免去了信任，并且无需信任，由于它的生态化商业模型，它用来解决的是过去没有解决的大规模协作。之前提到现实社会是共同协作的结果，这是互联网一直都解决不了的问题，但是区块链就能解决。在这个基础上进行商业创新，用区块链的这些商业特点、技术特点来创造的新商业模式才能出现新的万亿元市值甚至10倍于过去的商业实体。如今的比特币网络已经超过了4000亿美元，在互联网时代，很多公司都比这个市值要高，大量的公司市值都要超过1万亿美元。未来区块链一定能出现很多超过这些公司的实体，但是它们不一定会以公司的模式存在，可能会以一种项目的模式存在，或者是以一种数字化生态的形式存在。解决了过去没有解决的大规模协作问题，新的商业才能被创造出来，而不是解决精度匹配的问题。

（6）**互联网的衍生商业都不是基于局域网的。**区块链也不大可能出现基于联盟链来产生原生于区块链上的商业创新。局域网和联盟链一样，都是网络出现以后的一个非常好的问题解决方案，它们都很好，但是就和局域网一样，一旦有了局限性，就会变成一个工具。

局域网能带来内部效率的提升、成本的下降和更加方便的沟通。但是我们没有发现过互联网的哪个商业模式会是基于局域网的形式出现的，只有广泛地拥有用户才能够发展壮大。

区块链也是一样，只有基于公链才会诞生一些原生于区块链上的商业创新，不可能是基于联盟链。联盟链只是工具，能改善我们的社会效率、降低成本、提供更好的体验。区块链的商业化，应该从一个广泛的角度去看待整个区块链世界，它能不能成为一个广泛的市场，能不能创造巨大价值，这一点非常重要。

（7）**激励方法上的区别**。激励在社会创造中具有非常巨大的作用，但不同的是，互联网把这种激励模型放到了网络模型的外部，区块链则把这种激励模型放到了内部。这也是互联网和区块链在商业模型上的一个巨大不同。在如今的互联网商业中，每个人都在谈如何实现商业模式上的闭环，例如电商行业，但是电商行业要通过自己来实现整个闭环难度很大。在这个基础上，电商行业诞生了支付——一个独立的商业模式，一个独立的项目。而区块链的支付系统是分布式账本，换句话来说，是分布式账本让区块链和互联网之间有了巨大的不同。可能很多人都会说：分布式账本有什么好处？区块链不就是一个分布式数据库吗？这话是没有错，区块链的确是分布式数据库和数据库技术，区块链还是一个分布式计算和分布式存储技术。当它是分布式账本的时候，它就被赋予了整套区块链账本体系。在这个账本体系下，区块链自然就成了一个轻结算系统，是一个支付网络和金融交换的轻结算网络。这样的一个网络再加上共识算法或者博弈论的很多数学模型，就能建立起一个分布式的治理架构。每个人在这里都是受益者，只要你为这个系统做了事情，有记账的地方，也就可以在这个系统里及时地得到结算，获得各种形式的Token。

区块链和互联网之间的这几点不同，决定了它们之间的商业模式势必会有很大的不同。只有掌握了这几点不同，才能把互联网和区块链合理地区分出来，基于互联网的创新才能更好地实现。

3.2.3 数字账户如何重塑账户体系

1. 初步理解账户体系

过去几千年的经验告诉我们一个道理：人类社会之所以能得到高速发展，取决于商业社会中人与人之间的价值交换。人与人之间最基本、最核心的经济关系就是交易，依赖于记账体系和账户方法能够让我们快速、有效、低成本地处理复杂的交易活动。

如今，我们每个人都拥有许多账户，例如支付宝账户、银行账户等，每天我们使用这些账户的时候，只需要一个电话号码，输入一个密码和验证码，就能访问到自己的账户，并能够支配其中的资产。你的账户可能比你自己更懂你，它能清楚地知道你和谁在什么地方发生了什么样的交易、一段时间里你是不是足够健康、你做了哪些事情，然后精准定向地给你推荐东西，甚至在你完全不知道的情况下，为你做好了行为风控。

数字经济下的风控是非常强大的，它能在一秒钟内决定是不是要批贷款，而且全程零人工干预。虽然普惠金融公司会告诉你他们在五分钟内下款，事实却是，只要你需要，他们一秒内就能完成风控工作。当然，这一切都是在一个复杂的、看不到的账户体系里完成的。

2. 区块链技术下的账户体系

区块链技术下的账户体系和传统账户体系是不一样的。在区块链世界里几乎是看不到中心化的机构存在的，比特币区块链就是一个典型的开源场景，它是没有股东大会、董事会、员工概念的一个完全依赖自制、自主的组织和治理方法。在这个环境里没有股权的概念，没有人可以用发行股票的方式来融资。因此，需要使用 Token 来代表某种使用凭证进行融资。

数字经济下依靠算法来驱动，它不再依靠董事会，整个运行规则就是一套独立的算法。一切都将用数据来定义，而分布式账本就是为这些新经济、新规则提供一套记账方法和账户体系，可以帮助这些新经济更好、更高效、更低成本地运行。记账方法是一整套方法体系，记账方法要落地，需要落在账户上面，所以账户是记账方法的基础。在分布式账本上，账户发生了崭新的变化。其中，最大最实用的变化是成本更低。

首先，区块链账户和银行的账户体系有很大的不同之处，它的开户不再需要个人向银行提供资料，接受银行的资料审核。在区块链上开通账户是不需要任何人许可的，只需要用非对称加密算法生成一对公钥和私钥，这个账户就完成了。开户人不需要特定的对象。个人和机构都可以开户，未来互联网的上万亿台传感器等设备也可以在上面开户，这和银行现在的模式完全不同。将来会发现，更多账户之间的交易是机器和机器之间完成的，而不是人和人之间。这一点现在在物联网领域上就能看到，边缘计算需要上百亿、上千亿台计算机在本地计算。这在未来是一件很有想象力的事情。

目前，全世界仍有 17 亿人没有银行账户，这是因为银行账户需要依赖银行这样的中心机构才能使用，很多贫穷或者经济并不发达的地区不具备潜在收益，无法覆盖基础设施的成本。在多种问题共同影响下，这 17 亿人就享受不到金融服务。银行的利润来源于高净值人群的贡献，而普通人的金融需求是不能为银行带来经济价值的，甚至对于银行来说这些人是它的成本，所以这些年出现了大量的普惠金融。此外，银行账户对身份证也有很高的依赖，全球没有身份证的人口超过了 15 亿。针对这样的一个群体，区块链技术就能派上用场了。

通过比特币和以太坊的例子可以看出，它们是通过密码学算法将私钥加密成公钥，再经过加密生成地址，就生成了一个账户，这个过程对于用户来说要投入的成本比较低，过程非常简单，不需要提供任何复杂的资料，也不需要任何人的需求，只需要创建账户就能生成。正是这样的原因，区块链的发展不可能是停滞不前的，对于数字账户的发展，我们可以保持期待，继续观望。

3.2.4　区块链+人工智能：改变商业的格局

1. 区块链技术为人工智能提供赋能

当今社会，人类的生活水平正在走向前所未有的高度。其中，人工智能的发展已经进入了产业化阶段，在医疗、无人驾驶、金融、经济、游戏、军事、广告等很多方面都有了较为广泛的应用。随着人工智能核心技术的突破，竞争格局也在不断发生着变化。

但机器学习的效率、可拓展性及计算资源的需求等，依然是人工智能发展所面临的阻碍。作为目前最热门的两种技术，人工智能和区块链在基础特征方面具有很多相似之处。

尽管它们之间的应用手段大相径庭，但在本质上，它们之间的基础要素确实相同，分别是数据、算法、算力。

人工智能的基础是大量的数据，而区块链技术能保证数据的互通性及准确性，它们之间的结合能将数据的利用提升到一个全新的高度。

在应用上，区块链技术将为人工智能在以下几个方面提供赋能。

（1）区块链技术将为人工智能提供更广泛、更高质量的流通数据。金融领域常会出现数据孤岛的问题，在人工智能技术应用落地过程中同样存在。人工智能产业要想准确高效，就必须依赖基础数据。正确有效的数据，是人工智能做出正确选择和决定的前提。但是，人工智能产业依然存在数据不流通、数据质量不能保证和数据不连续等问题。这是因为实际应用时需要的重要数据主要集中在大型企业和政府手中，再加上现阶段数据监管和隐私的问题，这些数据难以实现共享。这就使得数据不能及时有效地流通，而数据作为最重要的生产要素，如果不能流通，它的价值也就做不到最大化。

和人工智能达成中心化系统不同，区块链技术的核心是建立一个分散的、透明的多节点网络，它能支持多方面同时访问。结合了人工智能技术的区块链网络，不仅拥有去中心化的智能管理形式，具备监管各种数据的能力，而且还能更深入地实现人工智能网络之间的沟通交互功能，加速算法模型的优化。

区块链网络可以在保证数据安全和有效的前提下整合不同环节的数据，并通过智能合约自动完成相关算法和分析结果的交换，确保数据可用不可见，从而避免发生数据泄露的问题。一个被打通的链上去中心化数据库，是过去任何一个单独的企业都没办法获取的。

（2）区块链技术为人工智能计算提供更低成本的共享算力。人工智能的研发在算力层面面临着成本壁垒。现在的主流人工智能算法模型不仅需要极大的数据输入，还需要极大的运算量来支持数据的计算。因此，人工智能的发展对于高性能计算芯片的要求非常高。这就意味着企业需要花费大量的资金购置 GPU（图形处理器）、FPGA（现场可编程门阵列）等硬件资源来建造计算中心。对于中小型企业而言，这是一笔极其高昂的费用。利用区块链分布式计算的特性达成算力共享，为人工智能提供必要的算力，是解决中小型企业投入人工智能研发资源过高问题的一种思路。

利用区块链技术形成去中心化网络平台，在这个平台上每一个节点都能充当人工智能算法的教练点。以组织或个人形式将算力共享给需求方，需求方则可以选择性地利用网络中空置的配置进行运算，从而极大地降低人工智能模型的训练和运算成本。

（3）**区块链技术具有降低实用型人工智能算法开发成本的潜能。**人工智能要想大规模地应用，在算法层面，它要投入的成本是非常高昂的。现有算法仅能满足少数企业的需求，根据应用场景定制智能芯片，需要大量的资金和资源，这使得很多想要逐渐转型人工智能的企业不得不停止自己研发的过程。

利用区块链技术可以搭建人工智能算法开发平台，平台使用者可以根据需求区分群体。利用群体智慧优化人工智能的算法，并在保证知识产权的情况下模拟人工智能算法。区块链的分布式协作特性对于人工智能算法的开发和使用都有极大的帮助。

同时，区块链技术的不可篡改性和交易的隐秘性也能让企业以匿名的方式购买单独的算法模型，并在一定程度上进行更新、修改。这些特性能激励更多的开发者参与到人工智能算法的开发中来，并在一定程度上降低人工智能的使用门槛。

（4）**区块链技术能有效提升人工智能的决策信任度。**目前，人工智能算法的更新速度是非常快的，这也让人工智能的算法决策过程变得更加复杂和难以追溯。使用者很难完全理解算法如何得出特定结论，同时也很难追溯到根据哪些信息做出决策。可信环境是区块链技术在实体经济发展应用中最为重要的优势和特性，这一优势同样也体现在与人工智能数据相结合的区块链网络上。由于区块链技术具有可溯源和不可篡改性，因此区块链网络能够快速准确地记录人工智能决策过程中所使用的数据，保证记录、认证的准确性，并加快审计、核算的过程。在确保人工智能运算的同时，还可以提升链上参与者对人工智能决策的信任度。

2. 区块链+人工智能的机遇和将面临的挑战

区块链技术对人工智能的发展起着举足轻重的作用，但任何技术的发展都要面临一些困难。那么，区块链＋人工智能的机遇和将面临的挑战在哪里呢？

区块链和人工智能都是颠覆性的技术，随着技术的发展，它们将颠覆人类现有的商业格局。过去，人类社会发展都是基于碳基文明的发展模式。碳基文明有一个特征，它的发展速度是非常缓慢的。而区块链＋人工智能带来的将是人类从碳基文明到硅基文明的过渡。在整个硅基文明中，它依赖的是原子和电子的发展。能源和计算的结合将驱动人类向更高级的方向进化。以计算机为核心的半导体芯片驱动着人类向更高级的方向进化，计算机是以半导体芯片为核心的物质形态，构成的元素就是硅元素。

商业巨头们不断并购芯片制造公司，其本质是对技术的信仰和对硅基文明的无条件接纳。因为芯片会带来巨大的算力，未来的区块链技术和人工智能的落地本质上都是算力的落地，是算力的使用场景。

随着硅基文明的逐步演进，现有商业格局将会被彻底颠覆。区块链成熟应用之前，人工智能会被大量具有数据壁垒的公司收购。而区块链的去中心化方式可以对大量数据进行组织和维护，用户可以控制自己的数据，科技巨头垄断数据的现状也将被彻底打破。

一方面，区块链具有完全公开、可靠性高、去中心化等诸多优点，可以实现数据的共享和溯源，使得构建更大规模、更高质量、可控制权、可审计的全球去中心化人工智能数据标注平台成为可能。另一方面，区块链还可以清洗个人数据，提高数据的有效性。

因此，区块链+人工智能的深度融合，将会有效降低初创企业的参与门槛，缩小与科技巨头之间竞争的差异。在降低参与门槛的过程中，区块链实际上解决了两个问题：提供更广泛的数据访问权限和更有效的数据货币化机制。在未来区块链+人工智能的大时代，创业公司的机会远远大于巨头的机会。这一领域终将诞生大量的超过万亿美元市值的企业，新科技的浪潮必将加速数字经济文明时代的到来。

3.2.5　区块链+智慧城市，如何打造链上可信城市

1. 智慧城市发展中的难题

2010 年，国际知名技术公司 IBM 首次提出了智慧城市的愿景，它的目标是为了缓解甚至解决在城市发展的过程中出现的大城市通病问题。到今天，智慧城市已经是全球经济社会发展的重要组成部分。那么，区块链是如何与智慧城市相结合在链上打造出一个可信城市的呢？

智慧城市，顾名思义是指用智能化的方式深度融合人、信息和环境等关

键因素的创新手段，它的出现得益于互联网、大数据和云计算等高新技术的发展。但是，智慧城市要想更深入地精细化发展，对信息的类型、功能和数据采集设备多样性的依赖也成了智慧城市发展中不得不面对的难题。主要表现在以下几个方面。

（1）**整个网络中的安全问题**。智慧城市建设过程中，它的整体数据是存放在中心化服务器中的，目的是为了让大量数据的采集和分析能在智能终端设备中被共享使用，这就意味着它会很轻易地被黑客攻击，一旦攻击成功，就会出现系统性数据丢失，数据的真实性也就无从谈起。

（2）**智慧城市建设中的数据垄断问题**。数据作为未来生产要素的一种，数据的流通能力就成了最先要考虑的问题，而且现如今各地的智慧城市建设都是单一的、缺乏统一规划的，这大大增加了运行维护的成本，而且由于数据的流通环境变化多端，单一数据库的处理能力非常低下。

（3）**数据采集的模式问题**。目前，大家对数据的采集方法往往是用户主动授权、采集方被动接受的模式，这就意味着城市里并不是每个市民都能被调动起来，公众与公共部门之间的参与度比较低，没有办法实现以人为本的初衷。

把这些问题汇总起来，可以发现在真正实现完全的智慧城市之前，要解决的首先是数据的真实性，打造一个可信的社会，而区块链恰恰就是一台新时代的信任机器。把区块链和其他高新技术结合，就能实现城市与城市之间、城市与主体之间、城市与个人之间的相互信任，从而能做到对城市发展结构的真正优化。只有这样，才能创造出新的商业形态，打破传统的商业模式，实现高效的城市资源调度，让人与人、人与科技、人与服务以及人与环境之间在新的信任关系中更好地生存。

2.区块链技术对智慧城市的赋能

区块链技术对智慧城市建设的作用是不言而喻的，正如习近平总书记强调的：区块链技术可以应用到智慧城市领域，推动区块链底层技术和新型智慧城市的结合，是非常重要的一步。可以说，区块链由于本身天然的不可篡改、公开透明、可溯源和智能执行等特点，会重塑现代社会的信任机制。既然区块链对智慧城市如此重要，那么它对智慧城市的赋能会体现在哪些方面呢？

（1）**带来一个更加安全的城市治理方案。**区块链为智慧城市带来了新的安全引擎，它为提升城市基础设施的可信度与安全水平带来了重要作用，其中包括了社区、交通、能源等一系列的基础设施。区块链结合了物联网之后能构建出一个可信的分布式网络，为物联网采集到的数据带来可信度。城市的治理会在一个完全可信任的环境里实现，云存储与管理、云端口一体化的协同发展模式，打造出完全可信的信息基础设施。而且由于区块链的治理往往是分布式的，这也意味着一旦智慧城市的相关应用被部署在区块链上，就会有一个百亿级的传感终端在互联、互通、协作。

（2）**带来一个更高效的城市治理模式。**无论是道路上的摄像探头，还是红绿灯传感设备，这些设备运行构建出的是一个数据型的社会，这些存储在设备里的数据又会因为流通困难形成数据孤岛，为实现一个链上的可信的城市带来巨大障碍。要想解决这个问题，区块链的分布式结构和共识机制就能发挥作用，利用共识可以为这些零散的数据进行必要的确权，这样一来，就可以让原本并不流通的数据变成有价值的、能在不同环境里流通的数据。

（3）**带来更高层次的民生应用水平。**每年政府在城市里投放的公共资源是固定的，这就意味着一部分人没有办法得到应有的民生服务。区块链可以利用通证来实现资源的再分配，让城市里的每个人都能得到相应的服务，这样一来不仅能提高城市资源的利用率，更能充分调动城市内各方的积极性，形成一个良好的价值生态。

城市是一个包罗万象的地方。如果把一座城市比做一个人，那么社区就是这个人的细胞，是社会发展中的重要组成部分，区块链为生活在社区的人们带来了更加安全舒适的居住环境。交通则是这个人的血脉，是社会的重要基础设施。可信的智慧交通是推动链上可信城市落地的先决条件。可信智慧交通以城内交通和城际交通为核心，为城市提供高效、安全的交通服务。

未来会看到，区块链以社区为节点，打造出一个个涵盖社区内部和周边各项服务的高科技社区，为居民带来更可信的生活环境；以交通为线，打造出一条条四通八达实现城市内外互信互通的可信智慧通道，让人、车、路和环境等要素安全协调运行，实现人、数据和环境之间的绿色共处。

3.2.6　区块链在知识产权领域的实际作用

1. 什么是知识产权

现在有很多机构已经成功把区块链技术用到了知识产权领域，司法机关在处理知识产权争议的时候，对区块链的接受程度也越来越高。但是，区块链到底发挥着什么样的作用呢？

面对侵权案件，有人觉得把产权信息上传到区块链就万事无忧了。这种想法是不对的，因为区块链只是一种技术手段。有时候它的作用就像屏幕截图一样，可以用来保存证据，但是不一定会被司法机关认可。

需要理解的是，知识产权是一项权利，只要是权利，肯定是用来保护某样东西的。例如所有权是为了保护人们的财产；言论自由、信仰自由是为了保障基本的人权。知识产权这个概念诞生之初，比利时著名的法学家皮卡帝将其定义为"一切来自知识活动的权利"。知识活动的产出称为智慧成果，而这个智慧成果就是知识产权要保护的东西。进入互联网时代之后，智慧成果非常容易被剽窃，于是知识产权之争也越来越激烈。例如加多宝和王老吉，这两家企业从 2012 年一直吵到 2019 年，把商标、包装和广告都争了个遍，七年时间耗费了大量的人力、物力。加多宝和王老吉绝非个案，仅 2019 年一年，全国就处理了近五十万件知识产权案，而且这些案件的审理周期都非常长。一个官司拖很多年，中间还要往返取证，这对当事人来讲负担是非常大的。于是，不管是企业还是法院，都在想办法提高知识产权案的结案速度。这个时候，有人发现了区块链。

2. 区块链和知识产权的结合

作为一个不可篡改还有明显时间戳的账本，区块链能很好地保存证据。这就为知识产权解决了一个大问题，因为很多案件就是败在举证上。互联网上的信息非常容易被篡改，有些原作者的维权意识也不够，这就导致证据很模糊，有理也说不清。

区块链和知识产权的结合是从 2017 年开始的，这一年，中国有了第一个利用区块链技术保护知识产权的平台；之后的几年，大量企业涌入了这个市场，其中就有大家非常熟悉的一些互联网企业，例如阿里和腾讯；再到2020年，广州的互联网法院首次引用区块链技术审理知识产权案件，20分钟就打完了一场官司。这也是区块链技术第一次在实操中被法庭认可。

总览区块链和知识产权的结合过程，其总体趋势是很好的。但是也存在一些误区，例如区块链仅用于取证有很多要注意的地方。但很多人不知道这些问题，因为大家对新技术的认识还比较模糊。这种现象是最危险的。之前不知道区块链的时候，大家可以用其他低效的方式保护自己的知识产权。但是当有人知道了区块链的作用，却又了解得不够时，那么盲目使用这项技术就很容易出问题。

3.区块链在知识产权领域的实际应用

知识产权从产生到消失，都围绕着两项重要的行为，那就是确权和维权。一个是在法律范围内确认自己拥有这项权利；另一个是被侵权时用合法手段维护自己的权利。这两项行为覆盖了知识产权整个生命周期，比较具有代表性，可以作为切入点来帮助大家理解区块链的实际作用。

（1）确权。确权理解起来比较简单。作品产生之后，作者可以依托企业在区块链上对其进行加密登记，一旦登记成功，这个作品的产权信息和登记时间就永久地留在了链上，相当于给这个作品发了一张电子身份证。因为区块链是不可篡改的，所以这张身份证具有非凡的效力，也就是说，它上面的产权信息可信度非常高。区块链在确权方面的作用不仅有利于产权人，还能帮助很多文字工作者。例如编辑、文案、记者以及教师，这些人在工作中要引用很多内容，误用照片导致侵权的事件也经常发生。区块链产权平台搭建完成后，可以在平台上一键确认引用内容的产权信息，避免那些不必要的麻烦。

（2）维权。区块链可以独立用于维权，例如下面这个案例。杭州互联网法院处理过这样一个案件，原告控诉深圳某公司在网站中违规使用了他们的作品，要求赔偿侵权损失。在维权过程中，原告发现侵权页面后，立刻抓取了这个页面的相关信息，然后把这些信息打包压缩，再计算成哈希值上传到了区块链中。虽然原告并没有在区块链上进行过产权登记，但是这个案件还是用到了区块链的技术。也就是说，即使不在区块链上登记产权，也可以用区块链保存证据进行维权。

法院认可区块链保存证据的有效性，也对这种做法提出了很多要求。如果未来大家也想用区块链保护自己的知识产权，那么在实际操作中要注意以下两点：

（1）**考虑平台的运营资质和独立性**。把作品或者侵权证据上传到区块链平台存证的时候，最好考虑一下平台的运营资质和独立性。这也是法院在处理类似案件时会着重考察的地方。把区块链用来存证、确认知识产权、保护知识产权，这对存证平台的要求是比较高的。普通人也不知道平台的技术水平到底怎么样，所以需要专业的机构帮大家判断。中国目前由国家网络与信息系统安全产品质量监督检验中心来做这个事情，这个中心会检查存证完整性等指标，来确认存证平台的运营资质。所以在选择平台的时候，一定要注意它有没有通过权威机构的检验。运营资质是最基本的要求，在具体案件中还要考察平台的独立性。区块链存证平台是独立于原告和被告的第三方，它必须中立。一旦平台和任何一方有利益关系，那么它提供的证据就不可信了。怎么知道存证平台是不是独立呢？这里要关注两个地方，一是公司的股东，二是公司的经营范围。如果这两项都独立，那么这个存证平台就可以正常使用。

（2）**保证证据上链的过程真实有效**。要明确一点，并不是所有上传到区块链的数据都能成为证据。因为区块链只能记录用户上传过哪些材料，不能保证上传的过程是否合理，以及材料本身是否有效。如果上传过程有误，那么数据就失去了可信度。按照最高法出台的司法解释，用于上传数据的计算机系统，它的软硬件必须完整可靠，并且处于正常运行状态，以此保证数据上链过程真实有效。

经过三年的发展，区块链在知识产权领域的应用已经逐渐成熟。同时也面临着一些长远的问题，例如相关法律的缺失和版权系统搭建的高成本。但是目前为止，区块链还是最有可能帮助知识产权的技术。各行各界对它都寄予了厚望。早在 2019 年，国家知识产权局就把区块链技术写入了战略布局；国内的众多企业也纷纷尝试建立自己的版权系统。有理由相信，未来区块链将为全世界搭建一个既完整又安全的知识产权系统，保护每个人的智力成果。

3.2.7　区块链带来金融服务下沉与迭代

公元前 6 世纪初，由于希腊城邦之间的商业繁荣，在城邦之间出现了一种奇怪的现象：希腊贵族们开始把自己手里剩余的财产都存放到了寺庙，让寺庙保存和支配这些剩余财产。

希腊人的这种行为被人看做是金融的第一次出现，从此以后金融出现了无数种新模式。11 世纪的中世纪欧洲，圣殿骑士团在征战欧洲的过程中发现路上商队觉得不安全，需要有人押运财务，从中圣殿骑士团发展出了货币兑换和财务托管业务。从此以后，西方概念上的金融服务首次出现，后来在意大利北部出现了银行，为各国贵族和平民提供金融服务。到了 16 世纪，荷兰出现了股票证券，从此荷兰成了欧洲的票据中心。17 至 18 世纪，英国和法国出现了债券市场，欧洲的银行货币信用体系成立。到今天金融随着技术的一步步下沉，已经成了一种新的基础设施，变成基础设施以后的金融已经不再是商业行为，它会完全免费，并且出现新的服务模式。

1. 金融服务的发展趋势

（1）金融服务的场景化。 金融服务的场景化是一个大趋势，今天很多人都在思考和推动金融场景化的发生，但是如果我们把金融场景化反过来思考一下，为什么金融服务会场景化呢？有一句话是这么说的：今天的金融服务哪里都在，就是不在银行里。这句话恰恰是对金融服务逐渐场景化最形象的描述。

金融服务一定会有，但是它的服务对象变了，服务方式也变了。金融服务的场景化另一面其实就是把金融服务下沉成一个商业基础设施，在这上面出现很多金融服务的新模式。

那么如何来理解这句话呢？先看一下移动支付，从移动支付里面看到案例：移动支付本身是一个商业变现的好方式，最早参与到第三方支付的商业公司，通过移动支付是能赚到很多钱的。但是随着技术的进步，第三方支付已经不是一个赚钱的好生意了，能赚钱的移动支付公司不过十家。这是什么原因呢？是监管变紧凑的原因吗？这是因为第三方或者移动支付已经不可能再靠金融服务的手续费来赚钱了。

以往大家通过银行转账，两个不同商业银行之间转钱是需要给手续费的，但是现在不同商业银行之间可以完全不花钱就实现相互转账。这就是金融服务手续费降低的重要体现，它已经降低到零费率了。银行的零费率会影响到其他第三方支付或者移动支付，现在可以发现很多第三方支付已经不靠费率来赚钱了。

还有一点，今天的移动支付已经下沉了，成为了商业基础设施。移动支付的下沉在上面长出了很多新的互联网金融服务：共享单车、外卖、电商、社交等。很多互联网服务都不能没有移动支付，没有移动支付，很多商业模式是实现不了甚至是不成立的，例如共享汽车。

当用户使用 App 来满足自己的需求时，在支付的过程中三方支付机构可以把这笔收入沉淀在自己手里，靠沉淀的资金来做更大的事情。用户在这个过程中得到的是更高级的增值服务，移动支付在这个时候已经变成了让所有人互利的中心，链接的是整个商业模式。这是一种更高级的变现手段。虽然我们现在在移动支付上面赚不到钱，但是基于移动支付创造出来的新商业是非常赚钱的，这就是金融服务的场景化。

再反过来看这件事，会发现这恰恰就是金融服务被下沉了，它下沉到了场景中，成为一个商业场景的基础，而不再是变现层或者应用层的工具。大家会发现，这种工具并没有赚用户的钱，但是它的金融规模是非常大的，这就是现在金融场景化的重要变化，也是金融进化的一种模式。

（2）固定管理费用不断降低。现在全球资产管理上出现了一种新的趋势，固定管理费用在不断地降低。这几年已经出现了基金管理公司不再收取基本管理费，而完全按照业绩回报，和投资基准相比较的业绩回报，如果能达到业绩才会收费，不能达到就不收费。从科技的角度来说，管钱这件事是不能收钱的，只有帮大家赚到了钱才能收钱。仅仅持有牌照管钱的服务，是基础服务，基础服务是不能收钱的。这种服务好不好呢？显然对于用户来说，这绝对是好事。

在美国就有这么一家券商，他们首创了证券交易完全免费。现在，他们在美国市场有 1000 多个高净值客户，估值超过了 100 多亿美元，增长速度也非常快。因为其证券经纪业务完全免费，导致现在美国大部分针对个人的经纪业务都是免费的。这件事情对科技、金融来说是非常有价值的。

从此以后,买卖股票本身不是本事,现在很多技术手段都能帮助解决问题。持有经纪牌照也不能直接变现,而是要在这个服务上面再创造,根据增值服务来实现商业目的,而不能只用保单业务来赚大家的钱。还有对第三方支付机构来说,之所以出现只有不到 10% 的机构才能盈利的情况,当然有市场形势、监管政策变化等因素的作用,但更多的是科技带来的冲击。

现在互联网金融的变现模式逐渐出现了"羊毛出在猪身上,狗买单"的商业模式,逐渐也延伸到了金融服务商,这是科技给金融服务行业带来的非常大的变化。这个变化是技术带来的。

过去十几年时间里,从信息化时代的应用层面看技术,技术越来越下沉。20 世纪 70 年代,我们刚刚来到信息时代,必须要通过复杂的软件来实现商业目的。刚开始用命令来操作,那是极其复杂需要反复训练才能很好使用的。到后来,Windows 操作系统的出现,让我们的操作变简单了,那些复杂的系统才开始下沉。到了移动互联网时代,互联网把这些软件系统继续下沉。一个 App 就能简单地让我们使用更加数字化的服务,它比之前 Windows 系统更简单。但是,原来复杂的东西其实一直都在。到了区块链时代,这种服务会一直下沉,从 App 这个端口继续下沉。最后,大家用一个智能合约实现很多应用。

金融服务之所以会下沉成为一个公共基础设施,很重要的原因是科技带来的,一整套数字化技术融合创新导致了交易成本结构的巨大变化。区块链作为一种信任的基础设施,使得交易当中的信任成本大幅下降。人工智能、大数据之下的精准画像和精准匹配,使得交易当中的匹配成本大幅下降。区块链本身是一个分布式账本,在区块链里所有的记账都同步在链上完成了,各个节点在区块链上完成记账,然后打包,最后审计。这个过程中省下了过去需要投入的大量人力和计算资源,运算和记录账本保证在分布式账本里不会出现错误的记录或者被篡改的情况。而在数字化的商业中,云计算会让计算成本和交易成本大幅降低。这样的大幅降低必然带来了商业实现层面或者商业变现层面、中介模式以及生态、业态上的巨大变化。可以看到,金融的需求几千年都没有太大的变化,但是满足金融需求的方式其实一直在变,永远都不会停下。

2．数字化技术带来的变化

举个例子，未来随着数字化技术的进一步优化和发展，金融业可能会面对颠覆性的变化。在以太坊上有一个由两个人设计的只有 500 行代码的去中心化应用，它是以一个智能合约为基础的金融服务。从去年上线到现在，大半年的时间里它的交易量已经超过了同时期最大的中心化平台。而中心化系统需要数万名员工共同努力，十几万行代码才能有效运行。但是这个去中心化应用只有两个人，低门槛、低代码、低资本、低运营，一下子减掉了上万名员工的中心化平台。这就是技术带来的变化。

区块链进一步把许多商业应用开发需要的基础能力下沉成了一个公共服务。分布式系统带来了交易机制，这些东西作为公有链是免费、开源的，所有代码都是开源的，是无需许可的，在以太坊上做应用是不需要得到别人同意的。

区块链之所以能带来这样的改变，是科技下沉的原因。区块链作为一个集大成的商业基础设施，所提供的免费开源的无需许可的基础能力，能够帮助那些应用开发者们非常轻松地部署自己的应用。

从这个角度可以看到区块链应用的七个层次。分布式网络、数据库、存储、计算、账本、治理、应用、商业，从上往下就是从互联网到区块链，从下往上就是从区块链到互联网。当大家在区块链上用到分布式存储、计算的时候，里面一半其实都要用到互联网技术，只是可能在分布式存储上加上了分布式治理，使它变成了区块链。科技成为商业基础设施，这就使整个服务变得非常不一样。

3.2.8　区块链技术正在构建新的经济体

1．有关"糖域"的认知

2017 年 3 月，剑桥大学的一项根据跟踪钱包进行估算的研究显示，2021年底比特币用户数量将突破一亿大关，很凑巧的是这个数字正好是 1997 年互联网用户的数量。可以说，今天的区块链和 1997 年的互联网都有着相似的本质以及相似的演化进程。今天，如果用复杂经济学的角度去看区块链的发展历程，就能看出区块链和互联网之间扯不清道不明的关系。

1996 年，美国布鲁金斯研究所的两位专家为了研究经济体的诞生和衍化过程，用计算机模拟，开发出了一个人工社会经济体演化模型，他们给这个模型定了一个新的名字——糖域。

这个糖域由一个 50 乘以 50 的棋盘组成，把糖作为经济体的资源要素，深色格子含糖高，浅色的含糖少，白色的不含糖。棋盘上有两座深色的糖山，代表要素富裕区。浅色地带代表要素有限区，白色就代表着沙漠这样不存在生产要素的地区。接着研究者在棋盘中随机撒 250 个小人，每个小人都是独立的程序，像现实社会的人一样有移动、获取资源、生产、交流、繁衍等能力，整个棋盘就是它们的生活空间。

最终研究者们发现一个同样的规律：这些模拟的小人永远都会向着资源要素集中的地方集合，逐渐就会形成两大部落，最终会和糖的分布重叠。接着，小人们会围绕资源要素演化出互动和交换。它们之间互相交流、互相合作，随着这些行动主体的个体行为，糖域的经济越来越复杂。最后，甚至出现了有借贷特征的中间商、投资者、投资银行和商业银行，糖在这个世界里衍生出了各种金融业务。

"糖域从无到有，从一片荒芜中衍生出了经济，从混沌中衍化出了繁荣的秩序，涌现了复杂的互动网络经济体。"

这种现象用牛津大学教授埃里克·拜因霍克的话来说，就是经济体的本质。他认为经济体的本质就是合适的秩序，所有的经济价值都是由热力学上不可逆的熵降低过程创造的。随后他还得出了经济学中的三条结论。

第一条结论：经济发展具有不可逆性。因为创造经济价值的过程本身是不可逆的。在经济系统中，时间是单向的。

第二条结论：能量的转换思维模式。利用热力学上熵的概念，认为经济发展的过程都是用能量把秩序较低的资源要素（如信息、矿石、木材）转换成有序产品服务。所有创造价值的经济转换和交易都会使经济系统内部的熵减少，而全球范围的熵又会增加。

第三条结论：适合度。埃里克·拜因霍克教授认为并不是所有的秩序都有经济价值，只有符合人类目的的人工制品和行为才能创造经济价值。

结合这三条结论我们能看到，糖域实验从一片混沌产生不可逆熵降低，从而形成经济体。

2. 从互联网的进程看区块链的发展

从 1997 年的互联网，到 2021 年的区块链，能够看到这样类似的过程。糖域里承载的是糖，人们依靠这些糖来生产、检索、交换，然后衍生出更多的社会功能。这种活动轨迹到了互联网领域，承载的就是信息，人们创造出门户网站来解决生产搬运，接着又创造出用于信息交换的社交网络，在获得了大量信息以后，生产者就能找到其中的轨迹，衍生出智能推荐或是算法。

经历过互联网时代以后，大家能切身体会到算法逐渐渗透到人们生活当中，这种渗透彻底改变了人们过去的生活节奏和生产要素，信息变成了数据，数据成了生活中不可替代的产品。

到了区块链时代，这种生产过程并没有发生太大的变化，只是生产的内容有了大幅度的改变。区块链把难以流动的资产直接打包成商品在链上流动，生产者通过挖矿或者其他的方式得到价值，接着又创造了交易所来交易这些价值，衍生出了类似 DeFi 这样的价值手段。

今天，2021 年的区块链和 1997 年的互联网一样站在时代的路口，站在 1 亿用户的里程碑上，已经具备了成为新经济体的能力。互联网的 1997，是在东南亚金融危机的阴影下走向光明的，那一年，央视标王秦池酒业崩盘，但也正是那一年，拉里·佩奇和谢尔盖·布林成立了谷歌。全球互联网在门户、搜索引擎、社交通信的发展中迎接到了互联网的黄金时代。2021 年的区块链也是一样，从挖矿到区块链浏览器再到区块链交易所的出现，改变了人类 400 年的资产交易机制。

400 年前的荷兰港口，水手们举着牌子喊价交易，买家和卖家撮合，成为人类证券交易机制的原型，直到今天这种交易方式都没有怎么改变。如今采用区块链技术的荷兰，当年的港口已经成了华尔街的摩天大楼，水手叫卖的牌子已经变成了计算机屏幕。区块链交易所让资产交易变得更加简单透明，长尾资产交易流通潜力无限释放。

未来，人人都可以在区块链交易所上成为卖家，一条条代码将会代替过去的决策者们改变证券交易的方式。而 DiFi 的出现，让大家看到了真正的普惠金融。资产在区块链上完全透明，用户免许可进入，在数学面前人人平等、完全自动化去中心化的交易模式，用严格的超额抵押保障了资金安全，用代码强制保障了借出和偿还。2021 年的区块链有的不仅仅只是这些，3 月 11

日，佳士得历史上首次拍卖纯数码虚拟资产艺术品《每一天：前 5000 天》以6934.6 万美元成交。这是人类历史上第 53 贵的艺术品，它标志着区块链上的虚拟艺术品、虚拟资产、虚拟偶像、虚拟版权正在构建一个崭新的平行世界。

3.2.9　区块链对支付系统的影响（一）：法定货币的Token化

1. 了解支付系统的运行与结算

总的来说，区块链对支付系统的影响在于法定货币的 Token 化，但是在讨论区块链对货币支付系统的影响之前，需要先了解主流货币和支付系统是怎么运行的。

支付系统运行的主要特点如下：

①除了人们手里的现金以外，货币都是被存放在银行账户体系里的，在银行体系里这些账户又会被分层。最顶层是中央银行账户，商业银行在中央银行开设账户，个人、企业、政府部门会在商业银行里开设账户。大家常用的支付宝和微信这些非银行机构也会建立支付账户，但是这些非银行支付机构和商业银行之间的关系是相互的。

②货币也是分层的。最顶层是中央银行货币，代表的是中央银行的信用。除了现金以外，中央银行还会准备一部分的存款准备金。现金是面向大众的，不依托于银行账户体系，它对应的是货币中的 M0。存款准备金不同，它是面向商业银行的。现代社会大部分货币都是商业银行存款货币，代表了商业银行的信用。因为存款准备金既是央行负债，也是商业银行的资产，它是不会计入 M1 或 M2 统计的。

③支付系统。和人们生活中的支付方式不同，在央行对货币进行统计的时候是有两种不同的形式的，一种是批发支付，还有一种是零售支付。批发支付会发生在金融机构之间，也会存在于中央银行和商业银行之间。零售支付则会发生在实际消费者和商业银行之间，它是我们实际在和他人交易和服务之间的一种统一结算方式。在实际操作过程中，不管是批发支付还是零售支付，都会存在前端和后端。支付的前端一般就是我们常常会使用的支付宝、微信支付等手段实现消费者和消费者之间的交易环节，而支付的后端是清算和结算的环节，后端的支付过程才是处理实际的真金白银的过程。

支付系统的结算方式如下：

（1）**实时的全额结算**。这种结算方式主要是逐笔的全额结算模式，它的效率高，降低了支付中的信用风险，但是对支付的流动性要求高。

（2）**延迟净额结算**。它指的是支付指令在经过计算以后的净额结算，能节约流动性，但会产生结算风险，效率也略低。

（3）**两种的混合模式**。在国内，人民银行的大额支付系统使用全额结算，而小额支付系统使用延迟净额结算。

（4）**银行账户中的支付**。它体现在从付款方账户里减少相应金额，同时在收款方账户里增加相应的金额。如果收款账户和付款账户不在同一家账户机构里，那么这笔收款就会引发两家账户管理机构之间的交易，这种情况下的支付交易会引发商业银行的上级管理机构之间的交易，一般来说，这种交易是在中央银行内部发生的。银行账户中的支付也正是账户体系中最重要最核心的部分。

（5）**跨境支付中的资金流**。跨境支付中的资金流是通过银行账户体系进行的，特别是代理银行的账户。跨境支付中的信息流则是通过 Swift（一种强大的开源编程语言）报文系统进行，跨境支付对银行账户体系的依赖，以及资金流和信息流的分离是理解区块链改进跨境支付的关键。

可以说，现代账户体系离不开各个国家中央银行以及商业银行之间的共同协作，也正是有了现代银行的支付系统，才能让人们在转账过程中始终保持对银行现有金融体系的信任。但是随着 Libra（Facebook 发起的加密货币项目）的出现，各个国家的央行突然发现要想始终保持在金融领域的长期主导地位，就必须站在未来金融体系的最前端，因此数字货币的出现在世界金融体系中就变得尤为重要。纵览全球各个国家数字货币的发展状况，不难看出各个国家对数字货币的不同态度，这些态度上的不同也为各个国家发展自己的数字货币带来了很大的影响。

2.稳定币与央行数字货币

总体而言，央行数字货币主要只有两大类，一种是以满足自身发展需要为目的的央行数字货币，而另一种则偏向于发行占据金融主导地位的稳定币。

从现有的稳定币分类来看，稳定币又被分成法币储备型和风险资产超额抵押型稳定币。

这两种稳定币在实际使用中又会被再细分。法币储备型数字货币又被分成两种：一种是非足额储备型，例如 USDT；另一种是足额储备型，足额储备型稳定币又分为单一稳定币和一篮子货币稳定币。单一稳定币中常见的就是 Libra、USDC。而风险资产超额抵押型稳定币就是常见的 DAI。

而央行数字货币的分类相对来说就简单很多了，它主要分为批发型和零售型。批发型主要的就是类似香港 Lionrock 一类的数字货币，零售型就是 DCEP。

到这里，了解过数字货币的人可能就要问：不是还有一类叫算法中央银行型稳定币吗？怎么这里没有提到呢？很遗憾的一点是，算法中央银行型稳定币这个方向实际上是不成立的。因为在市场实际的运行过程中，一旦市场的价格低于锚定价格，算法中央银行型稳定币就会发行折价债券来回收稳定币。但是这种情况伴随着的，往往是市场对货币失去了信心，债券会很难发行出去。即使发行出去，债券发行价相对面值也会出现很大程度的贴现，这样就会降低回收流动性的效果。而且债券到期时，还会伴随流动性出现净投放的现象。

3.理解现有法币的Token化

无论是主流稳定币还是央行数字货币，其实都是现有法币的 Token 化。一般来说，央行发行数字货币是不会产生新的货币的，所以法定货币 Token 化主要有以下四个特征：

第一，用 Token 代表法定货币，用 Token 交易代表法定货币交易。

第二，Token 基于法定货币存储 1∶1 发行，不会伴随新的货币创造。

第三，Token 发行人确保发行在外的 Token 有充足的发行货币存储为支撑，并且确保 Token 与法定货币之间 1∶1 可兑换。

第四，Token 与法定货币之间的双向兑换，也就是要求 Token 的账本体系要和银行的账本体系之间产生协同。

那么在今天这种银行账户体系和支付体系极度发达的状态下，为什么还要讨论法定货币 Token 化呢？区块链在支付系统中的应用到底能改变什么，又没有改变什么呢？有说法认为，区块链代表了复式记账法后最大的记账革命，这个说法不一定是正确的。现代记账手段并不是单一的复式记账，而是基于资产、负债、现金流等概念集合下并有经济学、法律和会计等方面的基础。技术的演变让资产、负债和现金流等具有新的形态和记录方式，会计记账也从手工方式走向电算化。但是这些并不会影响复式记账法的原理，区块链也不例外。不仅如此，复式记账法还可以为 DeFi（分布式金融）这样内生于区块链的应用提供精细化的分析工具。

区块链改变的实际上是产权和交易的记录方式。要想理解一点，最好对比一下银行账户体系和区块链账本之间的区别。

（1）银行账户体系里不同参与者之间的数据是不互通的，这一点和 Token 的共享账本完全不同。

（2）银行账户的不互通主要是由于银行层级中的中心化管理机构导致的，在中心化环境里基于对账户管理机构的信任，所有的操作几乎都需要预先进行审批，但是去中心化体系中这种审批是可以被忽略的，它无需构建信任，也不需要任何人来许可操作。

（3）在账户所有人身份上，Token 账本体系和银行账本体系也完全不同。银行账本体系中账户显示用户身份，它遵循实名制原则；但是 Token 账本体系地址本身是匿名的，不一定要关联真实身份，但是可以通过了解用户达到不同程度的关联。

（4）就是记账方式上的不同。银行账户中用余额账户来记录用户有多少资产，但是 Token 账户体系就出现了两种不同的模式，一种是和银行记账类似的余额模式，另一种就是中本聪提出的 UTXO（未使用的交易输出）模型，每个地址拥有的 Token 总量，等于所有者在这个地址所有 Token 数量的和。而且在进行支付的过程中，银行账本体系和 Token 账本体系之间也是完全不同的，银行支付体系中支付体现为从付款方账户余额中减少相应金额，同时在收款方的账户余额中增加相应金额。在 UTXO 模式下，支付会把地址里拥有的 Token 属主进行转变，转出后 Token 的属主会变成转入地址的属主。

（5）最后一点不同在于，如果付款方和收款方的账户不在同一家账户管理机构，那么这笔收付款会引起两家账户管理机构之间的交易，这项交易需要通过调整它们在更上级的账户管理机构的账户余额中进行。并且在跨境使用时，银行账户体系会存在现金流和信息流分离的情况。但是在 Token 账本体系中，理论上任何两个地址之间都可以点对点地交易，这种交易的方式是跨境的，这也意味着资金流和现金流自然就会合二为一。

总的来说，区块链技术的出现造成了法定货币的 Token 化，Token 化后的法币在国际外汇交易上有天然的便利性，由于区块链是去信任的环境，这就省去了过去外汇结算中所需要的各个环节，大大缩短了外贸交易的时间。此外，在区块链中又存在分布式的账本，共享分布式账本能够帮助大家在交易的时候就立刻完成结算，更缩短了交易时间，提高了效率。

扩展阅读 3.2

不同企业和国家对现金系统的实践

2008 年次贷危机以后，中本聪一直在思考如何跳过现有金融体系搭建一套"点对点的交易网络"，从他挖出第一个创世区块以后，比特币的诞生宣告了区块链技术的诞生。可以说，区块链技术从一开始就和现代金融体系密不可分。

从此以后，无数的企业和国家都将自己的研究方向放到了基于区块链的现金系统实践中，首先是 Ripple（瑞波币）开展了基于区块链进行跨境支付的早期尝试。随后又有 Facebook 创始人扎克伯格投入到 Libra 项目中，并决心要打造出一个为数十亿人赋能的金融基础设施。Libra 白皮书发布后，世界很多国家地区都开始推出属于自己的数字货币，例如，新加坡 Ubin、中国香港 Lionrock、加拿大 Jasper 等这些批发型央行数字货币项目。可以看出，这些新的区块链创新都集中围绕在搭建一套新的金融支付系统，希望打破过去在网络中的中心化支付模式。

3.2.10 区块链对支付系统的影响（二）：稳定币和央行数字货币之间的区别

1. 稳定币和央行数字货币之间的区别

各个国家在数字货币的选择上主要有两类：一种是央行数字货币，也是

CBDC，另一种就是稳定币。为什么会有这样的选择呢？这两种数字货币之间又有什么样的区别呢？

首先，要知道这两种不同的数字货币类型都是由区块链的基础架构带来的。但是这两者最大的不同在于：稳定币是基于非足额法币存储下的，并且它还有货币创造的能力，可以实现铸币税。法定货币的存储目标是保证稳定币发行机构在用户赎回稳定币的时候，能给付法定货币。这个时候足额存储就是实现稳定币全额兑付最直接、最有效的办法。

但是根据大数定理，稳定币的用户是不可能实现同一时刻将所有稳定币赎回的。因此从理论上来说，稳定币发行机构不需要有100%的储备就能应付大多数用户的赎回需求。这样一来，实际上多发行的稳定币也是没有法定货币在后面作为支撑的，但是它也满足了稳定币用户的需求，相当于是发行机构凭空创造出来了一部分稳定币。但是，这些凭空创造出来的稳定币同样在市场上是有购买力的，那么这样一来这些凭空出现的稳定币实际上就变成了一种铸币税。对发布稳定币的一方而言，合法合规的单一货币稳定币主要是一个支付工具，它的存在是不会伴随货币创造，不影响货币主权，并且能够实现金融风险可控的。得益于区块链的开放特性，单一货币稳定币会拓宽发行国家在境外使用的能力，并且让发行方能够强化自身的强势货币地位，侵蚀弱势货币的地位。

例如，现在很多局势不稳定的国家会出现美元化的趋势，那么合法合规的美元进入到这个国家就一定会增强自身在这个国家的货币优势，稳定币的优势增强也是这样的道理。在未来，可以看到主要国家对单一货币稳定的监管会越来越完善，从这一点上来看，Libra升级以后的2.0逐渐符合国家主权标准出现合规化就已经能说明监管是在不断跟进的。在监管以前的Libra实际上实施的是一篮子货币稳定币，面临货币篮子再平衡、一篮子法币货币储备充足性监管主体缺失等问题，可行性并不高。特别是稳定币的法定货币储备充足，只能分货币进行监管，多币种的法定货币储备充足没有合适的国际监管主体。这些问题都是Libra从1.0开始自我转型升级到2.0的原因。

当然现有世界格局中，世界主要主权国家对数字货币的研发主要是在央行数字货币上，也就是CBDC。CBDC是数字形态的中央银行货币，和常见的中央银行货币一样，它也有现金和存款准备金的概念。CBDC代替现金的时候，它代表的就是 M0，对应着的也就是零售型 CBDC；CBDC 替代存款准备金的时候，对应着的就是批发型的 CBDC。

CBDC 不会替代 M1 或 M2，主要有以下几个原因：

（1）M1 和 M2 的主要部分是商业银行存款货币，代表商业银行的信用。而 CBDC 代表的是中央银行的信用，因此 CBDC 代替 M1 从逻辑上就不能成立。

（2）商业银行存款货币相关的支付系统是依托银行账户体系构建的，它的效率和安全性都很高。再去改造一个高效率、高安全性的现有架构对支付系统的改进意义不是很大。

（3）CBDC 在真实世界里一定要避免大比例代替商业银行存款货币，因为这会影响商业银行存款稳定和信贷中介的功能。

所以在未来，CBDC 和现有的货币体系一定是共存的。站在发行的角度来看，CBDC 的发行普遍是按需兑换为主（基于 100% 存款准备金发行）而非扩表发行。换句话说，CBDC 发行和赎回的主动权是在商业银行而不是在中央银行手上，但是实际从根本上来说，驱动 CBDC 发行的依然是用户的需求。商业银行根据用户需求，使用存放在中央银行的存款准备金，向中央银行兑换 CBDC，就构成了 CBDC 的发行。反过来讲，商业银行根据用户需求，向中央银行赎回 CBDC 并换回存款就构成了 CBDC 的赎回。

正是这个原因，才说 CBDC 是一个偏中性的技术，CBDC 的发行和赎回不会影响中央银行货币总量，这样一来，它的发行对通货膨胀的影响同样是偏中性的。再加上，中国首创了 CBDC 项目中中央银行 - 商业银行的二元模式，也就是在 CBDC 方案中存在批发和零售环节。批发环节的主要参与者是央行和商业银行，它们主要做的就是 CBDC 的发行和赎回。零售则是 CBDC 的存取和支付，这里的参与者是商业银行和用户。当然批发 CBDC 有一个重要的目标，那就是它们要改造现有的实时的全额结算系统，Ubin、Lionrock 等这些项目发行的目的就在于此。批发型 CBDC 主要只涉及中央银行和商业银行，属于金融基础设施层面的应用，它们的针对场景也非常明确，并不会牵扯到复杂的货币和金融问题，所以批发型 CBDC 的实验始终都是走在零售型 CBDC 前面的。

2. 批发型CBDC与零售型CBDC

批发型 CBDC 主要具有以下三个特点。

（1）批发型 CBDC 能支持 RTGS（实时全额支付系统），流动性节约机制能够以去中心化的方式实现，当然实现主要也是智能合约。

（2）批发型 CBDC 能支持 Token 化证券交易，并且在去中心化环境里可以实现单账本劵款兑付，但是跨账本的券款兑付主要依赖哈希时间锁，这种方式有一定的缺陷。

（3）批发型 CBDC 应用于同步跨境转账的逻辑与 Token 化证券交易，中间人模式是主流的跨链方案。

这里需要了解一点，跨链从来都不完全是一个技术问题，而是一整套的解决方案。所以批发型 CBDC 现在面临的也是跨链解决方案不成熟的问题，现在很多中心化的解决方案在各个国家之间相对比较受欢迎。

此前，中国香港金管局和泰国中央银行曾经就做过一次同步跨链转账试验。他们的试验采用的方案被称为走廊网络方案，本质上是把两种货币CBDC 映射到同一个账本上，这样一来就可以实现同一本账本能支持多种CBDC。

从目前来看，零售型 CBDC 有望实现类似现金的安全性和点对点支付的便利性。中央银行开发零售型 CBDC 的主要目的是，利用 CBDC 系统的开放性促进金融普惠。CBDC 系统提供了一个精准尺度的支付数据，这种模式有助于宏观经济的决策。在未来，CBDC 还有可能成为政府实现真正点对点援助的一个重要工具。零售型 CBDC 和现金使用之间的关系比较微妙。

一方面，在使用现金比较多的国家，中央银行希望用 CBDC 来代替现金，降低现有现金体系带来的成本，更希望能缓解现金的不可追溯所带来的一系列违法违纪行为。另一方面，在现金使用逐渐减少的国家，中央银行则更希望公众以 CBDC 的形式持有中央银行货币，既能促进支付系统的安全、效率和稳健性，也能缓解支付机构做大后对用户隐私保护和市场公平竞争等影响。在我国，CBDC 的需求明显偏向于后者。

扩展阅读 3.3

零售型 CBDC 设计方案需要考虑的问题

①零售型 CBDC 对金融稳定和货币政策有一定的影响。

②零售型 CBDC 的支付和清算问题。

③零售型 CBDC 需要兼顾开放普惠、有限匿名和监管合规。

④零售型 CBDC 应用推广中如何发挥私人部门的作用。

⑤境外个人和机构如何持有和使用 CBDC。

以上这五个问题，到目前为止并没有找到可行的答案。

另外，到目前为止，区块链技术的性能和安全性还不足以支撑起大规模零售型 CBDC 的使用。但是 CBDC 作为现金的替代或升级，具有开放性、可控匿名、点对点交易、交易即结算以及离线支付等特征，类似现金又会超越现金的特征。本质上，这是区块链技术的特性所带来的。

在跨境支付方面，零售型 CBDC 和批发型 CBDC 都可以用于改进跨境支付，都具有交易即结算、资金流和信息流合二为一的特性，但是它们的侧重点却不同。

零售型 CBDC 用于跨境点对点支付，可以实现完全不依赖于中央银行的中介功能。在零售型 CBDC 中，单纯从技术的角度来看，钱包是不会存在国界的，也就不存在境内和境外之分，支付也没有离岸、在岸和跨境支付之分，但是对于中央银行的系统架构和技术能力的要求相对就变得非常高。从一定意义上甚至可以说，零售型 CBDC 用于跨境点对点支付，与比特币在逻辑上有相似的地方。

当然，CBDC 其实并不是十分完美的，它还是需要逐渐完善才能成为生活中的常用支付手段。尤其是 Libra 项目被监管以后，可以明显看到全球各个国家在 CBDC 项目上实际投入了很多，它们的出现也丰富了人们对区块链的认知，未来区块链会对支付系统产生什么样的影响，这是需要大家持续研究和关注的。

扩展阅读 3.4

未来区块链对支付系统影响的考虑方向

（1）基于非足额储备的单一货币稳定币监管。非足额储备的单一货币——稳定币为发行机构提供了铸币税，但是随着货币的创造，影响了国家货币的主权，而且很难集中应付生活中出现的大额赎回，这样看来，它有可能成为一种潜在的金融风险。

（2）单一货币稳定币在加密资产交易所外的应用。单一货币稳定币能不能走向主流用户和主流支付场景，提供类似支付宝一样的用户体验，这是稳定币逃不脱的检验。

（3）一篮子货币稳定币作为跨境结算币的前景问题。Libra 2.0 计划将一篮子货币稳定币作为高效的跨境结算币，但是就这方面来说市场需求到底有多大？这还是一个没有定数的问题。但是大家不能否认 Libra 为人类构建超主权货币所做出的努力。目前，国际货币基金的特别提款权作为超主权货币，其使用范围是国家对国家之间的运用，有价值储藏的功能，但是没有交易和记账的功能。一篮子货币能不能衍生为 to B 和 to C 之间，能不能发展出交易媒介和记账功能，还是需要继续观望的。

（4）支持 DVP 和 PVP 的跨链技术出现。以目前的技术来看，纯粹的跨链技术发展还是需要时间来论证的，但是以走廊网络一类的中心化经济学解决方案在这个过程中发挥出了它的作用，因此积极拥抱中心化跨链方案也是很具备可能性的。

（5）零售型 CBDC 的清算和结算安排。如果个人和机构之间的零售交易都会第一时间体现在中央银行 CBDC 系统的更新上，就相当于中央银行会面向全部公众视线全额结算服务，这样一来对中央银行的 CBDC 系统就是个巨大的考验，对商业银行来说也是一种考验，因为未来这种模式会去银行卡清算组织。

（6）非银行支付机构在零售型 CBDC 生态前的地位。涉及非银行支付机构的问题就会更多了，首先非银行支付机构能不能与中央银行交易获取零售型 CBDC？能不能给全部用户提供零售型 CBDC 的兑换服务？能不能向用户提供零售型 CBDC 的钱包服务？但凡涉及用户使用 CBDC 的问题，非银行支付机构都需要仔细去研究。这对于任何一个非银行支付机构来说都是一个不可小觑的挑战。

（7）未来跨境支付使用批发型 CBDC 还是零售型 CBDC 的问题。这个问题目前在任何一个国家都没有出现明显的定论。

总而言之，未来区块链一定会为数字社会带来不小的改变，更能极大地方便我们的生活，为我们的社会发展带来更大的社会效率。

3.2.11　工业互联网的底层技术：基于区块链分布式治理架构

1. 四次工业革命的基础

不管是在新闻中，还是在互联网上，总能听到工业互联网这个词，但是究竟什么是工业互联网？它为什么是第四次工业革命的核心呢？既然工业互联网是伴随着第四次工业革命出现的概念，在了解工业互联网之前，可以先了解一下过去四次工业革命的基础，看看是什么驱动了工业革命的发展。总的来说，每一次的工业革命都得益于基础技术的进化。

第一次工业革命发生在英国，但是后来美国逐渐取代了英国成为了全球经济的霸主。这主要是因为美国实现了电气化技术的进步和创新。而英国很明显没能抓住电气化时代的机遇。第二次世界大战结束以后，美苏之间开启了各个领域的竞争，第三次工业革命爆发。20 世纪 70 年代，杰克·韦尔奇执掌 GE 以后，信息化革命刚好爆发。这时最大的变化是底层技术上的变化，操作系统、软件工程、互联网等新基础技术成为了驱动第三次工业革命发展的重要力量。现在我们正在经历第四次工业革命，主要是以云计算、区块链、人工智能、大数据等数字化技术为基础，这些技术和信息化技术之间有很大的差别。

2. 工业互联网的概念

2012 年，美国通用电气公司提出工业互联网的概念，当时对工业互联网的总结就是把人、数据和机器链接起来。也就是说，工业互联网的三要素是人、数据、机器。

工业互联网就是要通过开放的、全球化的通信网络，把设备、生产线、员工、工厂、仓库等紧密地链接在一起，共享工业生产全流程之间的各种要素资源，达到工业数字化、网络化、自动化、智能化，从而实现效率提升和成本降低。用中国的古话来说，水流则清、人动则活，说明贯通性在工业互联网中的重要性。而工业互联网就是让数据流动起来。在过去单节点、非数字化、没有网络的工业环境里，数据都是孤岛，它就是死的。而加上传感器等数据采集技术的升级，节点就产生了数据，就有了生命，再加上区块链、通信技术的不断升级，就像血管和神经一样，帮助无数孤立的节点交换数据、共享数据。如此一来，所有节点就会形成一个系统，构造出一个更加强大和完整的生命体。这也就是为什么工业互联网被我们称为"工业技术革命"和ICT技术革命结合的产物。

3. 信息化转型到数字化的重要性

我们可以从以下的例子中了解信息化转型到数字化的重要性。

在电气化时代，IBM、GE等知名企业的中央研究院各自都带来了巨大利润，但是到了信息化时代GE开始走下坡路，因为它没能很好地从电气化技术转型到信息化技术。但是华尔街只看投资回报率，迫于财报的压力，为了满足华尔街要求的利润，GE转型成了一家金融公司，这才避免破产，在向金融转型的过程中，GE的核心制造业和工业都已经没有很大的优势。同样是转型，IBM就非常成功，信息化时代的IBM通过构建信息技术的底盘成为信息化时代的明星企业，但是数字时代的IBM就没有那么幸运了，今天的IBM由于没有能像微软那样成功转型成数字公司，它的股票也并不好看。为了破局，IBM必须强行转型，曾经IBM花了大价钱收购了一家开源软件社区，目的是为了在这个开源社区的基础上构建一个工业互联网的技术雏形。

工业互联网关注的是数字化时代的工业制造业和工厂。基于大数据、云计算、区块链、人工智能等技术的商业组织会发生很大的变化，但是这些技术必须要具备开源、开放、共享、共治的架构，才能实现高效转型。从根本上来说，这些转型实际上是商业活动和经济组织模式的变化，未来的商业模式正在从单边平台转向双边平台，最终数字化时代会实现一个多边平台。

传统制造业一般都有一条流水线，从设计、生产再到销售的商业模式今天已经很难获得大的利润。但是互联网时代，商业模式变了，变成了双边平台，这两者之间的区别很大。传统制造业追求规模效应，这个时期最重要的是设计标准化的流程，控制成本，然后再卖给尽量多的人，企业在这个时候追求规模效应。但是双边平台追求的是网络效应，这也是美团、滴滴这类公司追求的：搭建平台，吸引更多的人入驻，商家的增多又会吸引更多用户，这就是双边平台的网络效应。

数字化时代，我们要追求的是多边平台，追求生态效应，构建一个开源开放、共生共享的盛业关系，大家一起做大蛋糕然后再分享蛋糕。比特币的出现就证实了多边平台的可行性，在一个没有任何控制着和所有者的环境里，加入这个网络不需要得到任何人的需求，但是它就能平稳运行 11 年，商业价值超过 2000 亿美元。未来，这样的组织机构会越来越多，逐渐成为一种主流的商业模式，每个人都能参与到这个商业模式，每个人都能得到利益。每个人都能得到利益，发展流程也就出现了改变。和以前相比，制造流程、商业流程都发生了改变。这个变化是从公司驱动向使用者体验转移的过程。

还有一个是全生命周期管理的变化，数字化时代的各行各业是相互贯通的，并不是说制造业就归制造业，服务业就归服务业，未来制造即是服务。这么做是为了打破企业和工厂之间的墙，企业行业之间也不再是孤立的，生产者和消费者之间也被联系在了一起。生产者和消费者之间的边界没有了，生产者也就成了消费者，制造也成了服务的一部分，服务也带来了制造。数字时代的工业互联网是基于数字化技术的集成创新，同时它还是基于多边平台的组织创新，基于数据驱动的产品创新，软件被重新定义，它也是基于客户精准画像、精准匹配的流程创新。区块链的分布式治理架构最终会成为工业互联网的底层技术，没有任何一个人、任何一家企业以中心化的方式来控制这个工业互联网，所有企业都能放心地加入到网络中。

3.2.12　区块链商业化的推动力：跨链技术如何拓宽区块链的实用性

1.有关将不同区块链链接到一起的思考

区块链作为一种新的价值传输技术，将所有数据的流转、智能合约的运行等放在同一条链上进行，打造一个全球一体化的共享开放平台。不仅如此，作为分布式账本的区块链可以被应用在金融、健康医疗、供应链、资产管理等诸多领域，但是受吞吐量、网络孤立性、监管、伸缩性等因素的制约，目前的区块链项目并不能很好地服务于商业应用。

如今的区块链平台都有一个特性，大多数的区块链都是为了解决某个细分领域的特殊需求，因此都在各自独立的生态中运行，相互之间并不相通。另一方面，类似比特币区块链和以太坊区块链这样的知名区块链网络目前都遇到了各自的发展瓶颈，大量数据交易使得网络超负荷运作，时长高、效率低，难以形成一个统一的区块链平台，更难实现大规模的商业使用。

网络孤立性阻碍了不同区块链之间的协同操作，还极大程度地限制了区块链的发挥空间。这个时候就有人提出，有没有可能用一种技术来把不同的区块链链接到一起，让这些不同的区块链串联在一起，这样就能实现大规模的使用，说不定就能出现商业应用。

2. 跨链技术是解决区块链可扩展性问题的有效方案

跨链技术被认为是解决区块链可扩展性问题的有效方案。简单来说，跨链就是在相互独立的区块链网络间实现价值和信息传输的一种技术，同时它也是实现价值互联网的关键，是实现从一个链到另一个链的通信协议，链与链之间的关系可以是母链和子链，也可以互为侧链，不同的链间关系称呼不同。

跨链方案的设计可以分为同构链和异构链两种情况来讨论。对于同构链来说，各条链的安全机制、共识算法、网络拓扑结构及出块验证逻辑都是一致的，比较容易实现跨链交互。相比之下，异构链之间实现跨链则更加复杂。由于链与链之间的构成、关键机制都截然不同，异构链跨链通常需要借助第三方协助服务。

从技术分类上来说，跨链具体可以分为以下五种方式。

（1）**公证人机制**。在公证人机制中，需要一个可信方担任公证人的角色，在两条链间传播信息，例如告诉链 x，链 y 上产生了某条数据记录，或者是担保链 y 上的数据是真实的。由此可见，链 x 和链 y 之间不是直接进行互操作，而是需要一个可信的第三方来协助信息进行跨链传播，一般第三方的角色由验证器来承担。这种跨链机制的优势在于灵活易操作，但是弊端也是显而易见的，就是形成以公证人为中心的中心化结构，这与区块链去中心化、通过代码实现多方互信和高效合作的愿景背道而驰。

（2）**侧链**。例如比特币的第一条侧链 Relay，这是需要一份实现主链网络数据获取的合约，其中包含侧链数据和主链数据切换机制的方法，通过合约使 BTC（比特币指数）和其他侧链进行交互，但是这种侧链的中心化模式也是它的弊端。

（3）**中继**。中继技术是通过在两个链中加入一个数据结构，使得两个链可以通过该数据结构进行数据交互，并通过在一个链上调用数据结构的 API，实现对另一个链上交易的验证，如果这个数据结构是一个链式结构，则具备侧链的形式并称为中继链。通过中继技术可以对另一条链上的信息实现多种范围的验证，可以仅仅验证特定区块的区块头，也可以验证整条链的数据记录。同时，中继技术是依靠协议来完成通信互连的，这也就意味着它和中心化系统没有什么区别。

（4）**哈希锁定**。典型的哈希锁定就是闪电网络。为了满足在比特币交易过程中经常需要用到的小额交易，可以在链下形成一个小额支付通道。哈希锁定也可以被称为原子交换，用户可以在点对点的哈希时间锁定合约中直接进行数据和信息交换。哈希锁定模式是指用户在规定的时间段猜测哈希值的原值并完成数据交换的一种机制。简单来讲，就是在智能合约的基础上，双方先锁定一部分 Token，如果都在有限的时间内输入正确哈希值的原值，即可完成数据交换。可能有人会认为从严格意义上来说，原子交换算不上是一种跨链模式，因为两条链之间没有实现真正的连通，而是通过某种机制来协调两条链上的数据交换。

（5）**分布式私钥控制**。采用多方计算和门限密码是对于私钥管理的优化，跨链实现仍然是通用的跨链协议。

总的来说，虽然跨链技术如今还并不十分成熟，但无论是在 DeFi 还是在其他应用中，跨链的用处都十分明显，跨链会不会成为下一个区块链技术爆点呢？其实已经初露端倪。

说到底，跨链应用就是在试图打破分布式网络中的不可能三角，它的目标就是来解决价值孤岛的问题，正是有了跨链的存在，才让链与连之间串联起来，区块链世界才变得热闹与繁华。

3.2.13　新基建技术核心：区块链与隐私计算

1. 基本建设计划的认知

1917 年 3 月的俄国，在俄罗斯工人和市民阶层的联合作用下，沙皇被推翻并由此结束了俄罗斯帝国的统治，面对百废待兴的俄罗斯，当时以工人为首的苏维埃政府提出了一项影响全世界的计划——基本建设计划，也就是我们常说的基建。

当时，基本建设指的是社会主义经济中基本的、需要耗用大量资金和劳动的固定资产的建设，是严格区分于流动资产和投资行为的一种专项投入，到了 20 世纪 50 年代，基本建设的概念被传入到我国，之后我国国务院规定：凡固定资产扩大再生产的新建、改建、扩建、恢复工程及与之连带的工作都被称为基本建设。

基本建设和基础建设之间是有本质上的不同的，简单来讲，基本建设是在定性，也就是在创造固定资产，很像生活中置办结婚证、房产证、出生证明；而基础建设则是购入房子、结婚这些行为，是在定量。一个是规划要做什么，另一个是做多少的问题，也是必须做和做多少的区别。基建永远都是一个国家必须要做的事，过去在物理世界里，基建是以铁路、公路为基础的老基建，是实现对经济的支撑作用。没有强大的基建能力，我们做不到在物理世界里支撑如此庞大的经济增长。而新基建以数字世界的基础设施建设为主要任务，将成为经济的倍速加速器。

新基建是面向未来的经济发展和民生改善的重要动力，在我国提出要加快 5G 面向未来的经济发展和民生改善以后，新基建的概念也随之而来，新基建的本质是以核心高科技为发展的动力引擎，带动中国的经济高质量发展。新基建和老基建两者是相辅相成的，从数学角度来看两者的联系，老基建是底数，新基建则是指数。老基建主要集中在铁路、公路、机场等公共基础设施上，过去极大地拉动了中国经济，拓展了人们的物理生活空间。而新基建将在数字世界里通过对数字基础设施建设的完善，继续加速数据价值的发掘，进而加速推动整个社会向数字世界转型，大大加速经济向以科技进步为核心特征的新经济发展的过程。

2. 基本建设对物联网和工业互联网的影响

在数据的作用下，新老基建相互补充，新基建的高效智能数字化将大大提升老基础设施的社会效能，而老基础设施也将不断随着新基建的快速升级实现数字化和智能化，为新基建提供数据和服务支持。

例如，我国现如今引以为傲的高铁，作为国家重要的基础设施，智能交通是当前新基建重要的投资方向，可以受益于新基建的 IoT（物联网）、卫星互联网、大数据和人工智能等技术，实现更为智能的全程全网安全监控，更加高效的全网运力调度等，这是过去老基建所无法带来的巨大提升，更能为未来更高智能的交通提供更高质量的数据。

新基建的任何一项独立技术都不是互相孤立的，而是相互协同才形成了数字化基础平台的核心架构和基础，在这些技术的中间，区块链充当的一直都是链接万物的底层基础，加上 5G 的加持，将会搭建出一张巨大的价值互联网，实现更高、更及时的数据通信能力，将数据采集段和数据消费端连接在一起。

而这些正是为帮助物联网和工业互联网实现低功耗计算提供的基础设施，也是确保传感器信息完全正确的先进经验，同时，还为工业互联网提供了海量的真实信息和实时监控能力。

可以看到的一点是，我们要想真正迈向新的数字化时代，实现新基建的各项技术都离不开数据的处理和应用，数据及其使用将成为新基建过程中所有经济部门提高生产效率的新动能。

同时，我们也可以看出，大数据的提出其实是要早于新基建的，但是传统的大数据有明显问题，它会把分布的数据集中到数据中心里，或者说把这些数据放到了数据池里，进行集中式存放和计算。这种方式的特点是效率非常高，但是隐私性很差，而且数据很容易被篡改，和现在世界各国对数据隐私的要求有明显的矛盾。

世界各国对商业公司会出现的隐私安全问题极为重视，欧洲甚至出台了 GPDR 条款来限制人工智能深度学习对隐私数据的窃取和破坏。但是，要想真正在新基建领域解决这一问题，就必须要用到区块链基数，它能够为新基建的数据安全和隐私保护保驾护航。尤其是在加上分布式数字身份以后，公司、机构、政府甚至个人都可以非常安全地将隐私数据进行商业化，同时保障数据隐私不被侵犯。

作为所有分布式应用的基础，分布式数字 ID 则在分布式架构下为人和物建立链上身份，突破行业间的壁垒，通过链上身份确定资产与数据的所属权。个人完全控制隐私数据的授权和使用，可隐私地进行身份认证。再加上密码学隐私智能实现了跨组织的大数据密文后再实现 AI 计算，可消除数据源之间的交互壁垒，通过数据的多样性来提升 AI 算法的处理能力与数据覆盖维度，极大提升了 AI 对数据源的可获取性，提升了 AI 模型的质量。这些技术的发展都在把我们引入一个全新的时代，一个新的大航海时代，新事物、新思想、新技术层出不穷，数字化世界将是生产力的新大陆。而区块链正是数字化过程的基本特征，也是新基建的技术基础架构，它将极大地解放被安全和隐私要求禁锢的数据价值，必将带来比工业革命更加猛烈的生产力提升，推动社会的繁荣发展。

3.2.14　数字身份与区块链结合，如何实现多重身份的交叉管理

1. 现代社会中的身份问题

尼采说：人常常会被"解释"束缚住，失去思考的本质。当人作为个体的时候是很难找到自身的，往往个体自己无法解释自己是谁，但是当一群人聚集到一起，逐渐就会出现社会的概念。在社会的概念中，人们的身份往往又是交叉的，一个人的身份有可能既是教师，同时也是一位学生，既是一位父亲，同时也是一个孩子。在社会中人们协同分工，合作共赢，集体推动社会发展的同时，又会交叉出现不同的身份，如此复杂的身份概念对于个体分类是非常困难的。到了信息技术普及的今天，身份的形式发生了改变，出现了新的数字身份概念。但是由于互联网自身在设计的时候并没有构建身份协议，只是用来传输信息的工具，因此，互联网也始终没有办法解决网络上的身份互信问题。

1993 年，《纽约时报》曾刊载文章表示，如果互联网的发展不能解决互信问题，那么它将毫无意义。于是为了解决这个问题，并且能为用户提供服务，实现可行交互，产生了中心化身份解决方案。也就是由网络应用服务提供商

对自己的用户分别管理。包括提供身份注册服务来分配用户身份标识，保存用户身份数据。后来，为了解决中小型服务商难以提供用户身份管理的问题，又产生了大网络身份服务提供商为用户提供服务的模式。因此，也就出现了如今在不同的网络社区，作为用户会有无数的身份，在使用邮箱、微信、大众点评、百度地图等和日常生活息息相关的软件时，都需要使用数字身份登录。

但是，这些新的身份又带来了管理问题，不同软件的管理机制和数字身份体系是完全不一样的，对用户而言，如何注册、如何保存这些内容非常困难。重复注册、重复找回账号一直都是数字身份最大的痛点，同时这些问题还大大降低了互联网用户的体验。

数字身份对应的是最直接的用户数据，这些数据被存储在中心化数据库里很容易出现隐私泄露问题，并且由于存储方式的中心化，这些数据的所有权很难被确定。看起来这些数字身份只是很小的问题，但实际上对于数字化时代来说，数字身份却是发展中最重要的一环。

如何实现通过同一个数字身份获取丰富多样的线上服务，在数字世界享受便捷的生活方式？如何让数字身份摆脱软件开发商等第三方的掌控，将身份信息所属权归还给用户，让用户数字身份的隐私安全得到有效保障？这些问题已经成为人类数字化迁徙过程中的一大阻碍。

2. DID的建立

为了解决这个问题，在分布式系统出现后，人们将目光投向了分布式数字身份体系——DID（去中心化身份）的建立。这是一种基于区块链技术的分布式数字身份体系，由唯一身份标识和相应的 DID 文件夹组成。唯一身份标识通常是一串特定的字符。通过唯一身份标识可以安全准确地查找到对应 DID 文件夹中的信息。唯一身份标识通常包括以下几类：表明文件夹创建时间的时间戳、用密码学技术生成的表明文件夹有效性的证明、用密码学技术生成的公钥、DID 适用的服务列表。

与其他数字身份一样，分布式数字身份同样需要解决身份的识别、验证和授权问题，但不同的是，由于去中心化的特征，分布式身份将发展出标准化的点对点通信协议。在讨论分布式数字身份工作机制之前，还需要探索分布式身份的三个维度。

171

（1）**去中心化标识符**。分布式数字身份采用的是 W3C 去中心化标识符。一个标准的分布式数字身份标识符通过结构化的 DID Dock 表示。除了分布式数字身份标识符以外，DID Dock 中还包括与此身份相关联的公钥信息、授权支持信息、服务入口点地址以及用于审计的时间戳和用于数据完整性校验的签名数据。由此可以看出，分布式数字身份其实是一种公钥设施，是身份 DID 的持有证明，也是 DID 私钥的持有证明，通过公钥验签方式来实现。此外，通过授权支持可以实现身份主体与身份控制者的分离，支持身份委托需求。

（2）**可验证凭证**。简单来说，可验证凭证就是关于某身份主体具有某种身份属性的背书断言数据，包括身份断言和身份断言签名两部分。通过 W3C 可验证凭证数据结构规范中的一个关于姓名的可验证凭证，断言部分只包括姓名属性，签名 Proof 的内容包括 Proof 验证方法与凭证发行者 ID 所关联的关于断言的私钥签名。

（3）**分布式通信协议**。这个通信协议的 2.0 版本规范正在由 DIF 组织起草。DID Communication 协议与传统的 Web API 的主要不同在于，不是通过服务器来控制所有各方的交互状态。相反，DID 各方都是对等的，它们通过彼此对规则和目标的共同理解及共识来进行互动。协议主要包括两个特征：一是 DID 通信协议是基于消息、异步和单工机制的；二是消息的安全性是基于对等身份验证来建立的。基于 DID 通信协议进行自定义消息传递和处理，可以实现不同场景下的业务需求和扩展。DID Communication 不依赖任何第三方组织，可以最大程度地满足点对点实体的自由交互，激发数字化应用创新。

3. 分布式数字身份的工作模型

分布式数字身份的生态可以简化为发行者、持有者和验证者三方，其工作原理即可验证凭证流转模型。

首先，身份各方会把自己的身份在分布式账本上进行公示，以提供后续身份交互过程中的数据验证支持。接着，发行者向身份持有者签发身份凭证，身份持有者接收验证并保存凭证。最终，身份验证者向持有者请求身份凭证信息，持有者签名并出示可验证凭证，身份验证者验证凭证的归属和凭证签发来源。可验证凭证流转模型的主要优势在于：

①支持实体 ID 通过不同场景下的角色来进行表达，从而避免了角色信息

被归集。

②DID 与可验证凭证解耦，支持了用户名下的凭证信息可以被重新组合复用。

③基于分布式身份构建的可信 Web 不需要遵循任何预先建立的层次结构。

从这一点上可以看出，它与传统的 CA 体系有很大的不同。中心化的 CA 系统之间如果要进行互认，则需要依赖顶层的 CA，这就需要在 CA 系统构建之初就进行规划设计，明确下来。

从分布式数字身份的技术架构来看，去中心化公钥基础设施是分布式数字身份的基石，它为分布式数字身份提供了连接安全。与传统 PKI（公钥基础设施）不同，去中心化公钥基础设施不需要中心化的 CA 组织来实现密钥的分发与托管，而是身份所有者自己进行身份密钥的创建与注册。分布式账本提供了统一的密钥公式、维护和发现机制。从这一点不同上，再拿它和传统 PKI 相比，去中心化公钥基础设施具有以下特征：它不依赖单一的中心化机构，没有后门和管理员特权，无系统单点故障，具有弹性的信任基础结构，支持互操作性。

基于去中心化公钥基础设施，可以有效地去除从前 PKI 体系下的中间人攻击问题。但是，接下来又出现了另外的问题，如何建立 DPKI（分散式公钥基础设施）的基础设施呢？

在分布式数字身份中，每个实体拥有不止一个 DID，每个 ID 对应一个关系，一个私有的消息安全通道。怎样来管理这些 DID 和私钥？如果这些信息丢失了又应该怎么办呢？答案是，需要一个分布式密钥管理系统。

4. 基于分布式账本组件和身份代理软件构建的分布式密钥管理系统

分布式账本用于发布连接验证公钥和数据所有者验证公钥信息，提供公开的身份验证和凭证验证。代理代表独立的身份所有者和身份控制者，拥有唯一体现其授权的加密密钥，代理基于 DID 通信协议进行交互。而代理软件通常又包括消息通信组件、身份钱包组件、本地数据容器组件。这些消息代理组件负责与外界的交互，以实现消息的收发。

其次，消息代理组件负责调用本地的身份钱包和数据容器，进行消息的加解密与存储。身份钱包组件主要进行密钥和秘密数据的管理，具体来说，它会负责进行代理管理、DID 连接管理及凭证管理。同时代理软件根据部署的位置不同，又分为边缘代理和云代理。

管理身份密钥的代理软件，多数情况下会安装在个人所有的移动智能通信设备上。为了实现持久消息在线和边缘设备寻址，需要扩展身份代理到云端，云代理可以有不同的厂商来实现和维护，被注册的边缘代理提供消息路由服务。

另外，云代理服务可以简化边缘代理的密钥找回机制，并实现边缘代理的数据备份和多设备同步需求，但是不会形成对边缘设备的绑架和数据的窃听。并且从技术上来看，边缘设备是唯一用户身份密钥管理设备，因而唯一可以代表身份持有者的意愿。

身份数据通常在边缘设备的身份钱包中加密以后上传云代理托管。在消息传输的过程中，边缘代理发起交互，并进行消息加解密，云代理则主要提供消息路由、路由加解密功能，通过 DKMS 可以很好地规范约束钱包和代理的行为，使身份代理标准化，消除安全隐患和供应商锁定的隐患。再加上，可验证凭证技术提供了分布式数字身份中的数据安全，可验证凭证是 DID 实体之间进行数据交换的方式，通过发行者签名确保数据不可篡改。

与可验证凭证相对应的可验证表述是身份所有者向身份验证者提供数据的形式，它由分布式数字身份钱包中的加密组件进行构造，也是一种防篡改的表述，来自一个或多个可验证凭证，由披露该对象的主体进行签名，无论是直接还是间接引用可验证凭证，身份属性都以可验证表述的方式进行提交，也就是说，可验证表述中不包括可验证凭证的原文，因此不会产生可验证凭证接收者进行身份盗用的问题。

总的来说，分布式数字身份系统的分布式体现在以下四个部分。

（1）**DID 发现**。基于开放的分布式账本，而不是基于某一个中心化机构的系统。

（2）**DID 验证**。它是一种基于属性的验证，由代理之间相互认证，而不需要依赖第三方。

（3）**DID 交互**。它是典型的点对点通信协议，与传输协议无关，它们之间的交互也不需要依赖第三方。

（4）**DID 数据存储**。基于分布式加密存储，其推广和分享都需要由所有者进行授权，数据具有可移植性，不需要绑定在 DID 存储商身上。

　　基于以上架构，分布式数字身份有效地建立了网络主体之间的机器信任和人的信任，实现了身份的自主性、安全性和可移植性。同时基于区块链密码学、点对点网络、共识机制、智能合约等基础技术元素，会产生一种新的数据存储、记录、传递与呈现方式，从技术层面实现多方参与者在无需信任的基础上实现高效协作。去信任的分布式数字身份会在区块链的基础上实现用一个数字身份同时登录使用多个不同服务商提供的线上服务，在同一套协议的帮助下实现多商户、多种类的线上服务。

　　再加上区块链不可篡改、方便追溯的特点，从而保障用户身份信息的真实性，方便参与分布式数字身份体系的政府、学校等第三方机构线上验证用户身份。DID 的存在可以让用户自己设置信息的调用和访问权限，并且可以决定哪些信息被公开，或者说决定谁有权利调用他的身份信息。举一个特别实用的例子，用人单位可以调取求职者的数字身份来查看他的过往学习、工作经历，提高招聘效率。

　　在集成了零知识证明等密码学技术以后，区块链还可以保障链上信息的隐私安全。在隐私计算以后，区块链赋能的分布式数字身份体系可以在第三方调用用户信息时，只显示必要信息，而对其他信息进行加密保护，从而确保用户身份信息的隐私安全。做到重点信息只对重点展示对象使用，避免了隐私泄露的风险。

　　在分布式数字身份同步以后，还将在银行建立一个类似信用卡的评分体系。现在个人的信用分会影响个人在银行办理什么样的业务，同样，在数字化时代，基于分布式数字身份，用户能得到的数字化服务的数量和种类也会和数字身份分数挂钩。

　　基于分布式数字身份的存在，城市管理者同样可以用 Token 来激励城市居民做出正向的行为。例如，在居民自觉遵守垃圾分类、废物回收等规定，选择公交或共享单车出行，为城市降碳减排、实现"碳中和"目标做出贡献时，为居民发放奖励积分。这些 Token 可以被其他商户接受兑换成任意商品兑换券或者打折券，作为享受数字身份福利的基础。在碳中和领域，基于区块链和物联网的尝试就已经率先使用了这种数字身份福利，来帮助更多的企业甚至个人正确为碳中和提供相对应的服务。

5.从应用层面看，分布式数字身份对数字化生活带来的影响

以用户为中心，分布式数字身份改变了传统的数据依赖方直接对接数据发行方的模式，使得数据回归所有者，服务与数据分离，网络应用得以以身份所有者为中心展开。

基于属性的访问授权将逐渐取代基于角色的访问授权，应用服务不再是千人一面，而是真正可以做到千人千面的定制化服务。

基于分布式数字身份可以实现所有实体之间的可信身份交互和可信数据流转，这不仅仅是分布式系统之间的，也包括中心化系统之间以及中心化系统到分布式系统之间，从而建立起真正的全网可信。

可信数据与数据凭证化流转将激活数据的资产属性，也使得线下资产得以以数据化流转，数字经济将借由可信网络而繁荣和发展。

分布式数字身份和点对点通信协议将促进去中心化组织的发展，释放人类在数字世界的创新潜能，加快人类经由数字化发展，提高集体社会智能的脚步。

3.2.15 区块链和分布式存储设施结合：如何构建新一代的数据基础设施

自从有人类活动以来，记录就已经成了最重要的事情。远古时代的人类依靠给绳子打结来记录重要的时节，绳结越大代表事情越重要，也正是这种记录的模式让我们能把祖先的传统节日传承下来。有了文字以后，人们把象形文字记在龟壳兽骨上，图形记录了生活的日常，推动文明的演进，之后文字的形式发生了无数转变，但记录的意义从来没有变，记录变成了经验指导后来的人持续推进社会的发展。

互联网时代，这种对生活的记录发生了改变，不再是人们主动记录才会留下痕迹，只要使用互联网数据库就会把这些动作记录下来，经过一系列的计算后，这些数据会被使用。互联网公司通过利用用户数据来最大化公司的利益，根据用户的浏览记录，互联网公司会相应地为用户推荐产品，让用户主动产生下一步的消费。这种方式已经渗透到每个人生活中的每一个环节，它从侧面反映出个人行为记录是有数据价值的，用户的每一次行为都让互联

网公司更了解他个人的消费习惯和消费能力。这些有价值的数据被互联网公司免费使用，对用户来说是巨大的资源浪费，那么我们自己能把这些有价值的数据保存下来吗？这就是区块链要解决的问题。

1. 构建实现数据价值的基础设施

在中国，平均每天每个人要消费 5 次，每一个人一次消费产生 80B 的记录，仅仅计算中国城市人口，就会发现每天产生的消费记录数据为 80GB，按照互联网数据公司 3 个月左右开始画像，则是 7.2TB 数据。按照这样的速度，很快这类数据的量会超过 PB 级别。这些数据能够被一般意义上的区块链系统存储并处理吗？答案是不能。一般意义上的区块链系统，或者说大多数的公链，是这样一种分布式系统：系统中的每台计算机都需要存储同样的文件，以保证系统的功能。显而易见，它们是无法提供 PB 级别的存储空间并将数据价值保留在上面的。所以，要想把数据留在区块链上，我们需要先把数据存储在分布式存储系统中，再通过区块链的结算功能实现数据价值。也就是说，我们需要把数据部署在分布式存储系统中的同时，再把状态留在区块链上，就可以实现之后数据的处理和使用。

分布式存储是指通过不同的加密方式把数据存储起来，确保数据和链上账号一一对应。在实际使用中，我们需要利用不同的加密计算工具对数据进行快速的调用和处理，而在数据制造和计算时，都可以做到半匿名的方式。相对于传统互联网的数据保存方法，结合了区块链来存储数据，在密钥的功能性和本地存储的私密性外，还能增加额外的处理功能接口，以满足数据分享和计算的需求，从而帮助数据更好地分发和拓展，实现数据的价值。数据的状态是指数据来源及数据的改变，或是数据运算的结果。把这些状态留在区块链上是为了保证对其运算和改变可以追溯，这样可以更好地知道哪些数据更有价值，并且通过即时的结算给出相对应的价值。

所以说，只有把区块链系统和分布式存储两者结合起来，而不是单纯地利用区块链，才有可能实现数据的价值，而实现了可以使用分布式存储系统中的数据的区块链系统，是一种从设计到实现上都不同于一般公链系统的区块链系统。当然，除了分布式存储和区块链系统结合实现数据价值以外，我们还可以找到另一个角度看到数据价值的实现方法，那就是把区块链作为结算账本，将数据留在本地，在完成本地计算以后再把结果放在区块链上。

2. 区块链系统和分布式存储系统

为了更好地理解什么是提供分布式存储的系统，需要先把两者分开来看。

区块链是通过分布式节点的存储资源，对全网节点进行存储同步，并通过相应的共识技术保证内部节点对存储内容更改的有效性，维护一个完整的可查找的数据库。在整个系统里，存储的都是链内生成的，账户之间余额的更改或者总剩余，当然，更完善的一些系统功能也包括存储了多个账户对数据库中子账户的数据状态维护。因此，整个系统的主要功能是记录状态的改变，然后同步。对节点来说，无论采用什么样的共识机制，都需要遵循特定的投票规则，把新的变动同步在所有节点的存储中。如果一个系统使用的是区块链结构，那么它是不支持用户个人数据，或者说不支持我们希望实现价值的数据的，区块链上的数据是账户数据及结算数据，这些数据是完全相同地存储到每一个节点的。

分布式存储系统是分享分布式节点的存储资源，通过文件完整性证明和校验技术对存储方的数据进行分布式管理，全网的节点并不维护相同的存储信息得以降低冗余的一种分布式系统。

3. 提供分布式存储的区块链系统

了解完什么是分布式存储系统、什么是区块链系统以后，我们可以再来看提供分布式存储的区块链系统。提供分布式存储的区块链系统是一种不同于公链的区块链系统，它是分布式存储和特殊区块链系统的结合设计。通常来说，区块链系统的核心逻辑是覆盖所有与账户相关的交易属性上，例如账户、公钥私钥、用户转账、签名、共识系统等。而一个提供了数据存储的区块链除了需要覆盖以上的属性以外，由于整个系统还提供了存储属性，为了确保存储状态，未来在分布式存储区块链出现以后，我们需要对条件进行制约，需要在操作码上加上一个判断逻辑，以保证能把数据产生的状态、数据支持的状态都在链上得到追溯，这就是我们需要对提供存储的区块链系统进行特殊设计的原因。换句话来说，区块链是需要对特定条件下的数据状态进行维护的，状态被保护起来才能保证交易正确之后状态相应的改变。如果我们不这么做,不在分布式存储的状态下相应地设计一个和区块链系统结合的代码,就会出现自动执行的一个空隙,如果这个状态空隙被人利用,就会出现存储过程状态被提前记录或者被延迟记录的现象,这会影响到区块链系统的账户余额,整个系统就会出现一个不安全的空间。提供分布式存储系统的区块链和不提供分布式存储的区块链之间最大的区别就是状态的这一部分,记录某些状态并做出账户上的反馈。

4.分布式存储系统的设计和挑战

分布式存储系统的设计主要要解决以下三个问题:文件如何安全放入;文件如何安全存储;文件如何不被存储提供方窃取。

（1）**文件如何安全放入。**把数据在客户端上传前做加密和分割,通过分布式存储的分发方式上传到存储提供方的空间内,通过相关的存储心跳检测来保证在用户需要数据的时候可以完整地取回。用户的数据在本地就已经被加密,因此也不需要担心数据被偷窥,存储提供方也不需要承担明文存储的风险。

（2）**文件如何安全存储。**一般来说,对应一个资源,如果要保证任意两个节点掉线后依然不影响系统可用,我们需要维护至少（2N+1）个资源。也就是说,一份文件需要存给 5 台服务器。除了要保证在系统里有（2N+1）个服务器正常运作以外,我们还需要通过相关的评分系统对节点质量进行评分,保证除了共识节点之外提供分布式存储服务的节点质量。

（3）**文件如何不被存储提供方窃取。**首先,数据是在本地被客户端加密的,这样确保了上传之前的文件已经被加密,存储方无法看到用户数据。其次,在存储部分采用冗余存储的方式,每个存储提供方的通信目录都不会包含所有文件碎片的存储方,这样也能在一定程度上防止共谋。

解决了以上三个问题以后,这个系统也就能被称为一个安全的分布式存储系统,可以提供分布式存储服务了。

第四章

关于区块链的 20 个问题

本章整理和归纳了与区块链有关的 20 个问题，帮助读者从各个维度了解区块链的相关知识。同时，结合生活中的实际案例，剖析区块链对现代生活的影响。

4.1　DCEP：央行数字货币到底会带来什么

1. 央行数字货币是什么

首先，"数字化货币"和"数字货币"是两个不同的概念。可以先思考一个问题：大家存在余额宝里的钱是数字货币吗？答案是当然不是，手机银行、支付宝的账户余额都不是数字货币，而是"数字的货币化"。可以这样理解，钱还是大家的钱，支付宝里的一元钱和现金的一元钱是一样的。但如果支付宝破产了，大家的钱其实就取不回来了。

为什么会这样呢？因为支付宝利用"货币的数字化"将大家存在余额宝里的钱变成了债券。钱放在银行里也是一样的，钱一旦存入银行以后，钞票就从国家债券变成了银行债券，债券的所有人发生了转移。因此，数字货币化和数字货币是两个完全不同的概念。央行发行的数字货币是一个主权国家发行的具有国家权益的电子货币。

扩展阅读 4.1

引发央行数字货币正式落定的事件

2020 年 10 月 8 日，深圳为了庆祝国庆节，向深圳市民发放了 1000 万元的红包，红包以数字货币的形式发放，每个预约登记的市民能得到 200 元的红包。这件事预示着央行数字货币的正式落定，而它的导火索就是 2019 年 Facebook 发布的 Libra 白皮书。

2. 央行数字货币的特点

中国央行数字货币简称 DCEP，其定位是数字货币和电子支付工具。央行数字货币和比特币之间的区别非常大，主要体现在以下两个方面：

①主体和发行机制不同。比特币是基于区块链的去中心化数字货币，它

没有中心化发行主体。而中国央行数字货币由央行发行，它是一个技术中性的产品，不预设技术路线，也就是说，中国央行数字货币和区块链之间可能关系不大。

②只有央行发行的数字货币才能称为法币。法币是指有法偿性的货币，也就是说，它不会像比特币那样丢失后就再也找不回，而且不可以拒绝使用它，这是比特币没有办法代替的。

因此可以知道的是，DECP本质上就是大家使用的纸钞，不需要账户就能实现价值转移，只不过它变成了数字化的，是一种数字支付工具。原本人们在生活中使用货币就是这样的，当你拿一元钱来购买产品时，直接把钱给售卖者就能形成价值转移，是完全不用账户的，DCEP也是这样。如果以后要实现DCEP的大规模交易，它连网络都可以不需要，只要手机有电就能实现转移，也不需要微信和支付宝这样的第三方。

3. DECP的作用

对普通人而言，DCEP能够做的就是对隐私和资产的保护。现在的互联网支付和银行卡支付都是和传统银行账户绑定的，人们的每一笔交易在哪里，买了什么和购买时间都被记录着，它们会越来越懂用户的需求，然后给用户推送量身定做的广告，让用户永远没有隐私。而DCEP不用账户就能转移，满足了人们在使用货币时需要的匿名需求，同时又兼具了便携性。可以想象一下，你去买菜只需要将手机和商家碰一下就能转账，是不是很方便？

4. Libra和DCEP之间的区别

Libra和DCEP想解决的问题是一样的，就是实现价值转移。但是这两者在定位和实现方式上有很大的不同。在Libra白皮书上，扎克伯格的想法是为了解决第三世界国家的价值转移困难；而DCEP想实现的是纸币的电子化。中国的DCEP要用电子化来解决M0，它本质上不增加或者减少货币。中国央行以中心化的方式来发行，运行提醒是双层的。总的来说，Libra要做的就是数字货币区块链化，DCEP则是中心化的，是一个国家的数字货币。

> **定义 4.1：双层**
>
> 央行到商业银行中间算一层，商业银行将货币通向用户则是第二层。如果央行直接面对大量的使用场景，其实很难做到，因为央行本身没有那么大的运营和服务能力；且央行数字货币不预设技术路线，不管是区块链主链、联盟链还是其他地方，央行都会在底层技术上做好自己的适配。

5. 全球央行数字货币的进展

早在 2014 年，时任央行行长周小川就提出了"国家央行"这个想法。2016 年，中国人民银行设立了数字货币研究所开始具体研究。而美国则是在 2020 年才开始探索自己的数字货币 CBDC 的潜在应用。很明显，随着 2020 年中美对抗的进行，两个大国之间的支付和货币战争也已经打响。DCEP 的出现是历史的必然，也是发展的必要条件。而 Libra 要面临的挑战和政策压力非常大，它要解决的是实现乃至历史和文化的适配。

4.2 为什么说数字人民币是 M0

1. 数字人民币的经济学属性

假设太平洋上有一座小岛，岛上的人有一天突然决定要用金币来交易，于是他们造出了 100 枚金币在岛上流通。在这座岛上还有一家银行，专门负责岛上居民的存款和借款服务。有一天，某个人向银行借了 50 枚金币去买邻居家的房子，邻居拿到 50 枚金币又存回银行。

这个时候会发现，银行实际持有的金币变成了 150 枚，这个发行的 100 枚金币就是 M0，也就是实际发行的流通货币。但是这个指标显然是没有办法充分衡量经济活跃程度的，要想清楚地了解市场上钱的动向，就必须要设计一个浮标，根据那个浮标的动向来推测市场经济活跃的情况。M0 也就是基础货币，它的流动性最高，如果钱的范围更大一些，M0 加上企业活期存款就是 M1，也就是狭义货币。

为什么是加上企业活期存款呢？因为企业是一个非常重要的环节，而企业只有马上准备花的钱才会变成活期存款，所以 M1 的流动性也很高，它代表了当时的购买力。而如果把范围再扩大一下，就是 M2，也就是广义货币，它等于 M1 加上企业的定期存款和个人的活期定期存款，简单来说，就是企业的钱加上个人的钱。它代表了潜在的购买力。

M0、M1、M2 的清晰划分，确定了数字人民币在市场上的定位。从经济学属性上来看，数字人民币的主要定位是 M0，这一点和数字人民币作为零售型的央行数字货币定位是一致的。世界上的主要国家把央行数字货币划分成了批发和零售两种，它们代替的都是中央银行货币，从这一点上来看，央行数字货币和商业银行货币是不能在一个层次上等量齐观的。而 M1、M2 主要是存在于商业银行的存款货币，所以有人认为央行数字货币代替 M1、M2 的观点显然并不成立。

结合我国货币和支付体系来理解。在现代社会，商业银行主要是构成广义货币供给的主要组成部分。商业银行的放贷行为会伴随着货币的创造，这是商业银行主要承担的社会职能。商业银行给个人或者企业放款的时候，资产方每增加一笔贷款，负债方就会增加一笔存款。再加上存款准备金制度的加持下，就会形成存款多倍扩张机制。这个时候又有一个新的问题出现了，放贷这个事情并不仅仅只有银行金融机构才可以做，民间机构不是也可以做吗？为什么不会影响 M2 呢？

个人可以放贷是没有错，但是只有商业银行放贷才会伴生负债的增长，而在私人部门机构里的放贷本质上是一种货币的交易手段，换句话来说，只有商业银行的放贷才会行使到货币职能。因为用户只有在使用商业银行存款货币进行支付的时候，才会涉及银行内系统和银行之间的支付清算系统。用户在使用非银行机构进行电子支付的时候，是不会直接动用到银行支付系统的。

在我们发红包或者转账的时候，商业银行货币只会出现以下两种情况：

①支付会从非银行支付机构发起，但是付款一定要通过绑定在第三方非银行支付的银行卡上进行，实际上是使用商业银行存款货币完成了整个支付。

②付款通过支付账户的余额进行，这里的余额属于用户存放在第三方机构的代收账款，本质上是一种预付的价值，对应了非银行支付机构为办理用

户委托的支付业务而实际收到的代收资金，就拿我们常用的微信钱包来说，这个钱包里的余额其实只能被称为第三方支付机构的备付金，需要用户事先用商业银行存款充值。

目前根据人民银行对第三方支付机构备付金的现行管理办法来看，这些备付金是要百分之百地存放在人民银行，受人民银行密切监管的。可以说，正是我国这种对M1、M2的监管模式，才让我们国家的移动支付能长期处于世界顶尖的地位。

那么，如果我们还要用另一种M1、M2支付来替换掉现行的广义货币管理制度，显然是一种画蛇添足的行为，更是一种没有必要的行为。

扩展阅读4.2
数字人民币和人民币现金之间的多样关系

第一，可以把数字人民币看作是现金的升级版，这样一来它的M0属性就十分明显，数字人民币的支付（即结算）和现金是一样的。

第二，数字人民币会逐渐代替现金。用数字人民币来代替现金是有很多好处的，它能降低现金印刷、调拨、仓储、投放、回笼、清分和销毁过程中的成本，也能发挥出可控匿名、可追溯等特点，抑制现在的一部分通过现金来实施的违规活动。

第三，虽然我们的现金数量还在增加，但是有一个很明显的变化正在发生，那就是现金使用率正在大幅度降低。这个时候，拿出数字人民币让公众持有这种新型货币，保证商业银行存款货币能等额兑换为中央银行货币，对经济金融平稳运行有十分重大的作用，对提高公众对人民币的信心也十分重要。而且数字人民币还能为市场上的支付环境带来新的改变，从它的特性上来看，零售数字人民币在目标用户和场景上和非银行支付机构有很多的重合，它能减少目前存在的很多支付中多余的环节。但是，从这一点上也必须清楚地意识到，现在通过第三方来转账的手段，实际上只能被看作是支付行为，而非货币行为，这也就决定了想要进行转账就必须在同一家机构内实现转账行为。

同时，数字人民币和现金一样具备法偿性，它是我国法定货币的数字形态。数字人民币能解决我国境内一切公共和私人债务，任何单位或者个人都必须接纳它。从这一点上来看，数字人民币能打破过去第三方支付机构带来的支付壁垒和市场分割，避免市场扭曲，更加有能力保护金融消费行为，保障消费者的权益。综上所述，数字人民币的出现会为数字经济发展提供通用的基础货币，实现数字社会的快速落地。

2. 数字人民币的技术属性

人民银行副行长范一飞曾经在多个场合对数字人民币的技术做出了简短的报告，他对数字人民币的表述有几个关键点，分别是以广义账户体系为基础、银行账户松耦合以及"基于价值属性衍生出不同于电子支付工具的新功能"。这些内容该如何理解呢？

不妨从商业银行存款账户和非银行支付机构的传统支付体系中来一窥端倪。在传统账户体系中，账户名显示用户真实身份，账户余额记录用户拥有多少存款以及会有多少预收待付资金被委托给非银行支付机构。传统账户体系下的支付，是从付款方的账户余额中减少相应金额，同时在收款方的账户余额里增加相应的金额。如果付款方和收款方的账户不在同一家管理机构，那么就需要触发两个支付机构之间的交易，这个时候就需要通过调整它们在更上一级的账户管理机构上的账户余额来实现。

以上这些行为都是基于账户实名制的基础上实现的，这个账户实名制的过程也是个人授权给商业银行再上传给了人民银行确定的。大家都知道，去银行开一张银行卡不仅仅可以在柜台上开一张一类卡，经过一类卡验证以后，用户还可以在网上开二类卡或者三类卡来实现互联网上的交易，二类卡和三类卡是绝不能在没有一类卡授权的情况下被使用的。

有了前面的背景，就有了数字人民币的技术手段，它是一个由人民银行担保并且签名发行的代表具体金额的加密数字串。每一枚数字人民币在任意时刻都会出现唯一一个主人，这样一来就能彻底避免数字人民币被盗窃的可能。

实现数字人民币唯一主人属性的是常见的哈希函数，属主标识会体现在用户地址上，一般是用户公钥哈希之后的摘要值。所以在使用数字人民币的时候，我们同样不用担心会出现通过从哈希字符串推导出原始数据的情况，用户地址自然会有很强的匿名性。

但是，从更值得注意的一个点上来看，数字人民币的匿名属性是完全可控的，这种可控匿名体现在地址和用户真实身份并不关联，你可以把它关联到你的银行卡里，但是关联信息又可以被人民银行数字货币系统集中管理。

人民银行数字货币系统会集中管理数字人民币属主信息的变更或者记录行为。它会成为整个数字人民币的中心，以每一枚发行的数字人民币来构成属主的信息。并且，数字人民币用到了 UTXO 模型，也就是说，在计算每一个地址上一共有多少数字人民币数量，都是通过计算整个数字人民币账户里的总和来实现的。在完成支付以后，数字人民币会把支付的付款地址换成收款地址。

总的来说，在数字人民币系统中，地址是可控匿名的，不一定关联用户真实身份，也没有账户余额的概念；它用的是 UTXO 模型，它的支付是数字人民币上的属主变更。用这些前置条件，数字人民币实现了在任何两个地址面前都能实现直接的点对点交易。

3. 数字人民币的零售和批发环节的实现过程

在全球央行数字货币领域，数字人民币有全球唯一的一个第一，它是全球第一个提出"中央银行直接到商业银行"二元模式的数字货币。可以说，在数字人民币提出了二元模式以后，全球其他央行才跟着使用这种模式。数字人民币的二元模式具体体现在它的零售和批发两个环节上。

在批发上，商业银行必须要用自己存放在中央银行的存款准备金来向央行兑换出一定数量的 CBDC，这种模式其实也就是数字人民币的发行环节。到了零售领域，用户需要用自己手里的现金或是存放在商业银行的资金来兑换出 CBDC。

从这两点可以看出两者明显的区别：如果在发行数字人民币的过程中不存在零售环节，那么就可以说这是批发型 CBDC。目前，全球比较成熟的 CBDC 项目就是香港监管局的 Lionrock 项目，它和数字人民币一样在全球零售型 CBDC 项目中都占据领先的地位。

针对数字人民币的批发环节，范一飞是这样解释的："不是所有的商业银行都有资格参与到数字人民币的发行环节，只有在资本和技术等方面实力较为雄厚的商业银行才有机会参与到数字人民币的发行。"参与批发环节的商业银行要用存款准备金来向人民银行兑换数字人民币，其他商业银行和非银行支付机构是不允许直接参与人民银行交易和兑换出数字人民币的。

其次，人民银行把数字人民币作为公共产品向公众提供。

数字人民币不计付利息。人民银行在批发环节不收取数字人民币流通兑换服务费。数字人民币的批发环节在很大程度上和现金发行方式会很类似。两者最大的差别是，只有资产雄厚的指定运营机构的商业银行才能参与到数字人民币的发行环节。

针对数字人民币的零售商，范一飞是这样解释的：

①数字人民币和现金一样，都必须遵守《中华人民共和国中国人民银行法》《中华人民共和国人民币管理条例》等相关法律法规。

②人民银行会向有资格参与到数字人民币批发环节的商业银行给出额度，这些商业银行必须在额度的管理下，根据用户身份信息识别强度为其开立不同类型的钱包，这样数字人民币才能实现稳定兑出或兑入工作。

③商业银行不得向个人客户收取任何数字人民币的兑入和兑出服务费。

当然，今天的数字人民币想要大规模使用还是有很大问题存在的，但是相信未来数字人民币一定能为全国人民的发展贡献更大的价值，帮助我们更好地加快全国数字化的进程。

4.3 加密资产背后的价值到底是什么

1.什么是加密资产

毫无疑问，前面探讨的"数字资产"也好，加密资产也罢，它们本质上都不是实物资产，而是诞生于区块链技术中的权益载体。到目前为止都只能把加密资产称为 Token，也就是通证。这是没有争议的叫法，但也有人会说它是货币或者代币，本质上其实是另一种说法罢了。之所以数字资产会被称为数字货币，其实还得要回到中本聪的那本白皮书，他把比特币说成是一种点对点的电子现金系统，因此比特币自然而然地就被和货币联系在了一起。

后面相继出现了"虚拟货币""数字货币""加密货币"等一系列的称呼，搞得很多人都不能理解，也说不清楚它究竟是什么。当然，货币这个概念已经被现代金融体系卡死了，它只能指代法定的流通货币，这个定义比较狭隘，所以退而求其次，只能用"资产"这一类相对广泛的定义来称呼比特币一类的加密资产。

标准释义中，"资产"是指营商单位、企业或者个人拥有能给自己带来预期收益的资源，换而言之，就是具备商业价值或者交换价值的产品。如果某种资源无法带来经济利益，那么拥有它的人就只能被视作是拥有了"支配的权利"。对于整个互联网世界来说，这没什么。在互联网出现之前，大家都不会把数据看作是资产，而只会把土地、股权、债权这样的东西看作是资产。当全球进入互联网时代，人们的许多行为都在互联网中，此时的公司才有机会把自己手里的用户数据、交易数据、供应商数据称为公司资产。而在这之前，各个公司所拥有的数据沉淀不过只是享有了可自由支配的权利罢了，本身这些公司是没有办法利用它们获得经济收益的。所以无论我们怎么称呼"虚拟资产""数字资产"或者"加密资产"，其实有一个默认的前置条件，就是这个东西在它的背后有所承载，也就是说，它是能给拥有者带来预期收益的，具备了交换价值的。

2. "虚拟资产" "数字资产" 和 "加密资产"

（1）**虚拟资产**。虚拟资产对应的是真实资产，例如一个人在各个游戏里面的金币、装备，都可以成为"虚拟资产"，Q币以及应用程序里面的积分都可以看作是"虚拟资产"，因为它们是没有实物承载的，只能被看作是一个符号。同时，一些因为没有实物承载而没有办法确认的也可以称之为"虚拟资产"，最典型的是股市里有一个东西能左右股价的高低，这就是商誉。所以，"虚拟"的定义特别宽泛，没有特殊的条件。

（2）**数字资产**。它的定义其实也很宽泛。但是这里必须要明确一点，货币必须是主权国家发行的，所以只有央行发行的DCEP才能称为"数字货币"。而数字资产是可以以数据形式存在的，可以是电子数据源生的，也可以是实物电子化，但需要可辨认。例如很多公司的用户数据、知识产权、经营数据，都是数字资产。

（3）**加密资产**。如果狭义地去看，它代表的其实就是基于密码学的技术，是去中心化的资产类型。而资产具体是什么其实无所谓，可以是实物，可以是数据，也可以是虚拟的事物。

3. 资产背后锚定的价值是什么

了解了不同资产的概念之后，很多人其实更关心这些资产背后锚定的价值是什么。很多空气币在发行的时候也说自己有价值，最终却不尽人意，那么什么是加密资产的价值呢？

如果要具体讨论加密资产背后的价值，其实要看社会、公司、个人赋予了它什么样的指定价值，加密资产此后才有了价值。

赋予价值这个动作并不是必需的，它的权威性可以是来源于它背后的那个组织。这就像股票的发行，例如股票早期是写在纸上的，房产所有权也是写在纸上的。纸的价值并不高，但是一旦它上面写了股票和房产信息，那么它就变得很有价值了。通证或者说加密资产也就是这个道理。

区块链就相当于这样的一张纸，本身它只是提供了一个分布式的、相对于中心化记账方式更好的记账体系。但是，一旦大家赋予它数据、权益和绑定之后，就会产生额外的价值。这样解释就非常容易理解，加密资产本身并不会有天然的价值，而是看它背后有什么价值。

最后，在区块链里还会听到一句话："共识即是价值"。比特币就是这个道理，当无数人共同认知它的价值并为它设计好了机制，而且有且只有2100万枚的时候，它具备了稀缺性，也就因此有了价值。越来越多的人认可比特币并且在越来越大的范围内形成了共识，然后产生了价值。最后使用它的人越来越多，但资产恒定。这也就是为什么经过十多年的发展，比特币变成了数字黄金，拥有了投资属性。

4.4　加密资产和游戏币有什么不同

总的来说，比特币这类的加密资产和游戏币之间虽然都是不存在实物的虚拟货币，但是它们之间还是有非常大的区别。具体来说，有以下四种区别：

（1）**两者之间的发行主体是完全不一样的**。虽然游戏币能在自己的平台上消费，但是它们属于企业组织自己发行的积分符号，与资产无关。在这些游戏币的背后是一个平台，在充值了游戏币以后，平台的服务方会相应地给一些等价的服务，甚至是优惠。也就是说，这些游戏币背后是一个中心化公司运行的数据库。要知道只要是中心化的数据库，库里的信息就不属于用户，它们只属于中心化的公司，用户只有信息的使用权。而比特币这类的加密资产却完全不同，就比特币而言，在比特币的背后是没有中心化的发行主体的，它是一种去中心化的数字资产。

（2）**两者具有不同的发行过程。**游戏币的发行过程明显是无限制的，只要发行游戏币的公司愿意，他们就可以随意发行游戏币的数量。但是比特币等加密资产是完全不一样的，所有使用 PoW 共识机制的去中心化加密资产的发行数量都是固定的。

（3）**比特币和游戏币之间的记账方式完全不同。**游戏币的背后是一个中心化的主体公司，也就是说，大家对游戏币的认可完全出自于对它背后公司的认可，它的价值也就来源于这个主体公司的价值。如果有一天，这个公司觉得游戏币不值得1元人民币，那么它是有权利随时调整游戏币的价格的。但是，比特币这类的加密资产背后没有任何一个机构或者公司为它背书，那么在比特币背后的是什么呢？它是一套加密算法，可以说比特币的整个过程都是加密算法运行的结果，每个人只有通过私钥才能确认比特币的所有权和使用权，这里体现出来的是人们对加密算法的信任，而不是对某个机构的信任。

也就是说，游戏币和比特币这类加密资产之间的第三点不同，是它们的记账方式完全不同。游戏币因为是主体公司发行的，这就意味着其实你拥有的只是游戏币账户的使用权，真正的拥有主体依然是在主体公司手上。其实不仅仅是游戏币账户，我们手机里大多数的 App 账号都只有使用权，背后的主体公司随时都有审查它的权利。这些公司不但控制了大家的账户权限，实际上它们还能随意添加和删减大家的游戏币或者积分的数量，很多人就是利用这样的漏洞为自己谋取相应的利益。但是，比特币这样的加密资产就完全不一样了，加密资产的发行和流通都掌握在全网矿工的手里，它的记账不需要任何一个第三方中心机构来实现，这样一来也就没有谁有机会去篡改别人手里的加密资产数量。

比特币这类的加密资产除了这点好处以外，还有另外一个更大的好处。

若是比特币矿工想要争夺这些比特币，他必须要用工作量证明和共识算法来证明自己得到了记账权。矿工得到奖励以后，他要向全网广播，其实就是告诉了别人这个加密资产或者比特币就是我的，没有哪个人能篡改这个比特币的数量。从这一点上来说，比特币的安全性要比游戏币高太多了。

（4）两者的应用场景和技术原理完全不一样。 这也是加密资产和游戏币之间最直接的区别。游戏币这一类虚拟货币的使用场景很有限，只有在发行它的公司那里才能得到使用。游戏币的使用场景只存在于它发行公司和这个公司背后的生态，它只能被看作是替代货币的一种符号或者积分。而比特币却是一段真实存在的代码，它不会因为任何人的行为发生增减，实质上加密资产是一段程序代码，只要网络存在，那么这段代码就永远存在。

4.5　加密经济学的未来在哪

1. 信任对于社会的重要性

蒸汽技术的出现为人类解决了从人力到机器力量的问题，互联网革命以后人类解决了计算问题，但最终人类要解决人类世界的信用问题。对我们来说，区块链的出现直接改变了社会的生产关系，如果不能理解生产关系，可以简单地把它理解成区块链的出现让社会资源被更公平地分配。

试想，一个完全不由中心化组织制定规则和执行规则的社会环境，在这个环境里人们的行为只被集体共识所影响，那么在这个环境里创造出公平社会就一定是必然的。区块链为现代社会带来的种种好处，让我们不得不去审视它，看看它的出现会为社会带来什么样的影响。

现代社会一直以来没有能被量化的价值是信任，因为信任看不到也摸不着，它只存在于人和人之间的认知里。但同时，信任又是极其重要的，一个失去信任的社会注定是一个低效率的社会。

可以想象自己身处一个人人都相信对方的社会，这个地方的人晚上睡觉都可以不关门，但是有一天出现了一个小偷，有人被偷了东西，这个地方的人开始人人都不相信对方，纷纷把自己的家门关死，不和其他人接触，因为在不知道谁是小偷的时候，人人都有可能是小偷。最重要的是，这个社会的运行成本变高了。人总要吃饭，为了能更好地交易，大家找到了一个人专门在中间负责传递和交换，时间一长这个中间商就一定要在中间收取一定的利益，因为他自己也要吃饭。

而区块链作为一种信任机器，它的出现就是要慢慢去掉中间商，让利益分配更加迅速，社会更加公平。要知道，一旦在价值交换中出现了中间商，那么这个市场里就一定存在信息差，同时交易的双方一定是缺乏信任的。但是如果我们把服务放到链上，陌生人之间的交易效率就一定会提高。至少在租赁、二手交易、虚拟交易市场上，区块链的出现一定会整体提高社会运行的效率。

在我们使用区块链的时候，受信任的一方不再是第三方，而是智能合约、是规则，所以平台的运营成本会变得很低，降低下来的运营成本就自然要再分配给买卖双方。而且一旦不存在信任问题，那么人们做出决定的成本就会变得更低，特别是相对大额的交易。

2. 区块链将进一步刺激共享经济的活力

现在的共享经济并不是真正的共享经济，它是一种短时租赁的模式，出行、充电宝这些服务都是短时租赁的一种模式，第三方通过掌握商品然后再把它租出去，这就意味着如果真的想要用户和用户之间自己共享东西是非常困难的。随着区块链生态的搭建，这种服务的模式会被逐渐更新，区块链加上车联网以后，共享出行就会和无人驾驶一起计算出全程的价格，只有付了钱才能下车，全程是没有第三方参与的。租房也是一样，现在的共享经济带来的租房问题非常多，房东和房客之间经常发生跳票，但是智能合约的出现会解决这些问题，到了收租期如果房客没有交钱就会被上锁。这样的共享经济，无论对于使用者还是出租者来说都会产生便利。重要的是，房东没有办法再随意涨价了，因为根据合同一切都是约定好的，没有人能改变这种结果。

除了对共享经济的影响，区块链还将释放出更多细分的价值观，丰富人们的生活。如何才能让社区里的人在短时间里达成共识？这就需要通过区块链来记录参与者的行为，例如跑步，很多人减肥都会半途而废，而区块链独有的 Token 奖励机制会让人更合理地分配目标，然后完成它。

区块链生态的发展会更大程度地改变人与人之间的合作、团体与团体之间的合作，甚至有可能是国家与国家之间的合作。因为一切都是基于全新的社区形式存在的，我们在构建区块链基础结构的时候，需要考虑很多之前并没有出现的情况。

3. 加密经济学的应用

现在我们已经可以看到很多加密经济学的应用，在解决了区块链共识的根本性问题后，就能更好地搭建应用程序，组织和个人就可以自行创造价值并且来激励和惩罚价值单位。例如，人们把自己的投资策略定期上传到一个区块链平台上，这个平台里的数据都是用户自己上传的，信息多种多样，但是如果其他人想参考这些数据就必须相应地付一笔钱。

当然，为了保证用户上传的信息都是有价值的，平台设计了一个奖励机制，只要有人使用了信息后获得了相应的利润，那么平台就会公告这个上传信息的节点，用户就能实现名利双收。但是如果有谁上传了虚假消息，智能合约就会立刻开始惩罚，甚至请出这个上传虚假消息的人。

4.6 我的数据为什么我自己做不了主

1. 公司的四大战略

互联网时代人们的普遍认知中，大数据是生产资料，人工智能是生产力，云计算是生产工具，区块链是生产关系。甚至很多金融科技公司把它们定位成了公司的四大战略——ABCD 战略。这里面的 A 是指人工智能，B 是指区块链，C 是指云计算，D 是指大数据。

如果留意观察，就能从其中发现，这四大战略基本上就已经把人类未来的生活全都包含了。其中，AI 是将一部分人类不愿意承担的工作让人工智能去解决，解决的是人类发展中必须要面对的效能问题；云计算能降低人们的运算成本，实施数据量的跳跃；大数据主要就是进行数据的搜集和挖掘。那么，区块链在里面起到的是什么作用呢？

区块链是底层，其定位也就是连接一切的关系，是作为技术的基础设施，这也是最难、最有想象力的。区块链的定位决定了它在未来社会发展中占据不可动摇的地位，没有它，社会进步就会慢一大截。而在这里，数据也是最重要的生产资料，充当着类似于现在石油的作用。

扩展阅读 4.3

国家对区块链领域的态度

2019年11月的十九届中央四中全会上发表了一个决议，决议用好几万字阐述了"坚持和完善社会主义基本经济制度"，里面就提到了要把数据作为新的生产要素。

随后，在同月，国务院副总理刘鹤在人民日报上刊登了一篇文章，专门解释了这个决议。这篇文章的原文是这样的："要健全劳动、资本、土地、知识、技术、管理、数据等生产要素由市场评价贡献、按贡献决定报酬的机制。"首次提出了"数据"作为生产要素，重点说："数据对提高生产效率的乘数作用凸显。"同时还深度强调了："要健全数据权属、公开、共享、交易规则，更好实现知识、技术、管理、数据等要素的价值。"

可以这样理解这段话：以前说创业，需要的主要就是场地、人才、资金；所以劳动、资本、土地就是最重要的生产要素。而这一次，首次增加了数据，它跟劳动、资本、土地等并列，成了第七大生产要素。数据变得和资本、劳动、土地一样重要。所以就要做到：数据需要确权、数据需要定价、数据需要共享，而且它必须要能被交易。这是一个很重要的信号，即将迎来数字资产爆发的时代，国家下一步的数字经济竞争中，数据将会成为关键的竞争资源。

2. 有关数据归属需要考虑的问题

从2019年底开始，大部分App都更新了自己的协议，并要求用户重新授权，取得用户的各种相关数据。这说明各大巨头也在为将数据作为重要生产资料做准备。那么，接下来作为用户的我们就要思考一个问题了：我的数据，我能真正做主吗？用户要想真正掌握自己的数据，有以下几个问题需要去解决：

（1）**数据确权问题**。必须要先明确这个数据到底是谁的。

（2）**数据定价问题**。个人数据、行业数据、产业数据，这些数据怎么去定价？怎么判定价格多少？

（3）**数据的共享和流通的问题**。现在数据垄断非常重要，微信的数据不给淘宝。怎么样才能做到数据的共享和流通，让数据价值流转起来？目前看来，只有用行政手段强制解决才是唯一方案。

（4）**数据公司的商业模式问题**。因为数据搜集之后，数据的所有人不清晰。这就有一个问题，如果数据属于用户，那么数据公司获利是要进行利益分配的。

（5）**数据隐私和商业使用中的恶意造假问题**。这些问题都要去解决，但是区块链的出现为打破数据垄断提供了技术上的可能性。大数据公司是不会考虑数据确权问题的，更不用去考虑数据利益的分配问题。但是区块链系统要求链上数据对所有人开放,因此必须要保证链上数据真实可靠。由此看来，区块链系统就需要所有人都负责各自数据的写入，同时所有人要负责对其他人写入数据的真实性进行确认。这些真实的数据出现才能实现业务流程的优化和重构，才能真正地解决效率低下的问题，实现利益的重新分配。

4.7 让全世界都感到害怕：扎克伯格和他的 Libra 凭什么

1. Libra是什么

根据 Libra 白皮书中的描述可以看出，Libra 的使命是建立一套简单的、无国界的货币和为数十亿人服务的金融基础设施，并且将自己的总部建设在日内瓦。也就是说，Libra 是 Facebook 提出的一种加密货币，更确切地说，是一种稳定币。在最初的计划中，它将和众多货币挂钩，其中包括美元、欧元、日元、英镑以及新加坡元。这也意味着，随着这些货币的波动，Libra 也会随之波动，但总体来说它是稳定的。

那么，Facebook 为什么有能力来发一款自己的电子货币呢？根本上源自于它有 27 亿用户。

Facebook 选择推出 Libra，也彰显了科技巨头对加密数字货币趋势的高度关注。Libra 一旦推出，便有望携 27 亿用户涌入加密数字货币的大门。这也就是为什么 Libra 会受到全球如此高的关注。

Libra 的源起

2020 年发生了许多重大的事件，其中一个就是"央行数字货币的发行和 RCEP 的签订"。但是，真正决定和促进央行数字货币发行的还是 2019年的 Libra。在 2019 年，无论在哪个大事件盘点中都可以看到一个名字——Libra。这是 2019 年 6 月，由社交巨头 Facebook 宣布推出的一个震撼全世界的计划。

2. Libra 的运行模式

Libra 是由一个协会进行组织管理的。这个组织由 Facebook 发起，100多家机构介入，覆盖区块链、支付、电商、TMT 等多个行业和研究机构，但每个成员只有一票表决权，Facebook 本身并无特权，从治理方式上来说，它是去中心化的。

Libra 将底层技术运行在区块链上，这个区块链的目标是成为全球金融机构的基础架构，可以进行拓展以供数十亿账户的使用，并且支持高交易的吞吐量。也就是说，这个区块链的目的是为了服务数十亿人的交易。

3. Libra 的价值

在探究 Libra 到底有什么价值之前，首先应了解几个重要的数据：

①全世界至少有 17 亿人没有银行账号。

②跨境转账需要平均 3 ～ 5 个工作日。

③跨境转账的平均手续费为 7%。

④全球所有交易使用现金的比例是 85%。

⑤美国每年由于使用现金盗窃损失 400 亿美元。

⑥没有银行账户的人每月获取现金所花费的费用要比有银行账户的人多 4美元。

Libra 就是要解决这些问题，它就是希望无论是谁在哪里，做什么工作或者收入如何，在全球范围内转移资产都会变得非常容易，甚至更安全。

在白皮书中，Libra 可以来进行跨境汇款，可以网购，可以打车，充话费，可以购买金融产品。此后就能告别传统支付中转账周期长、收取手续费高等问题。

一旦这 27 亿用户接受了 Libra，Libra 就会成为这 27 亿人的央行，而且凭借这样巨大的人口数量，Libra 还会对国家经济形成渗透。同时，它还可以在税收、监管、反洗钱等领域有所作为，因为资金透明开放。当 Libra 与政府进行合作，它就会在政治经济上发挥更大的影响力，所以才会引起巨大的震动。

当然这种事情也是巨大的风险因素，一个超越主权国家的货币一旦出现，就会造成巨大的系统性风险。它就像一个新的怪物，入侵传统金融市场。所以，扎克伯格的梦想不可能实现。

4. Libra所面临的阻碍

自从 Libra 计划面世，时不时就会遭到世界各国央行的反对，监管成了压在 Libra 上面的一座大山。所以，2019 年对于扎克伯格是一个非常危险的年份，美国国会动不动就请他去聊聊天。为什么 Libra 会面临如此多的困难呢？因为它有可能存在以下几个问题：

（1）**Facebook 规模太大。**事关 27 亿用户的资产安全，监管机构必须慎重考虑它的提案。因此不管用户是否支持这个提案，它都会产生非常巨大的影响。

（2）**Facebook 的目的并不清楚。**他们到底想做什么？虽然 Facebook 对外宣称自己是为无银行账户人士提供服务，但是更多的人觉得他就是想要发行一种超越主权的货币而搜集用户更多的数据，从而达到更大的目的。

（3）**Libra 对未来的导向可能比其内容本身更重要。**这其中包括如何更快地实现主权数字货币。中国的 DECP 已经问世，美国却没能率先推出，这也是美国当局需要反思的。

Libra 极具野心，也是非常具有颠覆性的创新，Libra 想颠覆传统的电子支付，颠覆现有的国际货币体系。这一超主权国家货币对监管机构提出前所未有的挑战。监管问题不能破解，Libra 能否面世还是一个关键问题。

4.8 都是应用，App 和 DApp 之间有什么区别

1. 什么是DApp

关于 App，大家都能理解是手机里的应用，那么 DApp 又是什么呢？它其实就是去中心化应用。对于绝大多数人来说，App 已经渗透到每个人的生活里去了，无论是社交、出行，还是新闻、购物，只要一部手机，就能随便去哪。而 DApp 不同，它现在非常小众，本身也还处于探索阶段。想要解释 App 和 DApp 之间的不同，需要理解 DApp 的技术原理。App 是基于安卓和 iOS 操作系统下开发的软件应用，而 DApp 是基于公有链开发的应用。现在拥有 DApp 应用最多的系统就是以太坊。

由于公链上的网络数据是完全公开透明的，这意味着每个人都可以参与到公有链网络，最重要的是，它的数据存储在每一个分布式账本中，而不是中心数据库里，正因为如此公有链才具有去中心化的特点。基于这个前提，可以把基于公有链开发的应用称为 Decentralized Application，简称 DApp，又称去中心化应用。

从前端来看，去中心化的 DApp 和 App 之间几乎没有任何区别，两者间最大的区别在于它们的运行机制，也就是它们的后端，只要留意就会发现它们之间的后端完全不同。所以，可以把 DApp 看作是 App 异父异母，却又长得很像的兄弟。

2. App与DApp的异同

（1）**代码开源问题**。实际上，我们手机上使用的 App 都是不开源的，因为一旦开源，竞争对手立刻就能把其技术成果偷走，稍微改一下就盗用了产品；而 DApp 则是开源的。

（2）**激励机制问题**。传统 App 的赚钱盈利模式基本上很简单，要么就是广告收入，要么就是用户付费。然而，DApp 不存在广告收入，它面对的只有两个群体，即开发者和用户。那么 DApp 要怎么赚钱呢？答案就在

Token 上。DApp 是在公有链上的应用，而凡是公有链都有自己的 Token，所以用户需要花费 Token 才能使用 DApp 上的功能。这种商业模式其实就像是去动物园，想进动物园游览必须先交一张门票。DApp 在用户注册和使用的过程中也能得到一定的 Token，从某种程度上来说，这也是激励用户使用 DApp 的方法。加上 DApp 是开源的，所以就会有更多的参与者和开发者愿意去完善 DApp，并得到更多的用户。DApp 的用户越多，它发的 Token 价格也就越高。这也就是以 Token 为核心的激励机制。

（3）**共识机制问题**。大家平时用的 App 是没有共识的，它依靠于 App 的发行公司，例如淘宝就是受阿里巴巴控制的。这些公司不需要用户同意就能修改协议。然而 DApp 不受任何一家公司的控制，DApp 的变动来源于市场反馈和社区建议，内部协议的调整需要经过全体用户达成共识之后才能实施。

（4）**单点故障问题**。手机上的 App 数据是存储在数据服务器里的，如果中心化的服务器崩溃，App 数据也就会丢失，DApp 就不会出现这些问题。DApp 根本就不存在服务器，它的数据和操作记录是以加密的方式存储在区块链网络的节点上，节点和节点之间相互独立，无论哪个节点出现故障，都不会影响 DApp 正常运行，所以说 DApp 是无单点障碍的。

3. DApp的应用场景

在生活中，手机 App 已经涉及生活的方方面面，例如可以用手机微信来聊天，用支付宝转账，用抖音看短视频。而 DApp 的主要应用场景是游戏和金融博彩领域。DApp 的应用场景之所以这么少，主要是因为用户属性。

DApp 的用户主要来源于币圈，用户属性决定了他们带着很强的目的性，也就是说如果 DApp 能赚钱，就会有人开发它，如果不能那就算了。另一方面的原因来源于人们的认知，DApp 的认知门槛太高了，用户想了解什么是区块链的通证，就必须先了解公链，然后花钱买 Token，之后才能使用 DApp 的功能。而现在互联网产品已经有"三步拒绝用户"的说法，光是需要花钱才能使用就已经能让无数用户退避三舍。

拓展阅读 4.5

DApp 主要应用场景的分析

（1）**游戏类 DApp**。最早以太坊出现了第一款名为加密猫的游戏，虽然玩法简单，但它依然是一个能赚钱的模式。用户可以养一只猫，然后让这只猫生猫仔，再卖掉猫仔。能卖钱这个属性吸引了全球上百万人的关注，一只猫竟然能卖到上百万元。这其实就已经出现了巨大的泡沫。加密猫的火热让国内也出现了模仿潮，例如网易推出了自己的招财猫，随后百度就上线了莱茨狗，不过后来，这些游戏基本上也迅速销声匿迹了。

（2）**博彩类 DApp**。这类 DApp 主要就是利用区块链上不可篡改的特性，对每个人都公平公开地展示自己的规则。这类 DApp 有三个特点：一是投入产出比高，开发成本低，但是潜在回报成本很高；二是玩家都具有赌性，追求高风险高收益；三是安全事故非常多，经常被泄露，黑客也经常攻击这类 DApp 应用。

（3）**金融类 DApp**。这一类的应用主要是以去中心化交易所为主，例如 DeFi 的应用。DeFi 这一类的去中心化交易所，就是将用户的加密货币钱包连接到去中心化交易所中，然后用户就可以用智能合约进行交互，这个过程是自动匹配、验证和交易，无需第三方的。用户可以通过 DeFi 应用进行存储、借贷、交易，和去中心化交易所一样，用户是和智能合约进行交互的，这期间没有任何中介，就能使用 DeFi 中的金融产品。

总体来看，DApp 发展初期经历了一段很长时间的乱象，离普通人的生活依旧很远。DApp 和区块链底层平台之间是协同关系，随着区块链底层平台的逐渐成熟，DApp 的很多问题也会随之解决。

4.9　通证经济在什么地方行得通

作为区块链项目的核心，通证是区块链项目的经济激励模式，它可以被理解为一个区块链项目的血液和发动机。可以把区块链分为两种，一种是有币区块链，另一种是无币区块链，它们之间最核心的差别就是它们的通证设计机制。无币区块链是完全没有引入通证作为奖励机制的，这一类的链主要是做技术开发和落地应用。而引入通证作为奖励，才是真正精髓的区块链项目。

1. 什么是通证

"通证"的英文是 Token，它的原意是指"令牌"，本质上是权益的一种载体。通证也并不是什么高端的东西，大家平时生活中有非常多通证思维的体现，例如游戏点卡、购物积分、学习积分，这些都是通证的表现形式。

而要想理解通证，可以把它从通和证两个部分拆开看，"通"是指流通，"证"是指凭证。从流通的部分来看，Token 锚定了哪些价值，在哪些程度上可以交易呢？如果说只是积分的形式，在自有系统内流转，例如飞行里程积分，积分兑换飞机场内 VIP 休息室，它本质上还只是用户权益的体现，用的虽然是通证思维，但仅仅能把它归类成浅层意义上的通证。如果这个时候航空公司把里程积分放到公开市场上进行交易，它能和人民币、美元一类进行兑换的时候，这就是比较完整的通证了。从凭证的部分来看，就是说通证代表了哪些权益，锚定了哪些价值。其实只要对权益有所了解就能轻松地避开一些空气币陷阱，因为这些人发的币是没有锚定价值的，就是在造概念，在空转。如果通证背后有很大的锚定价值，那就是一种权益的体现，例如摩根币，摩根币永远锚定 1 美元，这个意思就是说它是有锚定价值的。

总的来看，通证本身其实就是一张白纸，关键看发币方给它锚定了什么样的价值，以及它是不是能够流通。这个道理和大家手上的其他资产是一样的，纸上表明是房产证，那就是房产价值，写的是钞票，那就是钞票价值，写的是结婚证，那就具备了婚姻价值。在生活中，上述内容本身就是通证思维的体现。身份证也好，货币、股票、实体资产等也好，这一切人类社会的权益证明，都可以用通证来代表。

通证可以分为以下三类：

第一类：支付型通证。它拥有货币的一部分特征，可以充当价值尺度和价值存储以及交易媒介。大家最熟悉的比特币、以太坊其实就是支付型通证。

第二类：实用型通证。这种通证一般都是获取某个公司的某项特定服务或某些产品。例如理发店发行理发的 Token，一个 Token 对应一次剪发，这其实就是实用型通证。

第三类：证券型通证。证券型通证其实是一种具有投资属性的产品，在实现资产证券化的基础上，实现资产能证化。所谓"通证化"，即在区块链上将资产权益转化为数字形式，并赋予金融属性的过程。证券型通证可以是股权、债券等权益的证明，也可以代表黄金、房产等实体资产，往往证券型通证会受到各个国家证券法的严格监管。

2. 股权和币权的异同之处

如果单从通证的角度来看，它的概念是很大的，公司股权也是证券型通证的一种。但是按照目前的定义来看，传统企业和区块链企业完全被划分成了两个不同的世界：股权就完全走股权的道路，企业融资、上市、分红这样的一套发展方向就是股权模式；而发币项目走的是通证的道路，走的是发白皮书、上线交易所、项目运营这一套流程。

和股权不同，比特币的持币人是没有任何除了买卖以外的其他权利的，同样他们也并不附带任何其他义务。但是其他发行通证的项目，这个通证上代表的权益，是发行通证的人根据不同项目来设计的，有些只有分红权，有的有投票权等其他权益。所以可以理解为通证持有者是可以拥有项目发展红利的。

3. 通证经济

比特币网络之所以能持续运行超过十年，而且是自动化地运行了十年，它依赖的就是这个自动化运行的网络，它首次实现了人类自发的大规模强协作。

为了更好地理解强协作，可以先了解什么是协作。很多时候，大家会发现，如果几个人自发地一起做一件事，大家几乎只做自己愿意做的事，而很少为共同目标做出妥协和牺牲，这其实就是弱协作的表现。而强协作则是在协作的过程中，部分人愿意甚至所有人都愿意为这件事情付出代价。

比特币网络的验证交易方必须购置设备、消耗电力、利用算力资源验证每一笔交易的有效性。在这个过程中，参与验证的人是需要付出巨大代价的，这是很明显的强协作。那么维持他们去自发参与的是什么呢？答案就是经济激励。通过验证交易，矿工可以获得比特币奖励及手续费奖励。这就是通证经济的诞生过程。以上就是对通证经济下的一个定义，有了区块链可以通过发行通证，并且以通证为纽带形成激励机制，调动整个群体来为某个共同目标协作，从而在社区范围内形成强协作体，一起去完成具有经济价值的事情，让整个社区的经济价值和生产力价值上升。本质上，通证经济是人类社会运作方式的一次重大变革。

4. 通证经济会带来什么

通证经济的出现是颠覆性的，它带来了新一轮的数字经济革命。具体体现在，通证的供给充分市场化，是高度自由的。任何人、任何组织都可以基于自己的资源和服务能力发行权益证明。人们可以把任何东西通证化，放在区块链上。同时，由于通证是运行在区块链上的，随时可验证、可追溯、可交换，它的安全性、可信性、可靠性是以前任何方式都达不到的。

另外，区块链通证的流转速度可以比以前的卡、券、积分、票快几百几千倍。由于通证高速流转和交易，每个通证的价格都将在市场上获得迅速确定。通证经济中看不见的手，让价值发现更加灵敏和精细。最后，通证是基于价值互联网的可信价值载体、可信共识载体，让人们拥有了一种基于经济激励的新手段。它可以全网范围、大规模地进行人类强协作，这是以前人类社会没有经历和见识过的。

未来，人们将以通证为基础建立一个新模式，这可能就意味着大家所熟悉的、已经流行了几百年的公司体制化将面临转型，甚至被颠覆、解体。所以，也有人说公司制将进入黄昏，更大规模的强协作、去中心化的通证经济将会激发每一个个体的能量，人成为权益的贡献者和享有者，共同享有发展的红利。现阶段，由于通证思维的更强激励性，一部分区域内改造效果已经慢慢开始显现，在其原有的生态里已经显示成效。

4.10 从身份到契约，什么是价值交换的基础

1. 从中国古代社会了解等级制度与宗法制度

"所有社会的进步运动到此处为止是一个从身份到契约的运动。"这句话出自英国著名法学家梅因教授的《古代法》。一方面充分地解释了推动社会发展的根本动因，另一方面也对如今继续推进各项改革，充分实现公平社会，

有着非常重要的参考作用。

首先，来看看维系传统中国发展的身份社会长什么样。西晋诗人左思在《咏史》中说过这样一句话："世胄蹑高位，英俊沉下僚。地势使之然，由来非一朝。"意思是说士族子弟不管他的品行怎么样，只要他的家族地位不变，就可以轻松地获得高官。而出身寒门的人，即使他的才能再高，也只能屈居下位。导致中国古代出现这种情况的根本原因有两个，一个是等级制度，另一个是宗法制。两者之间构成了一个坐标系，每个人从出生开始都被对应地放到坐标系的象限中，直到从这个世界上离开，很多人也没办法跳到另一象限里。

其次，来了解一下等级制度。在中国古代，等级制度其实就是官本位。它是一个金字塔的结构，从本质上来说，它是权力和利益分配的标尺。从周朝的五等开始，这一标准就被逐步细化。到魏晋时期，就出现了九品中正制，而唐朝则在原先的九品中又细分出了正和从的概念，也就是18级。皇帝则端坐在金字塔结构的顶端，普通百姓则是没有身份品级的草民，他们完全被排除在这个权力的阶梯之外。因此，这套体系本质上是古代统治阶级管理社会的基础，所以任何时候下一级的人想要犯上都是不可接受的大忌。这种社会等级的服从，经过几千年的发展，已经深刻沉淀在了我们文化的基因之中。

再者是宗法制。它的本质是一个以血缘关系为基础的网络，同时也是中国古代社会的根基。同一祖先的后代构成的宗族以血缘的远近亲疏形成复杂的系统，用这种方式在家族的内部进行权利和利益的分配。在国家社会出现以前的原始社会时期，原始人都是以家庭的形式聚集在一起的，不管大家做什么都是为了我们这一家人，而这个祖先在家族里就拥有至高无上的权利。

但是当把眼光放到全世界的范围来看，人类从原始社会转向积极社会，并且产生国家的这一过程当中，无一例外地抛弃了宗法制。这种以血缘关系为纽带的社会关系，进一步演化出了更为复杂的宗教、神话乃至科学体系。在这一点上，中国显得非常特别。古代中国即使发展出了自己的神话体系，出现的形象也都是先祖辈。换句话来说，我们在发展神话体系的时候，并没有抛弃自己对血缘和祖宗的崇拜，而且在这个基础上长出了国家这样的大组织。

宗法制深刻影响着我们这个国家的过去和现在。在很多场景里都可能看到宗法制的影子，我们国内的酒桌文化其实就是其中的一种。两个人喝了酒之后，开始称兄道弟，本质上就是通过拉近血缘关系来拉近两个人之间的关系。

2. 西方社会的宗法制度

当然，身份社会带来的影响在全世界存在的并不仅仅是中国一个国家，西方文明的宗法制也非常明显，最典型的就是诞生于 1589 年的波旁王朝。为什么说波旁王朝是典型的宗法制王朝呢？因为它严格遵守了《萨利克继承法》。这个继承法规定了只有法兰西的第一任国王雨果·卡佩的血脉才能继承法国国王的王位。

一开始，波旁家族只是一个没有封地的小贵族而已。第一代波旁公爵马尔什 - 旺多姆，在 1527 年被当时的法国国王弗朗索瓦一世赐予了公爵爵位，并且赏赐了波旁公国作为他的封地。本来这个公国只是一个不入流的小封建君主，直到第九代波旁公爵安托艾涅·德·波旁在 1548 年 10 月 21 日和纳瓦拉女王储结婚，他的长子亨利·德·波旁接着继承了纳瓦拉王国。从此以后，波旁家族有了争夺法国王位的根基，而这个亨利·德·波旁即将随着宗教战争的爆发一路腾云直上，成为未来法兰西帝国的实际统治者。由于亨利国王信奉新教的胡格诺派，又有纳瓦拉国王的身份，于是他顺其自然地在宗教战争期间成为了胡格诺派的领袖。被卷入战争之后，亨利被他的堂弟吉斯家族威胁，为了自保他表面上改了自己的信仰，归顺天主教。

宗教战争对整个法国的伤害都非常大，不但造成了法国贫民的死亡，也坚决动摇了当时法国国王昂古莱姆王朝的根基。昂古莱姆王朝在宗教战争之后，出现了继承者困难的局面，三个继承者都相继去世。甚至到了 1584 年，刚刚被立为王储的弗朗索就遇刺身亡。在弗朗索王储被刺之后，按照当时法国《萨利克继承法》的规定，法国国王只能在法兰西卡佩王朝的第一任国王雨果·卡佩的后代里挑选继承者，亨利·德·波旁因此就成了法国王位的合法继承人。

这种王位继承和我们国家的宗法制一模一样。只要是皇室血脉，哪怕以前没有权、没有势，也得因为血统就任国王，而且只要是皇室血脉，重要的爵位公国封地都是这个人的。宗法制本身其实就是利用血脉建立了一个利益结构，在这个利益结构里，只要有血缘关系，哪怕离得再远都能享受到利益。

在亨利当了法国国王之后，波旁王朝通过宗法制陆陆续续地统治了瓦拉、西班牙、那不勒斯、西西里和卢森堡等国，甚至统治着意大利的各大公国，实际上统治了大半个欧洲。就拿西班牙波旁王朝的建立来说，1700 年西班牙最后的男丁卡洛斯二世去世，卡洛斯二世的遗诏是把王位传给他外甥的孙子，来自波旁王朝的法国路易十四之次孙安茹公爵菲利普。通过顺位继承的方式巩固宗法血缘之间的关系是波旁王朝一直以来惯用的手段，由于当时欧洲各国王室男性成员稀少，一旦嫡系血脉没人继承，就必须选出一个合适的人继承，而恰巧根据当时的欧洲继承法，波旁家族总能有人成为新的国王。

17 世纪中期，法国波旁王朝分出了两个分支：一支是法国国王路易十四、路易十五和路易十六；年幼的那一支就是历史上的七月王朝。之后，查理十四在法国大革命之后被推翻，七月王朝也在 1848 年后被颠覆。到这里，波旁王朝在法国的统治才算终结。但在欧洲，波旁王朝的影响力并没有消失。今天西班牙王室仍旧掌握在波旁王朝的手中。

可以看出，君主专制时期，欧洲各国本质上也是以血亲为基础的宗法制，和我国的宗法传承制度之间没有什么本质上的区别。唯一的区别其实是在宗教上，欧洲出现的宗教都是建立在制衡皇权的基础上，皇权和教会之间分庭抗礼。这样一来，一大部分宗法带来的利益会被教会划分走，宗法制的影响力也相对来说会小很多。但中国的宗法制有所不同，中国的宗教是和皇权密不可分的，无论什么方法论，都是为了统治者服务，例如汉武帝的罢黜百家，独尊儒术，就是把儒家思想转变成了一种教义，在氏族之间形成一种宗教信仰，并且在思想上树立一种皇权不可逾越的思想体系，借此来巩固皇帝的权利。汉朝的士大夫们通过儒学和门生故吏巩固关系，并且将这种关系作为一种上升的通道，本质上是一种通过皇权把宗教扭曲成宗法的过程。

也就是说，受到古代皇权的影响，宗教并没有能彻底地把血缘关系从宗法制中抽离出来。但法国的宗教战争不一样，他们则是有能力控制国王的。宗教之间因为土地财产等问题发生战争时，国王也很难自保。当宗教权利大于王权的时候，带来的社会问题天然就让普通百姓产生对王室权利的不信任。

3. 契约精神

为了解决各个国家在交易过程中的不信任问题，就必须要用契约来确保每个人的利益，于是交易双方之间订立合同，法院再根据合同评判纠纷就成了非常好的解决方案。最早对契约的记载其实来源于公元前 1776 年古巴比伦王国的《汉谟拉比法典》。在出土的汉谟拉比法典雕刻里，可以看到很多关于契约订立的内容。生活在美索不达米亚平原上的古苏美尔人，他们一向都很有契约精神，在出土的文物里，可以看到很多泥板上面都刻着当时人们之间互相订立的合同，例如租房、买卖等。

这种契约精神和两河流域的地理条件是非常有关系的。美索不达米亚平原是一个由底格里斯河和幼发拉底河冲击出来的大平面。所以在它的周围根本没有天然的屏障，这也就意味着这里时时刻刻都会被外族入侵。为了生存，当地人民就必须联合起来。怎么联合呢？订立契约并且烧铸成泥版，用这种方式可以很大程度上减少因为不信任带来的内部矛盾，更好地把每个人凝聚在一起，共同抵御外敌。

《汉谟拉比法典》作为两河流域的重要文化结晶，自然会更多地记录和人们生活相关的各种契约。这种契约精神一直影响着往来的各种民族。在大航海时代的欧洲，各个国家的人民之间贸易往来非常密集，为了最高效的贸易通商，合同的使用越来越多，也越来越规范。这也成了解决当时由社会变革带来的皇权和宗教权不信任的重要手段。

4. 当代社会的身份价值

了解完了古代世界，把眼光放回到现代。现在，东西方社会仍旧保留着传统身份社会的一些习惯。例如在西方的一些高校，它们的招生政策就带有很强的传统身份社会的规则。毕业生的子女有权利能优先入学，这其实就是身份社会下快速筛选候选人的手段。总的来说，虽然身份社会带来的问题很多，但是身份社会却解决了人类发展活动中最重要的一个问题，那就是人与人之间的信任。合同虽然为我们解决了一部分问题，但是它并不能彻底为我们解决生活中复杂的社会环境。面对复杂的社会环境，趋利避害本就是人的正常本能。因此，将信任、血缘、宗教等更强更直观的行为联系起来，能为社会决策效率提供一个更强有力的保障。

到了现在，商业社会的本质就是为对方提供一个好的价值。那么，如何让他人觉得一个人提供的价值有价值呢？这就需要去思考如何为价值交换的双方搭建一个互信的关系。过去互联网时代的互信关系是通过第三方平台搭建起来的，交易双方把自己的财产和货物都托管到一个第三方平台上，用三方仲裁的方式来提高信任。但是在这个过程中，第三方不可能免费地提供任何服务，其往往要在交易双方中抽取一定的费用。实际上，价值交换在这个过程中的效率并没有变高，反而更低了。

真正高效率的价值交换实际上是一对一的交易方式，是在一个完全去中心化的环境中出现的。就拿传统的货币交换来说，在任何时候使用人都是一手交钱一手交货。这种点对点的高效率带来的是一种落袋为安的安全感，本质上也是构建信任的过程。

综上所述，可以从中得出结论：只有当价值在信任中产生交换，而信任又持续地产生价值的过程中，社会的发展效率才是最高的。也就是说，当出现了一个点对点的交易系统时，才能将信任成本降到最低，实现真正的高效发展。这里的点对点交易放到数字环境中其实就是区块链最早的初衷，也就是比特币的雏形——一个点对点的电子现金交易系统。之所以我们会说区块链会带来一个前所未有的社会变革，是因为区块链从整个技术原理上极大程度提高了社会效率，构成了一个完全去中心化的可信社会。未来随着区块链的发展和工业区块链的落地，它所带来的效率提高，能最大程度地释放生产力，帮助人类将自身发展水平提高到一个前所未有的高度。当然，科技的进步本就需要服务于大众。只有为社会进步带来真正有用价值的技术，才能被看作一种好的技术。虽然区块链在目前还有很多的难题需要去解决，但相信随着技术的发展，它能成为真正高效的生产关系纽带，搭建出一个有价值的信息社会。

4.11　万物皆可上链吗

1. 有关"上链"的思考

在区块链发展的过程中，总能听到别人说"上链"，很多人甚至提出了未来一切都可以上链，可以在链上实现一切操作。现实中，我们同样可以看到很多机构会把自己的业务上传到链上，或者把数据传输到链上，很多金融机构同样会把自己的内容进行业务上传。那么，上链究竟是怎么进行的？未来我们执行上链的时候又需要注意些什么呢？

很多人说起上链会形成一种万物皆可上链的说法。实际上，这种说法是不准确的。区块链作为一种分布式网络，它在链上的计算和存储本质上都是把计算和存储任务在链上同时执行了很多次，由于计算次数多，因此数据在上链的过程中是会消耗很多资源的。资源消耗越多，这种计算的行为就越昂贵，逐渐就会变成一种生产奢侈品的行为，因此上链这件事本身其实并不适合承载过多的计算任务。而且大家会发现，区块链自身是一个全局透明、不可篡改的环境，它其实更加适合那些具备审计需求的计算任务。例如，一个人有数字资产交易需求时就可以利用智能合约来执行这笔交易，保证资产交易的公开和可审计。同样在司法方面，人们可以通过智能合约实现电子存证的上链，这也是一种把司法电子证据作为一种区块链交易发送到链上进行校验计算的过程，把司法电子凭证保存在链上，也满足了在司法审理过程中要用到的可审计、可追溯的要求。

总的来说，这些上链的计算需要被执行的任务计算相对较轻，而且链上的计算本身更加侧重于对业务数据全局状态的更新。在数字资产交易的过程中是更新了账户余额，存证上链其实也是更新了证据的状态，并且在上链之前，要保证数据的准确性还需要先保证这些数据在链下的数据计算正确。

2. 可验证计算技术

从密码学的角度来说，这种链上的计算必须依赖于可验证计算技术。这种可验证计算技术也被称为 VC，从技术上来说，是可以把计算任务外包给第三方算力提供者的模式，不受信任的第三方提供者需要完成计算任务的同时，还要再提交一份关于计算结果是否正确的证明。

在这种可验证计算中，计算者通常会把计算任务转换成算术电路，然后通过密码学技术创建一些公开而且可以被快速验证的数学关系式，其中还会包括算式里的各项值。计算者把这些值发送给验证者，而验证者又可以通过这些输入的值来校验公开验证关系式是不是真的被满足。这种可验证计算的技术模型包括了对计算正确性的潜在要求。换句话说，如果正确地执行了计算任务，上面说到的整个计算过程就一定可以满足验证关系式；反过来，如果没有正确地计算任务，它生成的值顺利通过验证关系式检查的概率就会非常低。其次，保证链下计算正确的同时，还需要同步执行链上计算，并且这个计算的过程需要能达到商用的标准。链上的验证工作是依赖于计算者提供的一些输入值，以及与该计算任务相关的验证关系式。

笼统地说，验证工作的复杂性会远远小于计算任务本身。也就是说，验证速度会比计算速度更快。好的 VC 可以让验证速度做到常数级别，简单来说就是不管计算任务有多复杂，仅仅只需要几毫秒就能实现一次验证，这个时候商用就不成问题。当然，更值得一提的是现在这种可验证计算技术依然在研究过程中，仍然需要持续研究和优化。上链这件事也需要在商用的实践中持续迭代优化。未来，我们可以看到区块链可以实践从四则运算到神经网络训练，这些都可以扔给区块链来计算，而且还不需要担心计算结果的准确性。到时候，上链也可能成为商业中不可或缺的一环。

4.12 如何看待区块链的生产关系转变

1. 什么是股东资本主义

2021 年 1 月 20 日，新任美国总统约瑟夫·拜登正式上任。同样值得注意的是，拜登曾经在自己的家乡宾夕法尼亚州宣布，只要他上台，以后股东资本主义就再也不会存在了，并且还承诺给予当地 7000 亿美元的振兴计划。

那么，什么是股东资本主义呢？这是一种以股东利益为核心的企业经营管理理念，这种模式认为企业经营的目标只有一个，那就是实现股东利益的最大化。

全球零售巨头沃尔玛就是典型的股东资本主义公司，在《波士顿环球报》的一篇文章中曾经对沃尔玛的股东资本主义进行过一系列的分析，并且文章的最后提出了一个观点：如今的时代，股东资本主义并不能满足企业和社会的正常发展，企业应该向利益相关者资本主义发展。这种利益相关者资本主义认为，企业经营的目标是最大化利益相关者的利益，实现企业长期健康的发展。也就是说，利益相关者资本主义认为在企业发展的过程中不仅仅只看重股东的利益，更应该看重的是企业周边供应商、客户、员工和企业所在地的共同利益。

过去，这种利益相关者资本主义曾经长期居于市场的主导地位，但是到了 1970 年，著名经济学家米尔顿·弗里德曼走到台前大力提倡股东利益至上的思想。他认为，企业管理层是为股东们工作的，企业唯一的社会责任就是参与公开自由的竞争，并且在不欺诈他人的前提下，使用自身资源来提升利润。后来，这种思想影响到了美国法律界，甚至影响到了政界，改变了美国关于公司治理的一部分法律。从此以后，针对企业管理层和员工的持股计划逐渐流行。用股权来激励高管成了让高管和股东之间一致同步的好方法。到了 1997 年，美国商业组织——商业圆桌会议公开宣称支持股东利益至上原则，从此以后股东资本主义开始在西方蔓延。

但是，这种股东资本主义明显有两个主要的弊端：

（1）助长了企业看重短期利益的行为。 首先，企业上市以后由于季报的压力，企业不得不转向股东资本主义；其次，企业在追求股东利益最大化的过程中可能损害到相关者的利益。

举一个很简单的例子：在化工行业的发展中，化工企业一般会为了提高自身利润减少污水处理投资，没有经过净化的污水排出后就会影响周边的环境。又如，一些充满敌意的恶意收购，一些并购基金会在收购重组的过程中，不顾及对被收购员工利益，导致收购以后公司业绩立刻下滑。要想纠正这样的情况，就必须做出改变。

具体来说，这种改变集中在以下三点。

第一，政府的政策干预。政府出台相关环境保护和员工权益保护等方面的立法和监管。

第二，企业加大自己在社会责任方面的投入。

第三，投资者将责任投资作为投资前提的一部分，将投资回报和环境、社会及公司治理全部纳入投资结果中。

在今天这样的社会和企业发展环境中，不难发现一点：利益相关者主义正在回潮。同样是宣布使用股东利益原则的商业圆桌会议，在 2019 年宣布发布《公司宗旨宣言》，提倡公司应当从利益相关者的角度出发，不仅关注股东利益，也要关注客户、员工、供应商以及社区等对于企业业绩同样重要的相关因素。这份《公司宗旨宣言》指出，公司理应做出改变，至少要在以下几方面实现改变。

第一，为客户创造价值，要满足甚至超越客户的期待。

第二，投资于员工，包括提供公平的薪酬和福利，通过培训和教育帮员工培养新的技能，并提倡员工能多元化、包容。

第三，以公平和合乎职业道德的方式与供应商展开合作。

第四，支持企业所在地区，尊重附近的居民，并采取可持续实践以保护环境。

第五，用长远的眼光看待公司发展，为股东创造价值。

但是，从这份宣言里也能看出，和股东资本主义相比，利益相关者资本主义要想真正落地有很大的困难。首先，如何衡量企业经营对相关利益的影响？在股东资本主义下，企业经营对股东的影响主要体现在财务报表上或者是在股票的上涨上。很明显这两者的业绩指标其实非常容易衡量。但是，企业经营对员工、客户、供应商以及当地的影响是多元化的，这就意味着想要衡量它非常困难。所以利益相关者资本主义就必须先回答一个基础问题：企业要消耗多少资源来实现利益相关者获利？这些资源投放下去又能得到多少回报？在没有确定衡量方法的情况下，这些问题其实是对企业管理者的巨大挑战。

（2）**管理上的复杂性**。在股东资本主义下，企业管理者要做的事情很简单，那就是极大程度地扩大股东的利益。而在利益相关者资本主义下，企业管理层的目标变成了多重的，并且不同目标面前的利益可能是互相冲突的。最后，如何设计出一种有效的目标来确保执行机制可问责？这个问题其实换一种思路来说，就是把这些新的要求融入到企业管理的战略中去，达到资源配置、风险管理、业绩评估和报告等工作中。如果不能克服这些困难，利益相关者资本主义会变成一个很难落地的想法。唯一的解决办法就是找一套代码或者一种内置了利益相关者主义的技术来确定这件事情真的会发生。这个技术就是区块链。

2.有关利益相关者资本主义的思考

目前，我们可以在区块链领域看到，很多符合利益相关者资本主义的实践正在发生，这能让我们在更平常的领域去理解和实施利益相关者资本主义，并且能在这里提出更多有关的思考。

从分布式领域来说，在区块链里不同的参与者根据自身天赋形成了劳动分工，基于市场交换来实现互通有无并且来增进福利。在区块链里形成的分布式经济体是开放的，它不会像企业那样出现明显的商业边界，更不会出现股东。在区块链里，每个参与者都能得到共治、共享、共建的机会。这个时候也就可以说每个参与者都是利益相关者。

区块链公链中的利益相关者资本主义可以被看作平台模式。平台模式可以对照常用的开源软件社区来进行分析。在很多开源软件的共享社区里会看到很多免费为大家解答问题的爱好者们。这些爱好者因为对这款软件的喜欢聚集到一起，并且会把自己的专长拿出来演化到社区中，成为社区的一部分，甚至能成为构建社区秩序的一部分。这种广泛认可的社区维护者们用今天的话来说，可以称他们为"大 V"，在平台无人治理的情况下，大 V 们会变成社区领导者，为社区发展制定出一个很好的方向，有的时候他们还会成立开发团队，更好地处理社区分歧。

在互联网发展的最早期，很多 BBS 网站里出现的大 V 就是这种模式。Linux、Python 等软件都是开源社区里孵化出来的成功案例，但是软件开源社区并不是完美的，很明显它自身还有两点不足。

第一，在社区规则的制定上，它们做不到制定出一个类似法律的社区规则出来，因为开源社区本身就是靠用户自治，如果谁提出一个观点让大家都去遵守它，很多人就会不乐意，甚至不遵守它，没有技术的规范是做不到绝对的社区管理的。不能确保的社区规定很容易造成社区的分裂，或者把社区带入到一个混乱的世界。

第二，内部不设置激励，激励手段全靠外部激励，这样就会出现参与到社区里的人都是志愿者，志愿者的身份天然就会让人感觉不专业，参与到社区的人没有办法从"非职业转到职业"。这种非职业的价值一旦增多，会让社区的专业性变低，价值变低的社区没有办法吸引到那些真正有价值的用户来提供更多有效、有用的资源。这些问题会阻碍社区的发展，但是如果仔细留意就会发现，社区的这些内容从一定程度上就是构成区块链社区的要素。所以，只需要根据社区的缺点加入相应的内容就能完善社区的发展。

（1）**激励层面**。过去社区的发展过于依赖外部激励，现在我们引入内部激励机制，把过去社区里的无偿分享变成有偿的奖励机制，吸引更多有价值的人进入社区解决更多的内容。

（2）**引入一个正式规则**。这个规则并不只是治理方面的规则，也有经济规则。引入规则后加上智能合约把这些规则代码化，减少规则执行中的随意性。经济规则和治理规则的本质实际上是在区块链里分配的权益和治理的权利。

在区块链里设计好引入两种改进后，就会发现这两种激励的模式无形中为整个区块链经济体构造出了一个坐标系。这个坐标系的横坐标实际上是享受服务的人提供的经济，而纵坐标是一个跨时间的收益体系。为什么是这样的规划呢？

首先，只有享有服务的人为提供商品的人提供了经济补偿的时候，双方才出现了交易，只有经济补偿能让提供服务的人产生激励，随后他才会提供出更有价值的内容，特别是对在这个区块链体系里提供基础建设和运营的人，只有让他们得到了更大的价值，才能让整个区块链更稳定地发展、迭代、更新下去。

其次，任何一个经济体的出现都得益于早期参与到项目里的人，只有他们的付出才能构建起服务的方式，但是这些早期投入者往往和整个项目的发展关联并不大，因此给予他们跨时间周期的奖励让这一部分人能得到更大的好处，才能刺激出更多的新生区块链项目。

其实，经济补偿的方式有很多种，不一定要局限在点对点的模式上，任何一种经济补偿的方式都可以被设计在区块链里。平台模式用在公链里有两个层面：第一层是在公链里。经过交易的发起者发起交易，矿工来打包、生产区块并运行共识算法，以及网络节点同步并存储分布式账本。第二层则是基于公链的应用。这个分布式经济体最重要的基础设施是分布式账本。矿工作为分布式经济体中的核心参与者维护分布式账本，他要承担一定的成本。首先为了奖励他们就必须给予一定的手续费，支付给矿工的手续费一般都遵循谁使用谁付费的原则，其次就是出块奖励，矿工可以获得新发行的Token。

总的来说，一般领域的利益相关者资本主义也可以在平台模式的框架下理解，区块链则会在这个模式下发挥自己的作用。未来核心企业可以通过工分制的经济模式下设计出一个属于自己的生态模式，并且合理地进行理论分配，激励参与者进入到区块链中。

4.13 随机数对区块链的重要影响有哪些

1. 本福特定律的认知

2001 年，世界最大的能源公司——安然公司突然破产，在随后对安然公司的审查中，审查员发现安然公司在过去几年上报的财报信息根本不符合本福特定律。根据这一发现，审查员迅速投入到了对安然公司的调查中。随后，安然公司高层管理人员涉嫌造假被政府发现，审查员在根据本福特定律的验证后，精准判断了安然公司财务造假的过程，最终才让财务造假的罪魁祸首绳之以法。

本福特定律是一种随机数定律，传言 1935 年，美国物理学家本福特在图书馆翻阅随机数对照表的时候发现，对照表的前几页一定会比后面的页面更脏，这就说明了前几页永远都会被翻得更多。根据这个特性，本福特把随机数定律用在了数学上，并且在 1 ～ 9 的数字里发现了奇怪的现象。本福特定律中数字 1 的出现永远会大于 1/3，之后数字 2 的出现概率大概是 17.6%，数字 3 的出现概率大概是 12.5%，以此类推。也就是说，数字随机出现的概率并不是一定的。随机数的概念用到抽奖或者抽样中就变得非常有价值，人们会发现很多彩票种类都选择在 10 个球里面多次抽出数字，这样一来可以避免抽奖的概率被计算，让抽奖更加公平。

2. 密码学中的随机数

到了密码学上，随机数就成了一种非常基础而且重要的概念，它常用于密钥和安全参数的生成，可以说它的身影无处不在，在共识机制、零知识证明等热门的应用场景中，随机数一直都发挥着巨大而且重要的作用。但是，从数学的角度来讲，随机生成的数字也会蕴含相应的规律，在很多情况下设置随机数的一方对这个概率并不是很清楚，也就意味着在设置随机数的时候很有可能因此酿成大错。

著名 IT 公司索尼公司曾经三次被黑客攻击，造成了 2500 名索尼用户数据失窃，间接损失超过 10 亿美元。这场用户数据失窃事件就是由于索尼公司对随机数的不规范使用，在索尼被攻击的前两次，他们依然不知道要怎么预防下一次攻击，对他们来说密码是随机的，这已经是非常高的加密方式了。而在索尼的游戏机产品 PS3 游戏机中，随机数事件依然在发生，索尼采用的 ECDSA 签名算法被爆出一直都使用同样的私钥，这也就意味着只需要随便找到一个私钥签署的两个签名就能很容易恢复私钥，可以说这是一件非常可怕的事情。

3. 随机数带来的影响

到了区块链上，为了避免这种随机数导致的泄密事件，可谓付出了大量的心血，保证区块链不会出现类似的安全问题。

首先，随机数并不是一个具体的数字，而是通过随机数生成器产生的一个或者一组数的序列。这个序列能出现的元素来源于确定的集合，每次选出的数字元素都是不可预期的，但是就像我们前面说的，元素出现的概率是恒定的。

在自然世界里的随机数都是真随机数，要想实现从数据里找到相对应的数字必须要先去除干扰选择的虚假信息，这个行为在统计学上被称为噪声搜集。

到了计算机科学中，一般使用确定的算法来模拟随机数的生成，这种行为也被称为伪随机机制。在实际使用的过程中，我们对伪随机的检测十分重要，为了避免算法缺陷或者人为原因造成的随机数风险，在设置随机数以后还需要加入防作弊系统来确保随机数的正常使用。

目前，检测随机数的方法主要还是用设立标准的方式来解决，甚至为了解决随机数问题，密码学重要会议还多次有针对性地输出相关学术论文，可见对随机数问题的研究一直以来都马虎不得。

4. 随机数的重要性体现

随机数的重要性不仅体现在安全通信渠道的建立上，还体现在确认通信对象上。如果多个人试图通过有限带宽的频道来互相通信，则可以利用随机数量确定通信频道的合理顺序。

例如，比特币中的 PoW 共识就在随机数的基础上确定哪个区块链会被添加到区块链中，从而减少了消息传递的费用。因为 PoW 设置的题目在算法上非常难解决，只有先算出来的人才能把他的区块添加到分类账中。由于多个人同时揭开难题的可能性非常低，因此 PoW 可以作为一种限制网络消息传递数量的机制。

在区块链里，为了解决随机数问题，提出了几种思路组合到一起使用的方法，一般来说，实用的随机数保障法有以下四种：

①通过多方协议生成。

②通过哈希函数等随机数预言机引入随机性。

③通过协议降低参与方作弊可能。

④引入门限协议或经济约束提高产生随机数的成功率。

首先，多方协议是指随机数的生成依赖于多个参与方的输入，这样随机数就很难被单方操控。在多方协议生成的过程中每个参与者都可以生成一个随机数，在经过计算以后每个人的随机数都会被打包发送，参与的多方之间收到对方的计算值以后会得到一个共享密钥，根据这个共享密钥确定最终的数值，这样一来任何一个人都不可能在区块链环境里作弊。当然，由于每个输入方的输入可能具有很强的规律性，随机性不足，这个时候我们需要使用到随机化的函数（如哈希函数）来实现数据的处理。把参与方的输入作为函数输入的参数，输出的结果作为随机数，这样一来就能实现输出结果的随机性。

这种方法就是随机数预言机的引入。当然，在实现哈希函数加密的过程中，也有可能出现某个参与方作恶的情况，为了避免参与方作恶，就得引入承诺揭示协议来限制参与者。让参与方把自己想要输入的结果做一个承诺，然后通过哈希函数打包完成。承诺发布以后，参与方的输入就不能再修改了。不能修改的输入避免了某个参与方作恶的情况发生，也避免了在区块链中会出现的作恶行为。最后，还可以引入门限协议，通过秘密共享或门限协议的方式，避免随机数的生成因为某个参与方没有完整执行结果而失败，提高随机数产生的成功率。

4.14　机器间的大规模协作，需要区块链做什么

1. 从古至今人类合作模式的演变

2020 年，阿里巴巴发布了《十大科技趋势》。其中，第四个趋势就是机器间大规模协作成为可能。在未来，物联网能协同感知技术、5G 通信技术的发展可实现多个智能之间的协同，机器也能彼此合作相互竞争共同完成任务，而多个智能体协同的群体智能将会把智能系统的价值放大。但是，是不是这就意味着机器间的大规模协作是唯一的方式？有没有可能还会出现其他的情况？还有关于区块链的一个问题，作为分布式协作网络，机器间的大规模协作有没有交集？

关于这个问题，还得把视角回归到人类生活本身，我们希望机器间实现大规模协作，本来就是希望能通过机器实现模拟人类社会协作，而大规模协作是人类社会的重要特征之一。没有大规模协作就没有人类文明的今天。

最早形成的协作模型是在家庭成员之间产生的。原始人类为了活下去必须在家庭内部孵化出一个简单的协作模型，男性出门狩猎为家庭储备热量，而女性则需要抚养小孩，让小孩能成长为接班人。到了部落时期，为了更好地协作，人类必须团结起来对抗自然界的灾害和猛兽的入侵，在人类协作中出现了中心化的委托代理模型，这种委托代理模型最核心的就是命令链条，而且在这个命令链条里延伸出了行政机构、企业。

而到了近现代，人类从小范围的部落协作模式，逐渐转向全社会之间的协作，这就是市场机制的模型，在这个环节里不存在中央计划或统一协调，每个参与者在为各自利益工作的同时，为社会细化出了劳动分工和市场间的交换，通过交换增进全体的利益。可以看到，机器想要实现大规模协作，同样需要实现各个不同机器之间的劳动分工和资源交换，这样机器协作才有价值。实现这个协作模式，了解市场机制就尤为重要。

2. 市场机制中，人们协作的维度

在市场机制中，任何人之间的协作一定会出现两个维度，并且这两个维

度不可切割。

（1）**信息维度**。在社会发展的过程中一定会出现信息差，人类之间的协作必须要通过解决信息差来实现协作网络之间的互信，同时对于以利用信息差来产生利润的行业，又必须对信息的价值做出正确的判断。例如，企业在金融领域协作的时候，一般会和以下两种机构协作：

一种是银行。银行的放贷需要评估企业信用资质，在放贷以前银行需要投入人力对企业的财务报表和流水状况进行分析，对企业信用进行打分。大数据时代，企业的很多非结构化信息也能被分析出来，许多过去人力没办法找到的信息大数据可以从细节中找出来。

另一种则是投资机构。投资机构从企业的股票、债券收益率和信用违约互换的差价中推导出风险。投资的过程本质上是对优质资产的变相持有，在各类市场中参与者会根据自己掌握的信息交易资产，持有者会自己判断手里凭证的价值决定是要买还是要卖，交易形成的价格实际上是买卖者手持不同信息的体现。这种市场信息的持有是很难被人工智能代替的，其中很大的原因在于市场信息的反应本身是不以人的意志所改变的。市场唯一能被分析出的只有价格，经济决策人会根据自己的知识和相互沟通来确定经济。

（2）**价值维度**。一般来说，一个商品是不是有价值很大程度上不是由买东西的人决定的，商品的价值来源于市场的评价。消费者在买产品的时候，会用一种为自己谋福利的态度来消费，买东西是为了让自己得到最大化的好处。那么对于企业来说，要想抓住这些消费者的需求，就必须针对目标用户对产品的要求来生产产品，以达成自己利润的最大化。

在现代社会中，市场机制无处不在，人们身处市场既是生产者也是消费者，在交换中不断生产价值，不断交换价格，资源在有限的情况下最大化地被利用。每个人在追求自己的利益最大化时，促进了社会利益的最大化。

那么，这种通过实现个人利益最大化来实现全社会利益的机制能不能被使用在机器中，让机器能最大程度地实现大规模的协作呢？这一点可以从比特币上来看。比特币已经在没有股东、没有监管的情况下运行了十几年，近期每天挖矿产出 1620 万美元，每天链上交易平均 35 万笔、71 亿美元。从经济学角度来看，比特币网络是一个典型的市场机制，它的存在本身就是一个复杂的市场活动。

比特币网络里的矿工为提供算力，工作以后通过夺取记账权来证明自己的价值获得奖励，但网络仅提供存储空间，而网络路由或钱包服务的节点没有回报。用户发起交易时，需要提供较高手续费以激励矿工优先处理自己的交易，相当于用手续费来竞拍比特币区块链内有限的系统资源。这种优秀的经济学原理，其实在比特币以前就已经出现了，但是一直都没有能成功，中本聪引入了博弈论机制以后让比特币成了可能。

这显示出了经济机制的力量：在去中心化环境下，如何防止矿工作恶和保证分布式账本安全，保障网络建设、运行和维护，并实现自我组织和自我治理。技术不能完全解决的问题，加入经济机制产生了很好的效果。如果我们把比特币网络看作机器网络和市场机制的结合，是可以看到很多机器大规模协作的身影的。

在机器网络中一定会包括通信网络、物联网、智能设备等。这些机器网络一定有以下特征：

①结构有中心化和点对点之分。

②同类型的节点承担不同角色。

③引入区块链网络以后，机器网络从物理问题变成了经济学相关。

单纯的机器网络在建设、维护的时候会有一个特殊问题：一些机器网络属于基础设施，而基础设施很难直接向使用者收费，很多时候基础设施都是公共资源或无偿的。机器网络中最典型的就是通信服务，在经济学上通信服务一直都是公共设备，很难直接向个人用户收钱，一旦这些基础设施被私人部门掌握，就会出现供给不足的情况。所以，大部分国家在对待类似通信服务的基础设施时，都会由政府使用财政收入进行投资，并且把它作为一种公共产品对外提供。交叉补贴，就是网络基础设施免费，但是想在上面使用服务就得收钱。也就是说，要想让机器变成经济活动中的主体，首先要考虑的是，能不能用经济激励来指导机器自己调整自己的行为。

人和人之间的协作是靠激励来实现的，机器和机器之间的协作同样需要激励。从这个角度来看，机器网络和市场机制就离不开区块链。因为，市场机制是在信息和价值两个维度上运作的，区块链则是一个兼具了信息互联网和价值互联网两种属性的技术，在机器的大规模协作上有不可代替的地位。

当区块链作为信息互联网出现的时候，它是一个公共账本，可以用来记录商品、药品、食品资金的流向，让协作的上下游、不同环节之间能相互校验，打破传统信息孤岛，让信息全程都可以管理，但不涉及资产或者风险转移。而当区块链作为价值互联网出现的时候，它就是一个资产和风险转移的手段。区块链本身是可以不创造价值的，价值可以来自现实世界的资产，并且通过经济机制和区块链内的代币挂钩。让区块链发挥基础设施功能，其优点是交易即结算，清算自动化、智能化。

机器之间的大规模协作核心就是机器网络和区块链相结合。要想完成这样的结合必须经过以下两步才能实现：

第一步，发生在机器网络中的经济活动，需要从生产、消费、市场和分工等多个视角来分清谁是经济活动的参与者。

第二步，是区块链要做的事情。首先，区块链要在机器网络里记录经济活动。这个方面是区块链作为信息互联网时候的功能，它要做到的是在信息上链的时候，保证上链信息是完全真实的，把链外的经济活动和价值流转用高度可信的方式记录下来上传到链上。例如，在供应链领域引入区块链，用安全高效的传感设备把链外信息可信地写入区块链。然后，区块链还要能成为一个提供支付和激励的工具，这就是价值互联网功能，这里涉及的是机器间的支付和经济网络中的经济模型。最后，还需要在区块链里用 Token 或者智能合约的状态变化来触发机器行为，这是区块链内状态向现实世界的传导问题。

总的来说，在机器协作的过程中，区块链一定是连接机器的存在，是大规模协作过程中不可替代的一部分，未来区块链在大规模协作中将会扮演不可替代的角色，更是真正实现智能城市不可拒绝的一种技术。

4.15 如何理解价值互联网的 DAO 去中心化治理

1. 从比特币挖矿看DAO

美国怀俄明州参议院委员会曾正式投票，通过了关于允许 DAO 在该州正式注册的法案。这个法案允许了普通有限责任公司转型为 DAO（去中心化自治组织），并且允许在公司注册时提交带有 DAO、LAO 或 DAO LLC 的公司后缀的名称。这意味着，在怀俄明州允许注册任何一种DAO形式的组织。那么，DAO到底是什么？它对价值互联网有什么影响呢？其实，之所以DAO会引起大家的关注，其中很重要的一个原因是它所具备的特性，这一点可以从比特币挖矿上看出。

比特币自从诞生以后，矿工们的挖矿行为一直都是自发的，是规则和代码让这些参与到挖矿中的矿工自动化地执行统一规则，并且每个人获得奖励的方式都是公正的，获得奖励的矿工会被区块链全网广播，再加上比特币社区里的自治满足了矿工的权益诉求，这种自动协作的方式给出了一种组织管理的可能方向。

DAO自动化执行的统一规则、透明度和权益表达，改变了过去严格以所有权为中心的金字塔管理结构，给组织治理的方法提供了一个全新的解决方案。这个方案能让参与者快速做出跨国界的决策，实现组织发展无国界。

过去一家公司只能待在一个国家，但是对于产业链来说，要同时在多个国家开展业务是一件很困难的事情，尤其是司法方面，可能A国对于公司注册的相关规定比较宽松，但是B国注册一家公司就得三四个月，这样就很难实现跨国界的内部合作，而DAO的出现就能解决这个问题。

在同一套标准的规范下，DAO可以让每个人都在同一个条件下工作，不需要考虑所在地理位置，它为组织的成立和运营提供了一个平等的体系。而对于一个组织来说，最大的成本往往是企业管理中的沟通成本。

2. 有关帕累托最优的认知

1960年，诺贝尔经济学奖获得者哈里科斯提出了著名的科斯定理：在市场交易成本为零的情况下，不管权利初始安排如何，市场会自动实现资源配置的最优解，达到帕累托最优。但是，现实世界里是做不到市场交易成本为零的，因为组织协作的时候会有很多的资源被投入到组织沟通里面。这个时候就延伸出了科斯定理的第二个理论：出现市场交易成本之后，合法权利的初始界定以及经济组织形式的选择会对资源配置效率产生影响。

换句话说，要想实现在一个协作组织内部人人都能获得利益而不损坏其他人的利益，就必须用一种方法来让组织里每一个参与者的沟通成本降到最低。于是，为了达到帕累托最优，从有公司这种组织形式开始无数经济学家就投入到了对组织模型的改进中，而 DAO 恰恰就是达到帕累托最优的最优解。

帕累托最优是一种博弈论模型，该模型中的参与者都会带着自己的资源进入协作范围，共同完成一件事情，财富和资源会在这个协作范围内实现转移，而且每个人之间的利益绝对不会出现损失，只会出现增多。

这种博弈论模型在社会福利领域是非常常见的，在社会财富总量不断增加的情况下，投入多少资源进入到社会福利领域就势必会给社会中的每个人都带来利益，因为社会财富的总量是不断上涨的，在每个参与者都在变好的情况下就一定不会出现某个人的生活变坏。现实中，由于组织之间沟通或者协作过程中一定会出现不可避免的损耗，达成帕累托最优的难度比较大，但是，如果把这种协作模型搬到数字世界中，用规则和代码来去掉组织或者个人之间协作过程中的沟通过程，这种人人都能获得利益的协作模式就很容易实现了。

今天的价值互联网就是在竭尽全力地实现帕累托最优的情况。还是在加密资产领域中来看，实际上参与挖矿的人所获得的利益不是从其他人身上获得的，而是大部分来源于代码给予的奖励，这样一来参与到协作组织里的每个人都在获得相应的利益，蛋糕在不断变大，每个人分到的蛋糕也越多。

3. 运行DAO的条件

回到现实世界的组织协作中，为了拥有强大的 DAO，成员之间必须满足以下三个条件：

①组织内的成员必须获得相同的信息以进行决策。

②在交易的时候，协作组织的成员必须设置相同的费用。

③各成员的决策一定是自愿的，并且还必须满足自身利益最大化和 DAO 的利益最大化。

DAO 通过个人激励和组织最优结果的塑造实现协作组织内的一致行动，从而解决协调的问题，然后再集中资金并投票决定资金的分配。这样一来，利益相关者就可以在分担成本以后再对激励进行协调，从而达到整个生态系统内部的受益。

比特币社区就是这样一个典型的DAO，它的核心开发团队在团队没有中央权力的情况下运行，然后通过比特币改进方案实现项目推进，但是真正决定项目向什么方向推进的却是参与挖矿的矿工，他们投票以后决定项目是不是要变更、怎么变更等。在DAO里永远都会存在一个权衡三角，参与到DAO里必须权衡这些条件才能达到真正的DAO的组织完备。

（1）**个人方面**。一定要存在一个可以让参与者自由进入和退出的机制，保证任何人都可以随时参与到DAO中，并且保证任何一个人退出都不会让DAO受到影响。

（2）**组织交流方面**。如何实现组织交流和治理的最优解是DAO必须要解决的问题。组织如何确定未来方向和如何解决微调等问题都必须通过内部沟通解决，最好的治理方式就是投票。

（3）**DAO的去中心化方面**。要想实现DAO内的参与者对组织百分之百忠诚，就必须让每个人都能根据组织的需求提出自己的想法，这种忠诚度就是去中心化带来的，实现组织内绝不会出现一言堂的情况。只有这样DAO才能健康安全地长期发展下去。

今天，DAO要在全世界广泛运行是需要解决很多前提条件的，但是这并不妨碍DAO可以小规模地存在并且衍生出一些应用。在DAO必须具备的资本积累上，DAO和DeFi之间的合作就正在衍生出新的应用。DAO需要使用到去中心化金融产品来充当付款和分配的方法。这样一来，DAO和DeFi之间就一定会产生交互，交叉出无数新的产品。对于DAO来说，DeFi无疑是现阶段能找到的最合适的金融解决方案，如果未来DeFi能允许持币者使用治理来制定和优化应用程序的设计，就能出现很好的用户体验，那么它就能成为一个非常强大的金融工具。

在DAO需要必备的非资本资源方面，DeFi和DAO结合让DAO能在组织内实现资本合并，再把这些资本合理地分配出去，而未来DAO也应该具备分配非金融资源的能力。DAO和DeFi的结合可以让组织绕开过去低效率的传统金融，为搭建一个去中心化、无边界、透明、可访问、可互操作、可组合的公司提供了资本上的优势。

在DAO必须具备的人才积累方面，目前来说DAO还是不成熟的，因为DAO社区和治理非常复杂，要正确地处理DAO中会出现的事情，对于DAO

本身来说至关重要。任何一种形式的 DAO 都需要平衡协调流程和激励措施，这样才能让社区成员对自己在社区里的贡献产生自豪感，参与到 DAO 里面的人才会越多。

最后是在 DAO 构建的法律规则方面，大部分的 DAO 都会选择把现实中的法律用智能合约来包装一遍，DAO 的每一个参与者都必须遵守这些法律，否则就会由传统法律来制裁这些违反规则的人。这种和传统中心化结构合作的方式为参与者承担有限责任提供了很好的法制基础。

从这些构成 DAO 的前提条件上，可以得出一个结论：DAO 绝对不会是一个完全中心化的存在，要真正实现 DAO 的大规模使用，必须有中心化的机构来保证组织在发展过程中每个参与者都只会承担自己能承担的部分责任。这也就是为什么现在的 DAO 都会用一种中心化的形式出现，再通过智能合约和自动化来实现对中心化管理的限制。DAO 的出现改善了治理结构，在分散决策和提高组织透明度方面，DAO 给出了一个答案。

4.16　区块链如何成为大规模价值结算协议

1. 区块链成为大规模价值结算协议之前需要解决的问题

作为新一代价值互联网，区块链的目标是希望让价值的转移能像信息在互联网上的传播那样便捷高效。尤其是在智能合约出现以后，区块链能方便、自动化地对大规模协作进行价值计量、存储和结算，让跨国界的大规模协作变得可行、可信，同时更加高效。

虽然，以太坊白皮书中设想了智能合约在金融中的一系列应用场景，特别是基于智能合约的金融衍生品，但是到今天，这些金融应用距离主流金融行业仍然有相当大的差距。那么，区块链如何成为大规模价值结算协议呢？在这之前，区块链需要解决以下几个问题：

（1）货币的网络效应和错配问题。我们生活在一个由法定货币主导的世界，用法定货币进行各种交易。大部分人的大部分资产、负债、收入和成本等都以法定货币为计价单位。我们习惯用法定货币为单位来衡量面临的风险和机会，并据此做出经济决策。法定货币有很强的网络效应。由于监管的不认可，比特币在实际的支付场景中表现很一般，虽然比特币在日本的交易是合法的，但是商家在收取比特币以后，依然需要把比特币兑换成法币来使用。这样，商家就不得不承担比特币兑换美元的价格波动风险，而这个风险很可能超过其本身业务的风险。这也就意味，要大规模使用比特币来实现支付，就必须先给它找到一种可以适配的商业模式。

不仅如此，因为智能合约只能操作区块链里的代币，不能直接操作银行账户资金，所以智能合约产生的金融产品就还是只能在区块链的圈子里面使用，这样就出现了现实使用区块链实现价值结算中的货币错配问题。国外有航空公司投入一个基于智能合约的航班延误险，并且承诺延误的时候给投保人一定数量的加密货币。但是，这个想法自然是较难被用户所接受的：这种方法让投保人在承担延误风险的同时还要承担可能发生的加密货币下跌的风险。这是基于代币的金融产品、风险对冲策略和经济机制在现实中普遍面临的困境。

而央行数字货币和全球稳定币的出现，货币错配问题将迎刃而解。主流的央行数字货币和全球稳定币采取代币模式。在保留 Token 可编程性的同时，代币的发行基于足额的法定货币储备资产，代币的价值与法定货币或一篮子法定货币挂钩，且此挂钩关系受一系列征信措施保障。央行数字货币和全球稳定币的出现，不仅有效地解决了数字货币有效支付的问题，还叠加智能合约生成了金融产品、风险对冲策略和经济机制，这样一来数字货币和法定货币之间就不存在货币错配问题。央行数字货币和稳定币也是区块链进入主流金融领域的基础。

（2）**在预言机的不可能三角中的取舍。**很多时候，智能合约衍生的金融产品、基于智能合约的金融产品、风险对冲策略和经济机制的触发条件取决于区块链外信息。也就是说，外部股价、利率、汇率会影响区块链内的金融产品。这些信息需要通过预言机来写入区块链内。此时预言机是区块链内部和外界世界连接的桥梁。目前出现的预言机有两种：一种是中心化的，依赖于某种中心化信息源；另一种是去中心化的。在去中心化预言机里，主流的方案是把区块链外信息离散以后，用经济激励和投票的方式写入区块链。依靠集体的评判实现对被投票者的奖惩：投票越接近全体投票的平均值、中位数或其他样本统计量，越有可能得到奖励，反之就越有可能被惩罚，以此来激励投票人认真投票。这样的投票需要不存在系统性偏差。然而，这类去中心化预言机方案的局限性非常明显。

第一，链上投票需要时间和成本，效率偏低。而现实中，很多金融衍生品和风险对冲策略需要持续不断地读入市场价格数据，更新频率要远高于链上投票频率。

第二，不管如何设计经济激励，参与投票的群体都存在选择性偏差，"不存在系统性偏差"这个概念过于理想化。

第三，链上投票的结果难以达到金融应用对精确性的要求。

从现实中普遍使用的预言机可以看出，预言机应该在去中心化和中心化之间做好平衡。预言机本身也面临不可能三角问题：没有一个预言机方案能同时具有准确、去中心化和成本效率这三个特征。对于传统金融来说，"准确"和"成本效率"毫无疑问是刚需，去中心化则可以适当让步。我们应该从需求侧的角度来看，去中心化在传统金融业是不是急切需要，然后再加入去中心化特征，这才是最优解。

（3）去信任化的能与不能。 去信任化有优势，当然也有劣势。它的优势在于两方面：一是交易条款用分布式账本脚本语言体现，不会造成理解上的分歧；二是矿工或验证节点按规则处理交易，矿工或验证节点本身是"竞争上岗"，使得交易被自动处理且难以被屏蔽。

以比特币的交易为例：在比特币交易的时候，发起者会把交易的信息传播到分布式网络中。矿工再根据检查结果，检查触发条件是否被满足，发起者是否拥有 A 地址的操作权限，以及 A 地址中的代币数量是否超过支付的代币数量。其中，触发条件如果取决于区块链外信息，就需要预言机。对 A 地址的操作权限往往体现为相关签名操作（包括多重签名），也可以体现为哈希时间锁。转让数量 X 既可以由交易发起者设定，也可以由公式来决定，从而实现或有支付或复杂的偿付结构。如果矿工或验证节点确认上述前置条件均满足，就执行这笔交易。执行结果只有"成功"和"失败"两种，不存在中间情形。

（4）区块链中的有机融合技术和机制设计。 信任是建立一切经济活动的根本，参与者之间必须有一定程度的信任关系，否则交易成本会非常高。信任是经济活动的"润滑剂"。一方面，技术可以产生信任。ECDSA（椭圆曲线数字签名算法）签名很难被伪造，一个合法签名肯定意味着签名者掌握私钥。另一方面，机制设计也可以产生信任。

在区块链领域，典型的案例就是哈希时间锁：哈希时间锁是去中心化和去信任化环境中进行条件支付的基础，同时也是理解数字货币和数字资产可编程性的关键。除了密码学上的应用，哈希时间锁的核心是序贯博弈。多个哈希时间锁可以组成多跳支付，是比特币闪电网络支付通道的基础，也在用央行数字货币进行跨境支付方面有广泛应用，被很多中央银行所关注。

哈希时间锁针对的问题很简单：假设艾丽斯要向鲍勃付 0.5 BTC，但她与鲍勃之间没有直接的支付通道，需要通过第三人卡罗尔中转。艾丽斯如果先把钱给卡罗尔，她会担心卡罗尔是否会"截流"资金而非转给鲍勃。但卡罗尔如果先把钱垫付给鲍勃，他也会担心艾丽斯是否会认账。

对于这个问题，只靠技术是没办法解决的。只靠机制设计尽管可以解决这个问题，但成本会非常高。例如，如果卡罗尔"截流"，或者如果艾丽斯不认账，他们就会上一个惩戒性质的黑名单。但是在实际操作中想要达到目的，还是需要成本和时间来解决的。

区块链在融合技术与机制设计方面有很多值得尝试的创新。这源于区块链的双重属性：既有技术属性，又有经济和治理属性。区块链应用不是一个单纯的技术问题。分布式网络、分布式计算、非对称加密和哈希算法等比特币基础技术，在中本聪写比特币白皮书之前就已经被发明出来了。在中本聪之前有不少人试图用这些技术来设计数字货币，但都没有取得实质性进展。直到中本聪引入博弈论设计，用经济机制设计把这些技术有机拼在一起，才使数字货币成为可能。在围绕以太坊 2.0 的讨论中，有很多核心问题也属于博弈论和资产定价的范畴。

（5）**发挥数字货币和数字资产可编程性**。价值结算伴随着资源配置进行，而大部分资源配置是在不确定的情况下，在时间和空间两个维度下进行的。因此，区块链要成为大规模价值结算协议，必须理解与区块链有关的货币和金融形态，也就是基于区块链 Token 模式的数字货币和数字资产。数字货币和数字资产与传统形式货币和资产的一个关键区别是可编程性。基于区块链脚本语言的数字货币，其价值体现在多重签名、哈希时间锁和智能合约等。可编程性既是区块链应用于金融的基础，更使基于区块链对多方协作进行自动化价值计量、价值分配和价值结算成为可能。

2. 区块链在金融交易中的应用问题

证监会科技监管局局长姚前在《法定数字货币对现行货币体质的优化及其发行设计》中，讨论了央行数字货币的可编程性，提出通过前瞻条件触发设计，让央行数字货币解决传导机制不畅、逆周期调控困难、货币"脱实向虚"和政策沟通不足等传统货币政策困境。同时他还提出了时点条件触发、流向主体条件触发、信贷利率条件触发和经济状态条件触发等创新设计。

我们得知数字资产有两种类型：

第一种是原生于区块链的加密资产，这一类加密资产有以下特征：一是加密资产发行由算法决定，与现实世界的资产或信用无关；二是加密资产用途由人为赋予，可以作为支付工具购买一般商品或服务，也可以作为凭证兑换某些特定商品或服务，还可以代表特定场景下的收益权或特定社区治理权，并依次分为支付型、证券型和功能型三类。其中，支付型加密资产的代表是比特币。功能型加密资产的发行在很多场合与商品或服务的预售联系在一起，是项目方为自己将要提供的商品或服务筹资。证券型加密资产属于证券监管范畴，发行和交易都要遵守所在国的证券法，其判定标准以美国证券交易委员会的豪威测试为代表。

第二种数字资产是现实世界资产（如证券）的 Token 凭证。把现实中的资产价值和凭证价值联系起来，同时发挥区块链的交易即结算和可编程性等特点。这种数字资产在经济逻辑上与稳定币类似，只是后者挂钩法定货币或法定货币篮子，前者可以挂钩证券、实物资产甚至是隐私数据的使用权。这种数字资产的经济合理性在于：一是可能把非流动性资产切割成可以流通转让的标准化份额，提高市场流动性。但这需要在金融监管框架下运行，特别是遵守投资者适当性规则。二是在挂钩证券时的可能。2017 年，国际清算银行支付和市场基础设施委员会发布研究报告《支付、清算和结算中的分布式账本技术：一个分析框架》。针对这个版块最重要的发现是：区块链用于金融交易后处理，只有配合央行数字货币时，才能实现自动实时的券款对付（DVP）和监控资金流向等功能，否则区块链的改进作用并不大。

4.17 如何从 2008 年美国次贷危机看 DeFi 的发展以及行业走向

1. 美国次贷危机的背景

2000 年，美国政府为了对抗互联网泡沫以及"911"事件带来的严重经济衰退，开始大幅调节利率。甚至到 2003 年，时任美国总统小布什颁布了一整套居者有其屋计划，这套计划的实施让美联储基金利率直接降到仅剩 1%。随后，小布什发现美国的中低收入群体在这种低利率下也买不起房，于是为了鼓励这些没有钱买房的人买房，小布什要求国会通过相关法案来实现向低资质群体提供贷款。这种向低信用群体提供的贷款实际上就是次级贷款。次级贷款的出现，让美国人开始大量购置房屋来满足自己的住房需求，美国人均负债比例也就不断扩大。

2000 年，美国人的总体负债总数为 4600 亿美元，仅仅过了两年这个数字就飙升到了 2.8 万亿美元，大量便宜资金涌入美国的房地产市场，房子的价格也就开始了进一步的猛增。2000 年到 2006 年期间，美国的平均房价就上涨了 65%，所以从理论上来说即使贷款者付不起贷款，他们也可以卖出手里的房子来平均负债，但是就在美国政府认为经济完全不会出现问题时，一场自 20 世纪 30 年代大萧条以来，最严重的经济危机出现了。在这场危机中，雷曼银行轰然倒地，美国最大的保险公司 AIG 也只能在政府 1500 亿美元的巨额援助下才得以最终避免自己宣布破产，而这场危机正是这些次级贷款所引起的。当时的次级贷款主要存在于住房按揭贷款中，正常来说，这种住房按揭贷款是银行通过吸纳普通人的闲置资金，然后再把这些资金以贷款的方式借出，银行从中赚取一定的利差。

当然，银行在收取利息的时候也需要承担相应的风险，例如，贷款人自身经济情况严重恶化支付不起贷款，银行就会出现损失，所以银行在放款的时候通常会对贷款人的还款能力进行评估。但是现在次级贷款出现，银行为了规避风险不得不实施一种新的金融创新，也就是把手里持有的住房按揭贷款打包成证券再卖出去，快速回笼一定的资金。

当然这种打包证券的方式并不是 2000 年以后才出现的，早在 1938 年美国总统罗斯福在位期间就设计出了这种能快速帮银行回笼资金的一系列改革手段，并且在几乎同一年时间里，成立了一家名为房利美的住房按揭贷款公司，这家公司由政府资助专门回收住房按揭贷款，以加速银行的资金运转效率。此后，为了进一步加速资金回笼，美国又在 1970 年成立了房利曼公司，和房利美公司一起回收这些住房按揭贷款。

简单来说，房利美公司并不直接向贷款者购买贷款，而是把经过美国住房管理局盖章认证以后的贷款回收到自己这里，然后再自己回收这些放出去的贷款。这种模式在一开始有监管的情况下无疑是十分成功的。

银行愿意把钱贷给买房者，买房者愿意拿未来的钱买房，甚至房利美公司的这种模式在第二次世界大战以后衍生出了一种老兵住房补助计划，帮助退伍军人在美国迅速落户。之后，这两家公司手里的债权越来越多，于是他们也开始要把自己手里的债权抛出去实现进一步的风险转移，最后在一家名为吉尼美的公司那里房利美公司找到了答案。这家名为吉尼美的公司同样是由美国政府资助的贷款公司，它会向银行大量收购债权，并且把这些债权打包成一个金融产品，再出售给世界各地的投资者们，这种打包后的金融产品就是房屋抵押支持证券，房利美公司看到这种模式以后立刻开始相应地学习起来。

在 1983 年以后，房利美公司和房利曼公司来时大量发行这种证券，根据统计，2003 年发行的房屋抵押支持证券中，房利美和房利曼两家公司发行的房屋抵押证券就超过了全美的 57%，这些房屋抵押证券为房利美和房利曼两家公司带来了超过全美其他银行的回报率。在当时，美国其他银行的利率仅仅只有 14%，而房利美公司的回报率却超出了 39%，房利曼公司也有 26% 的回报。

在两房获得高额回报的时候，其他的商业银行也看到了它的前景并且迅速加入其中，这里面就有雷曼兄弟、高盛、摩根士丹这样的华尔街投资银行。这些竞争对手加入到市场以后就会发现，在市场上的优质债权已经被两房控制，为了扩大自己的利益，雷曼兄弟这样的公司就会把一些并不是很优质的贷款同样打包成相似的证券。为了减少风险，他们还对持有的证券进行了分层。简单来说，当债务发生违约时，这些发生违约的债务会被从下往上逐渐吸收，层层嵌套，只要某一层的下面有足够多的保护层时，就可以把它看做是无风险的理财产品。判定哪一层是绝对安全的理财产品就需要用到穆迪、标准普尔以及惠誉国际这三家评级机构，这三家评级机构会把不受到损失的证券评定为 3A 级。

经过评定后的证券就是和国债一样安全的金融理财产品，然后这些 3A 级的理财产品就会被国家养老基金、退休基金这样的保守投资者购买，这样一来整个证券才实现了最终的闭环。

但是，在评估的过程中每一家评估公司给出的报告都是不一样的，同样的证券送到穆迪那里被评定为 30% 安全，到标准普尔那里这个数额就会变成 55%，惠誉国际有可能就评定为 75% 安全。

于是，三方之间由于评定标准的不同，在无形中出现了竞争，三家公司为了拿到更多的单就必须对自己的评定做一点人为的微调。甚至为了迎合投资银行想把手里次级证券发售出去的想法，他们还拿出了一种新的模式，就是把 3A 以下的证券再混合到下一次的证券中，再评定成 3A 级证券，这样无形中所有等级的理财产品就都变成了 3A 级产品。

现在能看到，这种结构化理财产品是有巨大风险在里面的，高盛这些公司确实也发现了其中的风险，于是他们决定给这些理财产品买一份保险，这份保险就是信用违约互换，贩卖这份保险的就是美国最大的保险公司 AIG。高盛们认为，有了 AIG 的承保以后，就算债务发生了违约，AIG 也有足够的备用资金来解决这些问题。但是他们却忽略掉了一点，这些经过层层筛选的债务在外人看来是非常优质的，在 AIG 看来也是。所以，AIG 并没有和往常一样为这些债权准备风险保证金，一般来说，每购买一份保险，保险公司都要给受保人准备一份保险准备金来防止随时有人会兑保。但是 AIG 很信任这些第三方评级机构和高盛，于是他根本就没有准备任何的资金来应对保险不能被兑换的情况。AIG 没有准备资金的另一个原因是由于美国的房价，当时美国的房价一直都很高，AIG 认为当时美国的房价根本不可能出现下跌，即使出现了违约，购房者同样可以通过卖掉房子来处理这一部分债务。但是，就在所有人都没有注意到的时候，一场从美国房市开始的金融风暴正在悄悄蔓延。

由于银行回笼资金的速度过快，银行开始把贷款发放给了那些完全没有还款能力的人，这些人也被称为次级贷款人。次级贷款在美国贷款总额中很快从2003年的8%猛增到了20%，而这些次级贷款利还有70%是浮动利率的。他们在买房子的时候会发现自己买房十分便宜，但是时间一长这些贷款的利率就会逐渐增高，很多人一觉醒来发现自己根本还不起这些房贷，于是开始想办法抛售手里的房子。抛售的人越来越多，大家就会发现即使自己卖掉房子也没办法偿还贷款，这个时候很多人就会直接选择不还。房价下降，银行收回这些房屋以后也没办法弥补自己的损失，这些损失最终就会被那些以为自己买了保守理财产品的退休基金来承担。退休基金看到风险以后，也会开始紧急避险，不再购买相应的理财产品，这些理财产品的持有人还会向AIG申请理赔，可是当这些投资者找到AIG的时候就会发现，AIG根本就没有准备任何的准备金。

这些危险的证券产品到这里还没有结束，在房子暴雷以后，房利美和房利曼两家公司发现自己手里的优质资产也开始变成了有毒的次级贷款，这使得两房到了破产的边缘，AIG为了偿还这部分人的保金直接被掏空，雷曼兄弟紧接着也因为损失过大而宣布破产。这场次贷危机最终导致2600万美国人失业，400万家庭流离失所，11万亿美元的财富蒸发。

2. 从美国次贷危机引发的思考

回顾这场次贷发生的主要原因，可以看到真正在里面作祟的除了不严谨的第三方验证以外，更重要的原因在于其中资产证券化和担保债务凭证的设计逻辑本身有严重的漏洞。次贷危机中的资产证券化被称为MBS，不难看出这种资产证券化的基本结构就是把贷出的房屋抵押贷款中符合一定条件的贷款集中起来，形成一个抵押贷款的打包合，利用这种集合体定期发生本金和利息的现金流来发行证券，并且由政府机构或者政府背景的金融机构来对证券进行担保。

在资产证券化以后，实行证券化的一方还把它们变成了担保债务凭证，也就是所谓的CDO，这是一种以抵押债务为基础，基于各种资产证券化的技术，对债券、贷款等资产进行结构上的重组，重新得到分割投资回报和风险，来满足不同投资者的需要。在传统的固定收益机构化产品中，风险和回报是可以通过交易的设计来完成的，越上层的支持抵押债券就越难受到违约风险，风险越低，回报就越低。

如果把这种理财产品的设计换个角度来看，就很容易发现，其实整个生态站在另一个角度上来看，层层嵌套实际上就是不断累加的杠杆。而杠杆本身就有很强的顺周期性，在房价上涨的时候整个业务就会蓬勃发展，抵押物越值钱，MBS（抵押支持债券）也越值钱，杠杆工具CDO也就更加值钱。但是，这种风险是流动性的。房价一旦下滑，流动性风险爆发，持有大量综合CDO的雷曼兄弟公司就会第一个倒闭，最后引发次贷危机。目前，这种CDO在市场上已经消失，但是MBS对资产结构化有很强的现实意义，所以它依然活跃在市场的其他地方。

3.DeFi的产生

既然次贷危机是因为这种CDO的滥用才导致的，很多人就开始思考如何通过技术的方法来解决它的问题。这个时候DeFi就出现了。值得注意的是，DeFi虽然被大家称为分布式金融，但是并不能说分布式金融就是DeFi，只能说DeFi是分布式金融里的一个应用。DeFi作为去中心化协议，本质上都是债券合约和权益合约的组合。

首先，DeFi解决了过往第三方评估机构会出现的作弊行为，用区块链代码实现了一个去信任环境。参与到DeFi的地址本质上是匿名的，这就意味着参与到DeFi的人的外部身份和信誉机制之间没有必然的联系。主流的信用评估方式在这里面都是失效的，在DeFi里的信用风险管理高度依赖于超额抵押。超额抵押，顾名思义，就是在DeFi里的抵押物的总体价值要超过兑换物的价值，用这种超额抵押有效避免了第三方评级机构作弊的可能。

其次，在DeFi中最重要的就是要理解债权合约。如果把每个DeFi项目都看成是一个结构化产品，那么设计协议就是在设计一个结构化产品的交易结构，而平台币在这里要做的就是通过社区化方法调整这个结构化产品的核心参数，或者成为权益凭证来获取未来现金流。

最后，在DeFi生态里债权合约就是借贷、杠杆和衍生品的基础，债权合约的设计让数字资产的时间价值能够以浮动利率的债权形态出现。在这里，超额抵押就成了实现债权合约的价值基础，它能帮助投资者了解抵押物的市场风险和存在的机会，解决了过去投资者由于看不清市场风险错把高风险产品当作保守型产品购入的风险。从基础技术能力上来看，DeFi 和传统金融基础设施或者金融产品之间有很多不同。最显而易见的不同就是，它基于通证化资产和区块链技术，能够实现平等、高效、透明、高可信的金融服务。另外，得益于智能合约的应用，DeFi 的合约实现了自动执行，因此它是高度平等、可信的。但也正是因为区块链技术，DeFi 系统的执行效率、延时等会扩展风险敞口，甚至会出现连锁自动锁仓的踩踏事件，系统性能提高、共识性风险控制机制导入刻不容缓。

DeFi 产品具备仿若基础技术的能力：

（1）**资产发行技术的能力**。目前，以太坊因为具备 ERC-20 资产发行技术能力，在 DeFi 的占比达到 95% 左右。其他 DeFi 产品想要赶上，至少要先解决资产跨链导入技术能力，这些技术包括但不限于：公证人机制、侧链 /中继机制、哈希锁定等，并且积极导入 MPC 应用场景。

（2）**基于智能合约的借贷、资金管理、券商、交易所、保险服务生态**。由于 DeFi 协议的本质是债权合约和权益合约，那么它的设计就必须符合协议的合理性，并且还需要满足经济学效应。

（3）**用户熟悉的生态入口**。也就是常用的浏览器或者 App。生态入口决定了用户的使用体验，没有体验感用户不知道技术的好坏，就不能从可视化产品中判断出来。

（4）**预言机的建设**。预言机是区块链智能合约与外部世界交互的接口，可以查找和验证真实世界的数据，并以加密的方式将信息提交给智能合约使用，所以预言机对于 DeFi 来说至关重要。

DeFi 演化的三个阶段如下：

（1）**提供基础模块的服务**。基础模块服务主要有以下几类：发行类、借贷质押支付类和支持基础 DeFi 协议标准及生态类。其中，发行类又包括资产创建、资产跨链导入、流动性挖矿等。

（2）**提供金融服务**。主要包括资产管理类，也就是用户在使用 DeFi 服务时所需要用到的各种工具、钱包等；交易类，主要是流动性促进、信用交易等券商服务；固定收益类及衍生品交易。

（3）**形成自我生态的完善**。这时的 DeFi 已经具备了风险对冲入场，可以实现可靠可信的咨询数据聚合服务。

综上所述，虽然 DeFi 还处于项目发展的早期，但是未来 DeFi 有可能构建出规模超过万亿美元级的数据交易市场。Token 将承担数据交易流通市场中最主要的工具，这是未来金融基础设施的重要场景。同时，Token 还会用于加强区块链内经济活动与区块链支持的经济活动之间的耦合关系，让公链上的 DeFi 场景有更多高质量的质押资产，在 DeFi 基础设施搭建的第一阶段完成后，将会出现更具创新的 DeFi 生态。

4.18　DeFi 构建的去中心化货币市场是什么

1. 去中心化货币市场出现的意义

一个健康的市场最根本的作用是盘活闲置资本，人们通过贷款扩张商业规模，或者出借手中资产获取利益。这样就催生出了货币市场，为借款人和贷款人提供流动性平台，这种模式在过去的几百年里产生了巨大的经济价值。

虽然货币市场经过了不同的发展，但是它们的底层设计和目标从来都没有变过。贷款人可以在货币市场用另一种货币或者资产作为抵押，获得自己需要的货币。一旦贷款人无法偿还债务，则对抵押物进行清算，以偿还给借款人。如果贷款人按时偿还债务，则退还抵押物。贷款人向借款人借入资金，需要支付一笔费用，通常这部分的费用会以年利率的形式来支付，这种模式会为借款人产生收益，并且激励其提供流动性。利率通常需要看供需关系而定，目的是为了保障借款人和贷款人都有充足的流动性。如果供大于求，则利率降低；如果供不应求，则利率升高。货币市场的利率是决定其竞争力的重要因素，除此之外，还有贷款抵押率等因素。

在 DeFi 生态出现以后，用户可以在去中心化货币市场协议中借入或借出区块链加密资产和其他通证化资产。任何人只要在网上就可以参与其中，没有门槛。然而，要想真正了解去中心化货币市场的价值，我们必须探究它对传统借贷平台所带来的价值。

过去几百年以来，传统货币市场一直都为全球经济带来了积极正面的影响，扩张商业规模以及民众的储蓄规模。然而，传统货币市场通常采用了中心化模式，中心化机构拥有巨大的权利和影响力，可以掌控用户资金的配置和流向。这个模式不仅提升了借贷成本，还需要借贷双方无条件地信任中间方。

为了打破上述限制，开发者开始利用区块链智能合约技术，打造出去中心化的货币市场，在高度去中心化的全球节点网络中运行合约代码。去中心化货币市场无需中心化机构负责运行，而是基于区块链上的代码自动执行，代码由遍布全球的利益相关方进行更新和管理，将管控去中心化，并消除单点故障。

去中心化货币市场会为消费者带来以下几点主要好处。

（1）无须托管。去中心化的货币市场摆脱了传统的托管模式。在传统模式中，借贷双方托管的资金只能由他们本人取出。去中心化货币市场中无需中心化机构配置资金，而是遵循链上智能合约预定义的代码逻辑，保障资金合理配置，并且用户可以全权决定取出资金的时间和方式。

（2）无须许可。去中心化货币市场通过智能合约技术，可以实现无须许可的运行模式，用户不用获得中心化网络管理员的许可。因此，任何人只要能连接到互联网，都可以赚取收益或借到资金，并尽可能在过程中避免摩擦。这种抗审查性可以将货币市场覆盖更多潜在用户，其中包括无法被银行服务覆盖的用户群体，因此可以盘活经济并提高收益。

（3）超额抵押。在传统金融系统中往往充斥着抵押不足和储备金不足的风险，用户的贷款价值往往高于抵押品的价值。而去中心化货币市场中则可以实现超额抵押。在去中心化货币市场中，贷款人的抵押品价值高于实际贷款金额，如果无法偿还贷款，只需清算其抵押物即可，这一点充分保障了借款人的安全。

（4）开放性和模块化程度高。去中心化货币市场等采用了智能合约技术的金融应用拥有一个独特的优势，那就是可以将存入的资金变成通证。这些通证化的资产与标的资产挂钩，并可生成利息。通证还可以用于 DeFi 生态中的其他应用。这个概念就是"模块化"，可以催生出更多更高级的应用。

综上所述，去中心化货币市场成为了 DeFi 经济中除了去中心化交易所和稳定币以外最主流的应用之一。

2. 喂价对去中心化货币市场的意义

然而，去中心化货币市场要正常运行，不仅需要区块链智能合约代码逻辑，还需要接入另一个核心的基础架构，也就是"喂价"。喂价对去中心化货币市场有很重要的意义。为了保障超额抵押并消除贷款者无力偿还贷款的风险，去中心化货币市场需要为平台上每类资产接入实时的价格数据，并基于这些数据决定何时清算贷款人的抵押物来偿还贷款。例如当抵押物价值下降或贷款价值上升时进行清算。

然而，由于区块链存在"预言机问题"，智能合约本身无法连接至价格数据等链下数据源，因此必须接入预言机来传递链下数据。如果去中心化货币市场接入的预言机网络不够安全，提供的数据质量不佳，那么用户资金将面临巨大风险。

举个例子，如果价格预言机的喂价低于市场价格，贷款人将以错误的价格被清算；如果价格预言机高于市场价格，将会出现抵押不足的危险状况。由于清算机制是去中心化货币市场中最重要的一环，因此必须要接入非常安全的预言机网络，以获取准确客观的喂价。

接入市场的去中心化预言机解决方案需要在运营商和数据源层面都实现去中心化，因此消除了单点故障。另外，还需要建立安全机制保障数据质量，因此数据无法被操纵或篡改。除此以外，这些去中心化预言机还需要接入多个专业的数据聚合商，追踪所有交易平台的价格数据，并考虑交易量、流动性和时差等各种因素，充分保障了喂价的市场覆盖。

总的来说，去中心化货币市场为 DeFi 生态带来了至关重要的价值，并催生出了高级的金融产品。借贷平台一旦与其他 DeFi "货币乐高"结合在一起，将如虎添翼，实现更大的协同效应。随着去中心化货币市场的不断扩张，不仅市场中的流动性会水涨船高，为用户带来更多功能和价值，还将推动 DeFi 领域的创新，解决传统经济中不确定性较高的问题。

4.19 为什么 NFT 能震动艺品市场

1. 从艺术品的拍卖引出 NFT 的认知

2021 年 3 月，艺术品市场发生了一件很值得关注的大事件。全球顶级拍卖行佳士得在网上举办了首次数字艺术品拍卖，拍卖的是美国平面设计师比普尔的一幅作品——《每一天：前 5000 天》。这是一张巨幅数字拼贴画，第一眼看上去密密麻麻，仿佛整幅画被打上了马赛克一样。但实际上，这幅拼贴画并不简单，作者比普尔耗时 13 年，坚持每天创作一幅画，最终用 5000 幅图像拼成了一张。也就是说，这幅画中的每一块，每一个小小的格子都是比普尔过去的一幅完整画像。那么，为什么这次拍卖会引人关注呢？

首先，这是国际顶级拍卖行第一次拍卖数字艺术作品，具有标志性意义，而且价格也非常惊人，这幅作品的最终成交价甚至达到了 6928 万美元，约合人民币 4.5 亿元！这样的价格是其他数字市场交易无法比拟的，同时这样的价格也非常让人奇怪，过去的数字艺术品很少能被拿来拍卖，因为它本身没有实体，在网上很容易就会被传播和复制，根本不存在什么稀缺性。

在种种条件的约束下，它就不能做到传统绘画艺术品那样在市场上交易流通，更别说传承有序了。既然互联网上的艺术品不具备稀缺性，那为什么比普尔的作品又能进入拍卖渠道，而且还拍了高价呢？

其中关键就在于这两年刚刚出现的颠覆性技术——NFT。什么是 NFT？《时代周刊》上有一篇针对 NFT 的深度报道。文章指出，NFT 的出现正在撼动整个艺术品市场，现在 NFT 作品在拍卖行拍出 4.5 亿美元的新闻也就不足为奇了。

NFT 的全称为 Non-Fungible Token，即非同质化代币，它是一种运用区块链技术的加密货币，更像是数字世界代表所有权的一种方式。为进一步了解 NFT，首先要知道"同质化代币"和"非同质化代币"的区别。

同质化代币是一种可以互相代替、能够接近无限拆分的代币。简单举个例子，假如一个人手里有一张 10 元纸币，另一个人手里也有一张 10 元纸币，它们的价值是相同的，可以互换，双方没有损失也没有不良影响。这两张纸币可以互相代替，甚至可以说所有相同面值的纸币都可以互换，同时还能换成一些更小数额的纸币，这就是同质化。在区块链中，比特币和以太币也是同质化的，同种类的一个比特币和另一个比特币没有任何区别，规格相同，价值相同，可以互换，只需要统一代币的交易数量即可。

但非同质化代币不一样，它是区块链技术的一种创新，强调了事物的不可替代性。非同质化的事物都有自己独特的基因信息。就拿同一场演唱会的门票来说，这些门票虽然通向的结果都是可以欣赏到同一场演唱会，但是门票上面的座位号是不同的，每张门票都是独特的个体，门票承载的座位信息相异且唯一，并且还拥有了既定的主人，就像是给每一张门票盖上了独有的印章，造成了事物之间的非同质化关系。

NFT 包含了记录在其智能合约中的识别信息，这些信息让每一个代币具有唯一性，不能一比一替换，它采用的是 ERC-721 协议。通过该协议，可以解决唯一性资产确权的问题，包括所有交易过程、资产归属权的流通记录等都是带着时间戳记录在链上，都可追溯并且不可篡改。通俗点讲，如果只是普通的图像被几经盗用，在互联网上泛滥，那么很难再找到原作者；但是转变为 NFT 的图像后，它将原始作者和每一任交易对象都记录在区块链上，能够轻松确认所有权，完全不受泛滥的复制图像所影响。

数字资产就像是现实世界的物理资产在区块链上的映射，通过非同质化协议让数字资产成为非同质化代币，用来代表那些具备唯一价值不能替代的事物，一份房产合同是一个 NFT，一幅画是一个 NFT，一个知识产权也是一个 NFT。

NFT 还具备不可分割性，同质化的比特币可以分割出 0.1 枚比特币、0.01 枚比特币，甚至更小的单位，但是 NFT 不行，一幅画不能分成两半，一张门票也不能分割成几份。为 NFT 提供价值支撑的不仅是其代表的数字资产本身，更是 NFT 能够提供的所有权凭证，以及该凭证的可溯源性与防伪性。

2.NFT技术为不同行业带来的好处

由于以上这些特性，NFT 技术一出现就受到了数字艺术家的关注。这些特性为他们解决了过去自己的作品在互联网上被大量复制和传播甚至被伪造和篡改的问题，艺术品终于恢复到传统世界里独一无二的"原版"。原版带来了稀缺性，数字艺术品就有资格像传统艺术品一样，进入流通渠道了。如今还有更多的艺术家们正在把自己的作品放到 NFT 交易平台上，结果也卖得特别好。例如之前网上的彩虹猫动图，2021 年 2 月，它的创始人就把这个表情包的 NFT 挂到了商品数字交易所上，最终以 58 万的价格售出。

当然，NFT 带来的好处不仅仅是艺术家独有的，明星艺人们同样也能进入这个领域。NBA 球星勒布朗·詹姆斯以 10 万美元的价格卖掉了自己在湖人比赛的视频；美国摇滚乐队莱昂国王的音乐也在 NFT 上卖出了 200 万美元……从数据化来看，仅仅一个月中，全球的 NFT 艺术品交易额就超过了 2 亿美元。总的来看，NFT 目前的市场规模与三年前相比翻了 7 倍。NFT 市场正式进入爆炸性增长时期。

导致 NFT 火爆程度的几个原因如下：

（1）**NFT 创造了稀缺性**。稀缺性带来了收藏价值，一旦一件艺术品有了唯一原版，那人们就会对它产生收藏的欲望。就像一本书，发行几十万本，但其中有一本是作者钦定的"全球首本"，扉页上有作者的亲笔签名，独一无二，那就一定会有人愿意出高价去购买这本带有签名的书。这种独一无二本来就会有吸引力。

（2）**知识产权法的普及让人们对数字商品付费的习惯已经成熟**。可以看到，很多人在网络游戏上投入了大量的金钱。在虚拟世界有购买欲望的人，当他们花钱购买虚拟数字资产的时候，心理障碍就会小很多。

（3）**NFT 上的交易能创造更大的利润空间**。《时代周刊》里以梅佳德购买艺术品的案例做了分析，梅佳德之前一直都是买卖比特币赚钱的投资者，他在接触 NFT 以后多次重复出手自己手里的电子作品，每次都能获得巨大的获利空间。

除了投资价值以外，NFT 还有一点值得关注，就是它革新了传统艺术领域的交易模式。

一直以来，艺术家出售作品只能赚一次钱，如果作品再卖一次，哪怕以十倍价格卖出，也和艺术家本人没有关系。可是，NFT 改变了这个局面。艺术家在 NFT 上销售作品，当他的作品第二次销售的时候，他同样能继续获得收益。伦敦艺术家本杰明·真蒂利有一句话说：NFT 是自文艺复兴和印刷业以来最大的一次关于艺术品权益的调整，让它有机会重新回到艺术家身边。

区块链给了 NFT 赋予艺术品稀缺性的机会，可以说这是区块链镜像世界的一个关键步骤，让价值在网络上可以被更好地传播，或许在未来可以看到所有值得传播的价值都能通过 NFT 转变成可供交易的数字资产。

4.20　Web 3.0，区块链赋能以后会有什么新机遇

1.Web 2.0的初步认知

2020年12月，推特CEO杰克·多西在宣扬去中心化社交媒体标准的时候表示：区块链和比特币是未来，在它们的世界中，内容保存在连接到网络的节点中，内容能够得到永久保存而且不会丢失。在杰克·多西发表观点的第二周，欧盟宣布将推出数字服务法的相关条例，让大的互联网数据公司主动交出一部分数据提供给他们的小型竞争对手。欧盟并不是第一个用行政权强制执行数据反垄断的，基本上互联网基础比较雄厚的国家都对数据反垄断采取了相关措施。但是这些反垄断的法案只能治标不能治本，因为真正造成数据垄断的，是我们赖以存在的Web 2.0应用。

Web 2.0的结构是完全中心化的，少部分人占有了网络信息的提供权，为了达到自己的目的制造大量虚假新闻，无论是虚假新闻的泛滥还是数据隐私的泄露，现如今都是没有办法避免的问题。更麻烦的是，我们每天还都会面临数据丢失的问题。虽然我们每天生产了大量数据，但是真正被利用到的仅仅只有7%，而且未来这个比例还会下降，据统计，五年后数据的实际利用率仅剩5%。因此，一种新型的互联网传输方式解决这些问题就成了重中之重的问题。

2.Web 3.0的初步认知

想象一下，如果有一天我们不仅在网上可以获取到最精准的信息，还能根据自己的一段视频、一段声音搜索到更符合我们兴趣偏好的内容，那会是怎样的一种景象呢？互联网的这种升级恰恰就是Web 3.0的结果，但是Web 3.0究竟是什么？它有哪些优点？这种改变又能为我们带来哪些价值呢？

Web 3.0是互联网发展过程中的一个新阶段，和现在的Web 2.0相比，Web 3.0更加开放，同时无需信任、无需许可。Web 3.0的愿景是要让互联网的所有应用、数据完全可以验证。增加了验证能力以后，银行和大型科技公司这样的中心化机构，在存储和使用用户的数据前必须要证明自己在使用用

户的数据时是正向而且安全的，绝对不能拿用户的数据来作恶。

Web 3.0 就是要把可验证性引入网络，Web 3.0 和 Web 2.0 之间最大的区别就是未来数据将以去中心化的方式连接，这样的改变对比 Web 2.0 来说是数据存储方式和管理方式上的一个巨大飞跃。得益于开发者社区，Web 3.0 能保证开放性的同时为用户提供更专业的价值。开发者们会在网络中提供开源软件，这些软件的运行过程也是公开透明的，人人可以参与和使用。同时，Web 3.0 采用去中心化的结构，用户和服务商都可以自由参与和退出网络，无需任何权威部门的提前许可。所有参与者都可以选择公开或者私密交易，任何可信的第三方都没办法介入双方的交易。从现在的技术发展过程来看，实现 Web 3.0 主要依赖区块链、人工智能和边缘计算这三大核心技术。其中，区块链在 Web 3.0 中是构筑去中心数据网络的核心技术。它能确保这一网络中没有第三方中间机构的参与，从而让数据生产方在不需要牺牲数据主权和隐私安全的前提下实现数据交易。

过去，Web 2.0 中的数据通常存储在数据中心里，区块链的加入让数据中心被扩展到边缘，数据的存储、管理等权限甚至会被直接归还到用户手中。每天，计算机、手机、家用计算机等终端设备都会产生海量的数据，但是这些数据如果在 Web 2.0 的结构里是很难创造巨大价值的。

今天的人工智能和机器学习能让数据进行比较精准的分析，并基于这些分析给出切实有效的预判。尤其是在人工智能的认知分析能力和区块链的可信数据交换结合以后，有望真正实现数据的精准推送、智能天气预报等更有价值的应用。

Web 3.0 出现以后会对人们的生活带来很大的变化。任何人、公司都可以在没有信任的环境里直接在全球范围内和陌生人甚至是缺乏信任的一方展开合作，传递信息。在这个过程中，Web 3.0 其实就是在弱化合作过程中对信任的需求。在区块链这个信任机器的加持下，Web 3.0 中的信任不再需要用到可信第三方，而是用去中心化网络机制本身。没有第三方就不存在手续费，去掉手续费就降低了跨国交易的门槛，任何人都可以在家里和任何终端之间实现交互。这样的转变能为现有组织和商业模式带来颠覆性的变化，催生出去中心化的自组织和数据交易市场。去除手续费的本质其实是去掉了那些以收取手续费为生的机构，去掉这些公司以后，社会各行各业的工作效率将会明显提升，更多价值会回归到用户和从业者手中。用户也将直接掌握个人数据和在网络上留下的数字痕迹，真正做到自己的数据自己做主。

总的来看，Web 3.0 是一个去中心化的网络环境，能为社会效率的提高带来很多颠覆性的商业模式。这个去中心化的网络环境是区块链技术整合了密码学、点对点网络、共识机制、智能合约等基础技术元素，形成了一种新的数据记录、传递、存储和呈现的方式，在技术层面区块链构建了无需信任、多方协作的去中心化基础设施。

附录

全球化2.0是在分布式经济状态下进行的

1. 全球化模式下的区块链的未来性

就人类发展进程而言，全球化无疑是最重要的事件之一，尤其是 20 世纪后期跨国公司和文化的大融合，为全球文明之间的去摩擦化做出了重要贡献。虽然到目前为止，我们没有办法对全球化的概念以及它发生的原因做出任何有效的分类和判断，但是以欧文·拉兹洛为主的现代有机哲学家们却提出了相对中肯的总结，他们认为，全球化的进程跟通信技术的发展有很大的关系，人类的沟通方式变得越容易，全球化的速度就会越快。

这一点表现在互联网时代就是社交媒体的作用，今天任何一个国家的任何一个社交软件都不是封闭的，在任何一个软件上都会活跃着至少数十个国家的人群，社交媒体让全球沟通摩擦逐渐变小，但也暴露出了问题，从另一个角度来看，它并不是穿透式的，仍然存在空间问题。

从电子通信的公司全球化到如今的个人全球化，时代的这一段发展给了我们答案，也提出了需要我们继续思考的问题：我们如何才能穿透空间，做到真正的全球化，让人与人的沟通能真正跨越国家的边界，让我们的个人贸易更加宽阔，甚至我们还需要跨国界实现个人商业活动的全球化，而这个问题的背后是陌生人之间所不能规避的信任问题。

去信任化一直都是商业活动在探讨的重中之重，也是区块链一直以来需要解决的问题。如今数据的流通已经发展到一定的程度，大量的数据在流通中出现了对价值跨时空转移的需求，这也使得很多商业活动的金融支付需求是随时随地随身随需的。不能场景化虚拟化地提供满足需求的支付清算服务，就会被市场所淘汰。这其中最好的案例就是 NFC 技术近距离场景支付的常态化和互联网公司所支持的扫码支付之间的不同点。

现在我们的手机拿出来只要相互之间碰一碰就会出现提示双方支付，这就是支付流通化带来的巨大变化，这并不仅仅使支付过程变得更加简单，更提高了人与人之间的支付意愿，也正是因为如此，新技术带来的新生活需求、商业需求、金融需求，必须用分布式、去中心的方法才能满足。人们必须在可信的状态下完成所有商业活动，否则就无法解决任何已经出现的交易摩擦问题。如果不解决相应的问题，我们就没办法实现这种新的全球化模式。

根据最新数据统计，美国大概有34%的人做零工，不隶属于任何的企业，也不被任何人雇佣，而是通过互联网在为大家提供服务。这其实就是一种新的工作机制，未来我们也会走向这样的发展模式，即零工经济和共享经济。

零工经济最好的薪酬计算办法是按时间付费。如果能把区块链劳动报酬的机制很好地利用起来，那么零工经济就可以在全球实现。所以现在看来，区块链的区块奖励无论是10分钟奖励一次还是1秒钟奖励一次，实际上都是在为这10分钟或者1秒钟里，为区块链做了工作的人支付了报酬。

有了区块链作为基础，那么未来我们就可以跨国际实现雇佣关系，再加上数字货币的通用化，未来我们就可以实现在非发达国家雇佣员工为经济较好的国家劳动生产，减小全球贫富差距。未来的共享经济也是一样，如今的共享单车等业务都属于公司的租赁服务，但是要想实现点对点的服务就必须要用到区块链，因为只有基于区块链的计算方式才能解决薪酬计算，实现智能合约的发展。

显然，要想实现全球化进程的进一步推进，将全球范围的数字化生活方式融入零工经济和共享经济就需要进一步发生改变，而它们的变化又一定是基于区块链和数字货币的，因为除了区块链和数字货币，我们找不到一个新的技术能让交易的成本接近零，更没办法完成共享经济的激励问题。之所以没办法找到合适的新技术来解决这个激励问题，主要还是因为我们很难找到一个能和区块链技术一样兼具了金融创新和计算机科学创新结合的技术。从金融创新的角度来看，区块链不仅是一个分布式的账本，它的原生区块链还催生出了一种新的货币激励，相应地提升了个人支付的能力。

从历史发展的角度来看，个人支付经历了以下四次变革：

（1）**第一次个人支付变革从纸币开始**。在纸币出现之前，个人支付非常不便，尤其是跨区域支付。想把银元从上海运到北京，需要通过镖局推着车子牵着马，有了纸币以后就方便多了。纸币作为更加方便的货币形态出现，其实与科学技术的发展相关：纸币的最早形态就是交子，而交子出现以前，宋代的造纸术和印刷术就已经足够成熟。正是技术的不断发展，满足了更低成本、更高效率的支付需求。

（2）**第二次个人支付的变革是基于银行卡的电子支付系统**。纸币很难跨境，但银行卡在全世界支付都更加方便。同样，银行卡电子支付系统也首先得益于通信网络的发展。

（3）**第三次个人支付系统是支付宝和微信支付等第三方支付**。这是基于互联网钱包的移动支付系统。在互联网场景下，银行账户的支付服务已无法满足和解决实时点对点的支付需求，所以诞生了互联网支付。第三次个人支付系统的特点是把银行卡和支付的客户之间分离，让人更深入地体验互联网产品，银行卡不直接与客户完成交易，而通过互联网钱包完成。

（4）**第四次个人支付系统是基于区块链技术的数字货币支付系统**。从货币发行机构的角度来看，这也就是对发行机构的一次又一次升级。

2. 区块链与分布式技术的同行关系

很早以前就已经有了开放银行的概念。银行在新技术推动之下不是没有角色，而是会隐藏在后面，通过 API 输出账户能力、支付能力等，或是使用一整套银行体系支持其他客户。

那么这种改变对企业或者个人来说，要如何去理解数字经济呢？

工业时代，最重要的驱动因素是燃料，数字经济的驱动因素是数据。用数据来驱动一个企业就势必会用到计算机技术和算法，而在这基础上，我们需要把整个企业发展的流程代码化，成为一个又一个的智能合约。而帮助我们进入到这个数字经济的是包括互联网、物联网、云计算、人工智能、区块链等一系列的数字化技术，它们帮助企业完成数字经济和数字商业的组织。这些技术有以下两个共同点：

（1）**跨时空性**。任何组织和个人都没办法阻止数据的流通和扩散。

（2）**穿透性**。这个穿透性是横纵方向共同发展的，纵向可以穿透市场层级，把交易变成点对点，买家和卖家之间不再需要中介，横向可以缩短产业链。

这两点也是全球化 2.0 的特点，没有穿透性也就实现不了零工经济和真正的共享经济。同时，因为零工经济是及时清算的，这也就必须要用到区块链这个交易、清算、结算同步完成的网络。数字化技术使数字金融去掉了中间环节，以点对点的支付清算和非担保的交易交收为核心特点，区块链和数字货币是满足这些需求的最好技术方案，这也正是我们说区块链是颠覆性技术的最重要原因，也就是为什么我们必须要了解区块链技术。区块链技术的特点就是足够数字化，是跨境、跨时空、跨组织的，同时也是分布式的、自组织的、去中心的。

这里的去中心化去掉的一定不是社会治理的中心，而是商业发展的中心。因此，这项分布式技术的技术路线一定有以下两个方向：

①把区块链看成一种工具，改善传统商业模式，在商业活动中得到边际效益上的提升。

②把区块链看成一套制度，来重构商业的底层逻辑。

重点来说，区块链技术的第二个方向是构建一个新的激励制度，实现真正的价值互联网，这也正是我们所期望看到的结果，尤其是它所构建的分布式经济生态让每个参与者都能实现自我价值的最大化，并且不会出现任何一个人全赢或者任何一个人输光所有的情况。

区块链对利益相关者进行激励相容，而不是对其中的某一方。区块链里没有股东，所有参与方都能得到激励。经济学里的老难题"激励相容"在区块链上得到了最好的解决。很明显，这种激励相容的优势已经被很多机构和组织看重，并且开始适应它的出现，就像我们在前面的内容里提到：美国商业圆桌联盟近 200 位美国著名企业家发布了新的企业经理人使命——"企业不能以股东利益最大化"，而应该以社会福利最大化，即与所有企业有关的各方福利都应该激励相容，得到照顾，而不仅是突出其中一方，尤其不能突出股东利益最大化。

当一个区块链项目有了价值，会发现创始团队留了 20%，基金会留了 20%，开发激励、生态基金留了 20%，再有 20% 给其他投资者。这些价值分给了所有参与区块链的利益相关者，不仅仅是股东。这真正做到了激励相容，会带来无限循环游戏里的"帕累托最优"。